日藏抄本

玉燭寶典校證

河北省社會科學基金項目
“日藏《玉燭寶典》抄本整理與研究”
（HB19ZW010）成果

校證◎包得義

巴蜀書社

圖書在版編目（CIP）數據

日藏抄本《玉燭寶典》校證 / 包得義校證. — 成都：
巴蜀書社，2022.8

ISBN 978-7-5531-1772-0

Ⅰ.①日…　Ⅱ.①包…　Ⅲ.①農業科學—古籍—中國
—隋代　Ⅳ.①S-092.41

中國版本圖書館 CIP 數據核字（2022）第 127394 號

日藏抄本《玉燭寶典》校證　　包得義　校證

責任編輯	康麗華
出　　版	巴蜀書社
	四川省成都市錦江區三色路 266 號新華之星 A 座 36 樓
	郵編 610023　總編室電話：(028)86361843
網　　址	www.bsbook.com
發　　行	巴蜀書社
	發行科電話：(028)86361852
經　　銷	新華書店
照　　排	四川勝翔數碼印務設計有限公司
印　　刷	成都順印天下數字印刷有限公司
版　　次	2022 年 11 月第 1 版
印　　次	2022 年 11 月第 1 次印刷
成品尺寸	148mm×210mm
印　　張	9.875
字　　數	280 千
書　　號	ISBN 978-7-5531-1772-0
定　　價	58.00 元

目　録

前 言

《玉燭寶典》是中國古代南北朝時期出現的一部歲時民俗文獻資料彙編。此書按月爲次，每月各爲一卷，每卷卷首均冠以《禮記·月令》原文，其後徵引多種文獻，詳載對應月份出現的天文气象、鳥獸活動、草木變化、四時節俗、文娱生活等，并記録了我國中古時期傳統時令民俗的起源、發展變化以及相關的文人詩詠等。是書上承漢代崔寔《四月民令》、梁宗懔《荊楚歲時記》，下啟唐代韓鄂《歲時紀麗》、宋陳元靚《歲時廣記》諸書，在中國文化史上影響極爲深遠。

一、杜臺卿生平及著述

《玉燭寶典》共十二卷，隋杜臺卿撰。杜臺卿事跡，主要見載於《隋書》卷五八本傳，并附見於《北齊書》卷二四、《北史》卷五五《杜弼傳》。據之，我們可考知其生平如下。

杜臺卿，字少山，博陵曲陽（今河北保定市曲陽縣）人。其父杜弼，有名於世。杜弼有二子，長曰杜蕤，次即臺卿。臺卿少時便好學博覽，擅長屬文，成年後曾於北齊任奉朝請。北齊文宣帝踐祚

(550)，幸晉陽宫，太子監國，留臺卿與裴訥之爲齋帥[①]，後任廷尉監，坐“斷獄稽遲”，杜氏父子與寺官俱爲郎中封静哲所訟，徙罪臨海鎮[②]。天保十年（559），杜弼爲皇帝派人所殺，杜臺卿徙罪東豫州。乾明初（560），杜臺卿與其兄杜蕤并得返回鄴城。此後杜臺卿歷任司空西閤祭酒、司徒户曹、著作郎、中書黄門侍郎等職，期間參與撰修國史。河清、天統之辰，杜臺卿參知詔敕[③]。後主天統（565—569）初年，曾出任廣州長史[④]。武平三年（572），參與由當時左僕射祖珽發起的類書《修文殿御覽》的編纂。武平末，任國子祭酒，領尚書左丞。但因患耳聾之症，故而“訓對往往乖越”，常爲同僚所笑。後周武帝滅北齊（577），杜臺卿返歸鄉里，以《禮記》《春秋》講授子弟。隋開皇初被徵入朝，獻上自己編纂的《玉燭寶典》，隋文帝賞賜他絹二百匹。其時杜臺卿年紀已大，耳聾不堪吏職，請修國史，官拜著作郎。開皇十四年（594），杜臺卿上表請致仕[⑤]，敕以本官還第。過了幾年，杜臺卿終於家。無子。

杜臺卿博覽群書又善於作文，《隋書》本傳載其“有集十五卷，撰《齊記》二十卷，並行於世”，又陸法言《切韻序》言杜臺卿曾撰有“《韻略》”一部，此三書名均不見於《隋書·經籍志》，當早已亡佚。其曾經參與編修的《修文殿御覽》也早已散佚，個别内容保存在後世類書中，敦煌寫卷中發現了此書的部分内容。另，杜臺卿曾寫《淮賦》[⑥]，現存序言及部分賦文。杜臺卿著作中傳世至今

① 《北史》卷三八《裴佗傳附裴訥之傳》。

② 《北齊書》卷二四《杜弼傳》。

③ 《北齊書》卷四五《文苑傳序》。

④ 《初學記》卷六《地部中·淮》引杜臺卿《淮賦序》。

⑤ 《北齊書》卷二四言：“隋開皇中，徵爲著作郎，歲餘以年老致事，詔許之。”若據古人“七十致仕”的慣例，則其生於524年。

⑥ 《初學記》卷六載《淮賦序》，另外《證類本草》中引有此賦四句。

者，唯有《玉燭寶典》，惟原書本有十二卷，現存十一卷。

二、《玉燭寶典》的内容

《玉燭寶典》的書名取義，杜臺卿言道：

> 案《尒雅》“四氣和為玉燭”，《周書》“武王説周公推道德以為寳典”，玉貴精自壽長，寳則神靈滋液，將令此作，義（兼）衆美，以《玉燭寳典》為名焉。

按今本《爾雅·釋天》作“四氣和謂之玉燭”，四氣是指春夏秋冬四時的温熱冷寒之氣。古代中國很早就進入并長期處於農業社會，四時的變化對於農業生産活動影響重大，杜臺卿選取“玉燭”二字，寄寓風調雨順、四氣和諧的美好願望。而“寶典”一詞，杜臺卿點明出於《周書》，即今《逸周書》。《逸周書》卷一〇《周書序》總結書中各篇所記的主要内容和篇次，今本有“武王評周公維道以為寶，作《寶典》”句[1]，與杜臺卿自序文字稍有差異，應該是文本流傳過程中造成的。但杜臺卿對於“寶典”一詞的使用，實際上只取“寶貴的典籍”之義。將“玉燭”和“寶典”合起來，《玉燭寶典》的書名取義也就清楚了，那便是“記載春夏秋冬四時時令節氣變化的寶貴典籍”。這也説明了杜臺卿是一位關心民生疾苦、關注現實生活的上層精英。

至於此書的成書時間，杜臺卿在序言中説“昔曰典掌餘暇，考挍藝文”，而《隋書》本傳言其開皇初獻上，則當在其仕北齊時便開始創編，至遲開皇初業已完稿。此書獻上之後，始流傳開來，其侄子杜公瞻注《荆楚歲時記》便採用了此書中的部分内容。

---

① 黄懷信等：《逸周書彙校集注》，上海古籍出版社，1995年，第1205頁。

而此書的編纂體例，杜臺卿在《玉燭寶典序》中亦有明言："昔臼典掌餘暇，考挍藝文，《禮記・月令》最爲備悉，遂分諸月，各冠篇首；先引正經，遠及衆説。"《禮記・月令》依次記載一年十二個月内的時令物候、自然星象變化和社會人事活動，包羅内容非常豐富，於是杜臺卿將其中的記載按照月份不同分别置於十二卷之首，所謂"遂分諸月，各冠篇首"是也。《月令》之後，各卷一般依次徵引蔡邕[1]《月令章句》相關月份、《詩經》《尚書》《周禮》《論語》《逸周書・時訓解》《大戴禮記・夏小正》等經書和漢代緯書，又引《國語》《史記》《漢書》《後漢書》等史書，再引《淮南子》《白虎通》，後引崔寔《四民月令》，所謂"先引正經，遠及衆説，續書月别之下，增廣其流；叟傳百家，時夂兼采"也。

需要説明的是，此書卷一記載是正月孟春，所以卷一在《月令章句》之後，先引用《禮記・鄉飲酒義》《尚書大傳》《釋名》等文獻來"惣釋春名"，又多引緯書、《史記》《漢書》《白虎通》《風俗通》等來"惣釋春時，唯附孟月之末"。同樣，記載孟夏的卷四有"捴釋夏名""捴釋夏時"，記載孟秋的卷七有"捴釋秋名""捴釋秋時"，記載孟冬的卷十有"惣釋冬名""惣釋冬時"的内容，在結構安排上呈現高度的統一性。

除了以上内容外，在各卷的編纂過程中，杜臺卿又創造性使用了"正説"加"附説"的方式。所謂"正説"，杜臺卿言在"事涉疑殆，理容河漢"之時，即前人對某事（物）有不同看法，或者存在不能解決的問題時，"則别起正説以釋之"，他給出了自己的解釋。而附説則是"世俗所行莭者，雖無故實，伯叔之諺，載於經史，亦觸類援引，名爲附説"，即在附説中一般記載節日民俗時，

[1] 蔡邕，抄本中作蔡雍，校證時保持抄本文字原狀，唯論述時寫作"蔡邕"。

杜臺卿亦援引經史，論述其由來。如卷四“附説”部分多引佛典來論述四月初八“佛誕節”的由來和影響，卷五附説部分論及五月五日的多種民俗以及古代“五月不得蓋屋”等禁忌。

此外，《玉燭寶典》卷一前有“序説”，言“先儒所説《月令》互有不同”之因，卷一二末有“終篇”，考期閏之事，整體上形成了一個完整的閉環，所謂“括其首尾”也。

總之，《玉燭寶典》在内容上具有明顯的時令節俗性，在編排方式上呈現資料彙編性。將前人相關的文獻按照一定的原則彙編起來，形成一部新的著作，這是古人常見的一種圖書編纂方式，而按照這種方式編纂的圖書，一般稱之爲類書。但《玉燭寶典》畢竟又不像只是分門别類堆積資料、以供查閲的類書，不可等閑視之。

三、《玉燭寶典》的價值

中古古籍流傳到後世的往往十不存一，作爲國内久佚的古籍，《玉燭寶典》能够幸運地從日本回流中國，更是文獻價值巨大。雖然《玉燭寶典》現存諸抄本均缺第九卷，然其餘十一卷皆首尾完整，從文獻傳承與古籍保護角度來説，《玉燭寶典》具有重要的文獻價值。吉川幸次郎説：“此書之可貴處别有二端。唐以前舊籍，全書早亡者，此書或載其佚文，一也；雖全書尚存，賴此書所引之文可校正今本，二也。”[①] 所言極是。

《玉燭寶典》作爲一部專題資料彙編性的著作，徵引了大量隋代以前的古籍，遍及經史子集四部。其中經部文獻有《周易》《尚書》《詩經》《儀禮》《禮記》《春秋經》《春秋左氏傳》《春秋穀梁

---

① 吉川幸次郎撰，林文月譯：《玉燭寶典解題》，臺灣藝文印書館，1970年。

傳》《春秋公羊傳》《論語》《爾雅》等。《玉燭寶典》也還大量徵引了漢代盛行的讖緯之書。史部文獻，有《史記》《漢書》《後漢書》《續漢書》等正史類，《逸周書》《戰國策》《國語》等雜事類，《列女傳》《神仙傳》《搜神記》《異苑》《續齊諧記》等雜傳類，以及《山海經》《風土記》《京師寺塔記》等地理類。子部文獻，有《説苑》《法言》等儒家文獻，有《老子》《莊子》《亢桑子》《抱朴子》等道家文獻，有《吕氏春秋》《淮南子》《風俗通義》《博物志》等雜家類文獻。集部方面，《玉燭寶典》徵引了不少兩漢魏晉南北朝時期的民間歌謡和文人詩賦，還徵引了《詩經》《楚辭》中的部分詩句以及前人的注釋。這些徵引書目中，不少書籍早已亡佚，具有重要的輯佚價值，其中最著者如蔡邕《月令章句》、崔寔《四民月令》。

杜臺卿在《玉燭寶典》中徵引古代的小學類著作，主要有《説文解字》《爾雅》《方言》《釋名》《字林》《韻集》《通俗文》《倉頡篇》等。吕忱《字林》、《韻集》、服虔《通俗文》、《倉頡篇》等早已亡佚了，雖然在後世的文獻中有所保留，數量亦不多，《玉燭寶典》中引用《字林》24 處、《倉頡篇》11 處、《韻集》4 處、服虔《通俗文》5 處。此外，《玉燭寶典》引用《方言》24 處、《説文解字》21 處、《釋名》16 處。雖然《方言》《説文》《釋名》都流傳有序，但是《玉燭寶典》所引與傳世本之間還是有一定的文字差異，有校勘價值。《玉燭寶典》中徵引最多的語言學著作當屬《爾雅》，共引《爾雅》76 次。《爾雅》是我國第一部按義類編排的綜合性辭書，它反應了上古基本詞彙的面貌。《爾雅》問世以後，爲它作注的人很多，在魏晉以前，就有劉歆、樊光、犍為文學、李巡、孫炎、郭璞等十幾位，除了郭璞注完整保存外，其他人的注文都已散佚，只有明清人採輯的零篇殘簡。《玉燭寶典》中不僅徵引有《爾雅》原文，也連帶着徵引了漢魏人劉歆、李巡、孫炎、犍爲舍人等人的古注，對於《爾雅》的研究意義重大。另外，從日藏《玉燭寶典》的寫本形態來看，諸抄本多用中古時期的俗字、異體字，對抄本文字的釋讀有利於寫本學、俗字學的研究。

學界對中古歲時民俗的研究，多集中於宗懍《荊楚歲時記》和杜公瞻《荊楚歲時記注》，往往忽略《玉燭寶典》的重要價值。即便有涉及，也多將其作爲基本史料使用，缺乏更爲細緻全面的研究，對《玉燭寶典》展開研究具有重要的學術價值。探究《玉燭寶典》内容，全面把握古代民俗的來源、發展以及中古民俗與後世民俗的變化等，有助於民俗學研究的深入，有利於傳統文化的傳承和弘揚。

四、《玉燭寶典》的歷代著録

《玉燭寶典》在杜臺卿侄子杜公瞻注《荊楚歲時記》時多有徵引，之後唐宋類書《藝文類聚》《初學記》《太平御覽》《事類賦》《歲時廣記》等書中屢有採録，歷代書目文獻中亦有著録。《隋書·經籍志》《舊唐書·經籍志》著録於子部雜家類，着眼點當在於其書内容的蕪雜；《新唐書·藝文志》《宋史·藝文志》則著録於子部農家類，突出其書在記載時令節氣、農業生産生活方面的内容特點。

私家目録中，南宋尤袤《遂初堂書目》農家類著録“《玉燭寶典》”，不題卷數和作者。有關《玉燭寶典》的詳細著録，首見於陳振孫《直齋書録解題》卷六：

> 《玉燭寶典》十二卷。隋著作郎博陵杜臺卿少山撰。以《月令》爲主，觸類而廣之，博采諸書，旁及時俗，月爲一卷，

頗號詳洽。開皇中所上。①

陳氏之書目，將《玉燭寶典》歸爲時令類，不僅著録了卷數、作者情況，還簡要總結了《寶典》的内容、結構特點以及上書時間。元馬端臨《文獻通考》中直接抄録了陳氏的解題。另外，南宋龐元英《文昌雜録》中兩處引到《玉燭寶典》的内容，其一爲：

杜臺卿説：正月七日爲人日，家家翦彩，或縷金薄爲人，以帖屏風，亦戴之頭鬢。今世多刻爲華勝，像瑞圖金勝之形。引《釋名》："華，象草木華也；勝，言人形容止等，一人著之則勝。"又引賈充李夫人《典誡》曰："每見時人，月旦花勝交相遺與，謂正月旦也。"②

此引見《玉燭寶典》卷一"附説"部分，杜臺卿介紹了人日頭戴華勝之俗，先後徵引《釋名》《典誡》等書，與此引文字少有差異。其二爲：

杜臺卿引《禮運》云："仲尼與於蜡賓。"鄭康成曰："蜡亦祭宗廟。時孔子仕魯，在助祭之中。"③

此引見《玉燭寶典》卷一二"正説"部分區别蠟、蜡的段落中。可知在南宋之前，《玉燭寶典》仍流傳於世。

之後明末陳第《世善堂藏書目録》卷上諸子百家類"各家傳世名書"下著録"《玉燭寶典》十二卷"，但陳第家真的存有《玉燭寶典》，還是只是抄録他書的記載，頗引人懷疑。因明清時期，中國國内學者早已無覓《玉燭寶典》的蹤影。明陶宗儀編《説郛》雖收有《玉燭寶典》一卷，實爲從前代類書中輯録而來的原書隻言片

---

① ［宋］陳振孫撰，徐小蠻、顧美華點校：《直齋書録解題》，上海古籍出版社，2015年，第190頁。

② ［宋］龐元英《文昌雜録》卷三，商務印書館，1936年，第20—21頁。

③ ［宋］龐元英《文昌雜録》卷二，商務印書館，1936年，第18頁。

語。清代著名學者朱彝尊還親自去閩地陳氏後人家中打聽此書下落，最終還是探尋無果[①]。總之，元代以後《玉燭寶典》在國内的流傳情況，真的是若存若無，疑影重重。

《玉燭寶典》不見於國内學人案頭的狀況，直到清末黎庶昌刻印《古逸叢書》，收入日藏抄本《玉燭寶典》纔有了變化。這樣清末的書目文獻中又一次出現了《玉燭寶典》的相關記載。如李慈銘《越縵堂讀書記》史部政書類下著録《玉燭寶典》，文云：

閲日本《古逸叢書》中《玉燭寶典》本，十二卷，卷爲一月，今缺九月一卷。其書先引《月令》，附以蔡邕章句，其後引《逸周書》《夏小正》《易緯通卦驗》等及諸經典，而崔實《四民月令》，蓋全書具在，其所引諸緯書可資補輯者亦多。於四月八日佛生日，羅列佛經，並證恒星不見之事；於七月織女渡河，亦多所考辨，謂六朝以前並無其説。其每月下往往有正説曰云云，附説曰云云，末又有終篇説，考朞閏之事。其書皆極醇正、可寶貴。惜闕一月，又舛誤多不可讀。當更取它書爲悉心校之，精刻以傳，有裨民用不少也。

光緒丙戌（1886）七月初四日。[②]

李慈銘是古逸本流回國内後的第一批閲讀者，他在閲讀後準確記載古逸本缺卷九的情況，總結了《玉燭寶典》的編纂體例，但也看到此本“舛誤多不可讀”，提出“悉心校之，精刻以傳”的願望。丁立中《八千卷樓書目》史部時令類便著録了古逸本：“《玉燭寶典》十二卷，隋杜臺卿撰，古逸叢書本。”近代學者胡玉縉先生曾撰《四庫未收書書目提要》，其中就古逸本《玉燭寶典》做了較爲

① ［清］朱彝尊：《曝書亭集》卷三五《杜氏編珠補序》。
② ［清］李慈銘撰：《越縵堂讀書記》，中華書局，2006年，第549頁。

詳細的説解，其文七百餘字，詳見附録。

五、《玉燭寶典》的知見版本

（一）日本古抄本

在中國古代文化史、書籍史的研究過程中，我們常見此類情況，即我國不少古籍國内或早已失傳儘留書名，或只有殘篇斷章難稱完本，但是却在近鄰日本、韓國不時却有發現中國古籍的早期抄本或者刻本。許多古籍在古代由中國傳到日本、韓國等地，現在由這些國家回流我國。

《玉燭寶典》亦屬於此種情況。日本國内最早著録《玉燭寶典》的是日本藤原佐世於寬平年間（889—897）奉敕編纂的《日本國見在書目》。此書模仿《隋志》分類的結構和次序，在雜家類著録"《玉燭寶典》十二卷。隋著作郎松（杜）臺卿撰"。可知早在唐代末年，《玉燭寶典》便已傳入日本。據現代日本學者介紹，日本還存有《玉燭寶典》的多種寫本。尤其近年來，日本各文化保護機構在自己官方網站發佈了這些珍貴抄本的電子資源，給我們的研究提供了極大的方便。今根據這些發佈的抄本《玉燭寶典》資源，來討論這些抄本的版式特點。

1. 尊經閣文庫本

此本現收藏在日本尊經閣文庫中，卷子本，共十一軸，每軸爲一卷，缺第九卷，故又稱"舊抄卷子本"。此抄本原屬於加賀藩主前田綱紀家藏本，是日本現存的《玉燭寶典》抄本系統的祖本。各卷卷首鈐印"尊經閣章"。

尊經閣本各卷用紙數量不等，烏絲欄，每紙十九行，正文行十五至十八字不等，注文行二十三字左右。部分寫卷存有抄寫題記，如卷五尾題“嘉保三年六月七日書寫了并校畢”，卷六卷首背題“貞和三年十一月 日”，末題“貞和四年八月八日書寫畢”，可知此本爲日本嘉保三年（相當於中國北宋哲宗紹聖三年，即 1096 年）至貞和四年（相當於中國元順帝至正八年，即 1349 年）之間寫本的綴合本，并非抄自一時，故而字體、行款時有不同。

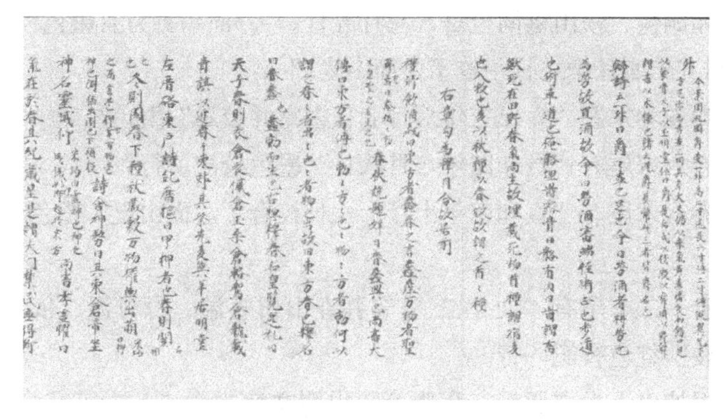

尊經閣本《玉燭寶典》卷一

尊經閣本中存有兩處“錯簡”情況，據内容判斷，其一是卷六第一紙之後依次粘貼了原屬於本卷第三紙至第九紙的内容，而將原本屬於第二紙的内容粘貼在第九紙後，發生嚴重錯簡；其二是卷十一中，尊經閣本第十一、第十二紙的順序剛好粘反。

1943 年，東京侯爵前田家育德財團編《尊經閣叢刊》，影印收入此卷子本《玉燭寶典》，并附録吉川幸次郎撰《尊經閣文庫舊寫本複製本解題》，然此本印數僅 400 部，流傳不廣。1970 年 12 月臺北藝文印書館出版《歲時習俗資料彙編》，又據尊經閣藏卷子本影印，附録林文月翻譯吉川氏所作的《玉燭寶典解題》。

2. 内閣文庫本

此本採用册頁裝，共六册，每兩卷一册（第五册只有卷十），無欄線，每頁九行，卷一正文、注文每行均 20 字，其餘各卷正文行 12－19 字不等，注文行 16－21 字不等，各卷字體也有明顯差别。

此本卷末多存校寫題記，逐録如下：

卷二末尾有紅色三行小字校記："山田直温、野村温、依田利和、豬飼傑、横山樵同校畢，三月五日。"背面一頁另有墨色校記："貞和五年四月十二日一校了，面山叟。"

卷五卷末題"嘉保三年六月七日書寫并校畢"墨色校記一行。

卷六末尾有"貞和四年八月八日"墨色校記一行。

卷八末尾有"貞和四年十月十六日校合了。面山叟"墨色校記一行。

卷一二末尾有"文化二 癸亥暮春山田直温、野村温、依天利和仝校"紅色校記一行。

根據以上卷末題記，我們可知内閣文庫本卷二、卷五、卷六、卷八卷末的墨色抄寫題記，應是照録尊經閣本原有的題記，但奇怪的是比尊經閣本多出卷二、卷八的兩條題記。卷二、卷十二末尾的紅色校記則是文化二年（1805 年，相當於中國清代嘉慶十年）日本學者山田直温、野村温、依田利和等五人所作的校記，查此本天頭部分往往有紅色校勘文字，正文中也有紅色點讀符號，這些俱是他們的校勘成績，原文與校勘文字朱墨色别，極易識别。

此本每册正文首頁鈐印"淺草文庫""日本政府圖書"紅色印章，尾頁鈐印"昌平坂學問所"黑色印章，可知此書原藏於昌平坂學問所，後藏淺草文庫，後來淺草文庫關閉，其藏書轉入新成立的内閣文庫，而"日本政府圖書"藏書印由内閣文庫啓用於明治十九年（1886）。此本現藏於日本國立公文書館。

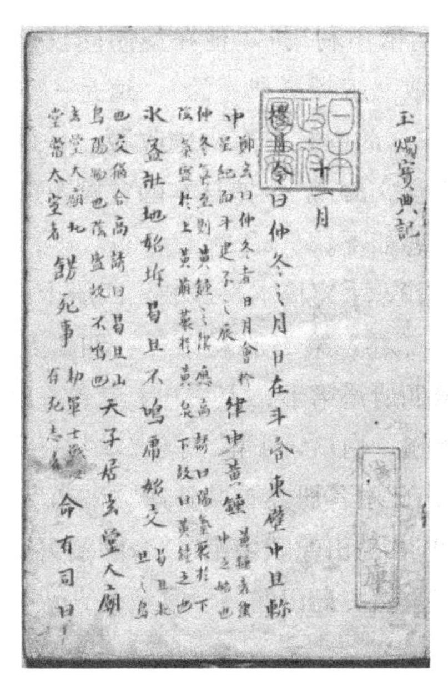
玉燭寶典
十一月
令曰仲冬之月日在斗昏東壁中旦軫
中
律中黃鍾
冰益壯地始坼鶡旦不鳴虎始交
天子居玄堂大廟
飭死事
命有司曰

内閣文庫本《玉燭寶典》卷十一

因爲内閣本是根據尊經閣本影抄的抄本，所以二本在文字有誤的地方多保持相同，内閣本亦照抄了尊經閣本卷六、卷十二中的“錯簡”。當然也有一些尊經閣本不誤而内閣本錯抄的情況。尤其值得注意的是，内閣本卷二和卷三文字出現了嚴重的錯簡，具體來説，從卷二第二頁第九行注文“治獄貴知”後，内閣本接抄原屬於卷三季春時節的内容“降，山陵不收”至卷末，而真正屬於卷二的内容錯抄在卷三“人多疾疫時雨不”之後，從“情而已也”至卷尾。簡言之，内閣本卷二和卷三的絶大部分内容發生互换。但是，内閣本卷八中多出兩頁不見於尊經閣本的内容，而這兩頁應該是其他書籍中内容的混入。

3. 依田利用考證本

文化二年校訂内閣文庫本的日本學者中有一位“依天利和”，

1813年11月後改名依田利用①，他在集體同校《玉燭寶典》的三十五年後，獨自撰成《玉燭寶典考證》，這是一本考證校訂杜臺卿《玉燭寶典》的力作。此本日本有兩處收藏，一爲日本國立國會圖書館，二爲日本東洋文庫②。今據日本國會圖書館公佈的抄本電子資料描述其版本形態如下。

《玉燭寶典考證》，手寫稿本，線裝，四册十一卷，其中第一册包括杜序和第一、二卷，第二册爲第三、四、五卷，第三册爲第六、七、八卷，第四册爲第十、十一、十二卷，此本亦缺卷九。正文有框線，左右雙邊，白口，下標“樂志堂”三字，無魚尾，半頁九行，每行20字。此本各册卷首共鈐印“敬甫”“島田重禮”“篁邨島田氏家藏圖書”“島田翰讀書記”“帝國圖書館藏”等印章，標明此書曾經歸島田重禮、島田翰父子收藏。

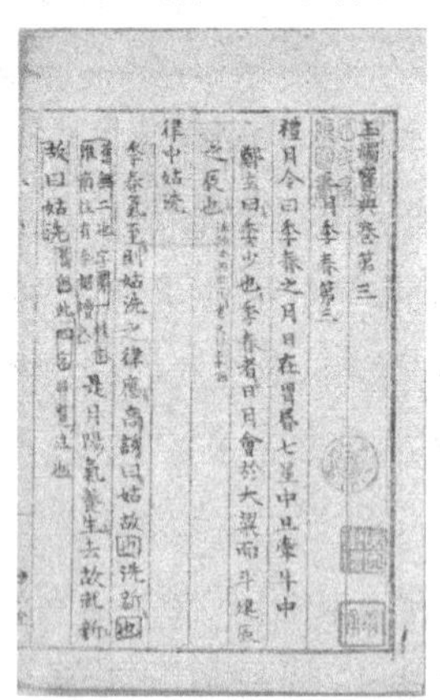

玉燭寶典卷第三

三月季春第三

禮月令曰季春之月日在胃昏七星中旦牽牛中

鄭玄曰季少也季春者日月會於大梁而斗建辰

之辰也

律中姑洗

季春氣至則姑洗之律應高誘曰姑故也洗新也

依田利用《玉燭寶典考證》

① 郝蕊：《依田利用〈玉燭寶典考證〉與清代考據學關係考述》，《國際中國文學研究叢刊》，第六輯，第106頁。

② 石川三佐男：《古逸叢書の白眉《玉燭宝典》について一近年の学術情報・巻九の行方など》，《秋田中國學會50週年記念論集》，2005（3）。

此書在處理正文與注文時改變了之前抄本的樣態，將正文頂格大字書寫，注文整體低一格大字排列，而將自己的考證文字用雙行小字書寫，部分或作眉批書於天頭。其考證將正文、舊注裏面的文字錯誤做了逐多訂正，改正了尊經閣本、内閣本等存在的錯簡，同時也做出校勘説明，并用硃筆在正文、舊注上標了一些點讀符號，成爲一個比較完善的《玉燭寶典》抄校本，其本在校勘文字方面貢獻甚巨，對研究《玉燭寶典》具有較高的參考價值。

以上是日本各文化保護機構公佈的《玉燭寶典》寫本，另外根據中日學者的介紹，日本還有其他一些寫本，因筆者未見，在此亦略微提及。

一是楓山官庫本。澀江全善、森立之等撰《經籍訪古志》卷五曾著録此本，文云：

> 《玉燭寶典》十二卷。（貞和四年鈔本，楓山官庫藏。）
>
> 隋著作郎杜臺卿撰。缺第九一卷。每册末有"貞和四年某月某日校合畢面山叟記"，五卷末有"嘉保三年六月七日書寫并校畢"舊跋。按：此書元明諸家書目不載之，則彼土蚤已亡佚耳。此本爲佐伯毛利氏獻本之一。聞加賀侯家藏卷子本，未見。

據此，楓山官庫本當爲册頁裝，原爲日本江户時代佐伯侯毛利高標命工影抄自尊經閣本。1828 年毛利高翰將此書獻入德川幕府。但楓山官庫的古籍後來都歸入内閣文庫了，所以楓山官庫本跟上述内閣本的關係有待討論。

二是森立之、森約之父子抄校本。此本由森氏父子據楓山官庫本抄校，成書於安政三年（1856），現藏於日本專修大學圖書館。此本四册，共十一卷，亦缺卷九。此本曾爲寺田望難收藏，後歸專修大學圖書館[①]。

三是日本國立公文書館藏江户時期“水野忠央舊藏的寫本”，目前未公開此本資料，但據介紹也是根據尊經閣本抄寫的抄本。

四是島田翰提及的卷子本。《古文舊書考》卷一有卷子本《玉燭寶典》，記其寫本特征爲“卷子之制，每張烏絲欄，高八寸一分，一款八鼇，十九行，行二十三字，注雙行二十三四五字。‘世’字‘民’字避唐諱缺畫，蓋從唐鈔所傳録也。首有《玉燭寶典序》，卷端題‘玉燭寶典卷第一。杜氏撰’一行直書。次行記‘正月孟春第一’。”“卷第九尚儼存，缺佚卷第七後半。貞和本末卷，往往用武后制字‘𠁈’‘埊’‘囝’‘圀’‘□’‘𠦚’之類，餘卷不悉然。今是書比之於貞和本，語辭更多，且通篇用新字，其數多至十三字”，行款、文字明顯不同於尊經閣本。這個存卷九的卷子，現代日本學者如石川三佐男等人曾作查尋，未果[②]。而島田翰又謂“卷第九文長不録，收在《群書點勘》中”，而《群書點勘》至今未發現。倘若日後能覓得《群書點勘》，則《玉燭寶典》可以完璧。

（二）古逸叢書覆刻本

清光緒六年至光緒十年楊守敬赴日期間，在日本得閲森立之等撰《經籍訪古志》，按志索書，多方尋找散佚古籍，不惜重金購求，搜羅到了許多古書版本。有了前期調查到的豐富的古書文獻，在黎庶昌的支持下，雇傭了以木村嘉平爲代表的日本刻工 18 人，在駐日公使署内設立作坊刻版，於光緒八年至光緒十年（1882－1884）之間，精心雕刻古籍二十六種，“以其多古本遺編”，故而取名曰

① 此據崔富章、朱新林：《〈古逸叢書〉本〈玉燭寶典〉底本辨析》，《文獻》，2009 年第 3 期。

② 石川三佐男：《古逸叢書の白眉〈玉燭宝典〉について—近年の学術情報・巻九の行方など》，《秋田中國學會 50 週年記念論集》，2005（3）。

“古逸叢書”，其中就收入了《玉燭寶典》。

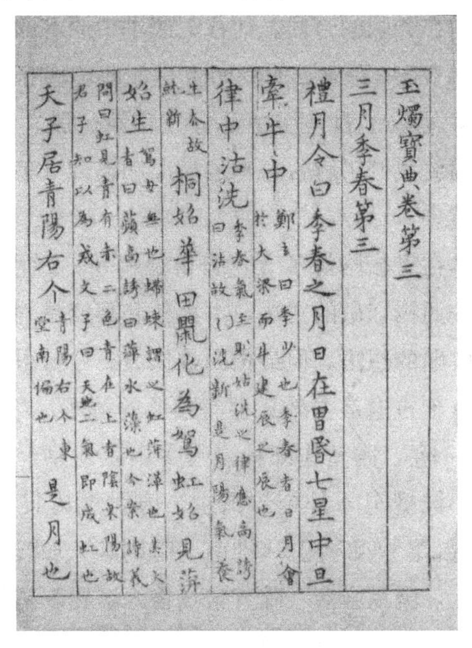
玉燭寶典卷第三
三月季春第三
禮月令曰季春之月日在胃昏七星中旦
牽牛中鄭玄曰季少也季春者日月會於大梁而斗建辰之辰也
律中沽洗季春氣至則姑洗之律應高誘曰沽故[ ]洗新是月陽氣養
生杢故就新桐始華田鼠化為鴽虹始見蓱
始生鴽母無也蝃蝀謂之虹蓱萍也其大者曰蘋高誘曰萍水藻也今案詩義
問曰虹見青有赤二色青在上者陰案陽故君子知以為戒文子曰天地二氣即成虹也
天子居青陽右个青陽右个東堂南偏也是月也

古逸叢書本《玉燭寶典》卷三

古逸叢書本《玉燭寶典》，册頁裝，版面有界線，四周單邊，半頁九行，卷一每行 20 字，卷二以後每行正文 12—19 字不等，小字注文每行 16—21 字不等，行款多同於内閣文庫本。古逸叢書本《玉燭寶典》也覆刻了原本的一些校記，如卷三末尾有三行小字校記：“山田直温、野村温、依田利和、猪飼傑、横山樵同校畢，三月五日。”同頁另有校記：“貞和五年四月十二日一校了，面山叟。”卷五卷末有“嘉保三年六月七日書寫并校畢 ”校記一行，卷六末尾有“貞和四年八月八日”校記一行。根據此校記可知，古逸叢書本雖號稱“影舊鈔卷子本”，但它覆刻的底本不應是尊經閣文庫本或内閣文庫本，到底是哪一個抄本[1]，還有待資料的進一步發現。

古逸叢書本在雕版的時候，往往對底本中原有的明顯的文字錯訛進行了改正，《玉燭寶典》的刻印也是如此，楊守敬曾作有《玉燭寶典劄記》[2]，記載了對是書中部分文字訛、脱、衍、倒等情形的校改意見，對於我們了解古逸本的情況和整理《玉燭寶典》也有一定的參考意義。

古逸叢書本在書後附録了《直齋書録解題》《經籍訪古志》中的解題敘録。按照楊守敬的説法，本來他和黎庶昌均有爲收入古逸叢書的書籍作解題的想法，但最後因故作罷。今檢得黎庶昌《拙尊園叢稿》卷六《刻古逸叢書敘》存有黎氏的解題："覆舊抄卷子本《玉燭寶典》十一卷，隋著作郎杜臺卿少山譔。原十二卷，今缺第九卷。其用《小戴禮記・月令》爲主，博引經典集證之，較《周書・月令解》《吕覽・四時紀》《淮南・時則訓》加詳，此爲專書故也。開皇中疏上，號爲詳洽。陳直齋《書録解題》猶載之，其亡當在宋以後耳。"内容不出陳振孫解題之外。

古逸叢書本在國内流傳較多，《叢書集成初編》《續修四庫全書》中影印收入此書，廣陵書社、貴州人民出版社、華東師範大學出版社又先後影印《古逸叢書》。但正如日本學者所言，國内雖然多次翻印，但一直少有人對其加工整理，這也是我們進行《玉燭寶典》整理研究的一個重要原因。

總之，《玉燭寶典》國内久佚而復傳，是爲難得。然現傳世各

---

① 如崔富章、朱新林認爲底本是森立之父子抄校本，而有人反對這種提法。具體論述，可參看崔富章、朱新林：《〈古逸叢書〉本〈玉燭寶典〉底本辨析》，《文獻》，2009年第3期；任勝勇：《〈古逸叢書〉本〈玉燭寶典〉底本辨析獻疑》，《清華大學學報》，2010年增2期。

② 楊守敬：《玉燭寶典劄記》，《圖書館學季刊》，1929年第3卷第3期。

本經過輾轉傳刻，均存在不同程度的文字錯訛，楊守敬在校刻《玉燭寶典》時曾言“僕儘校四五葉，已改其誤字數十”①，李慈銘亦遺憾此書“舛誤多不可讀。當更取它書爲悉心校之，精刻以傳，有裨民用不少也”。加之抄本和刻本不便閲讀和使用，多年來也没有看到有現代整理單行本問世，影響廣大文史學者對《玉燭寶典》研究的深入。所以，我們不揣謭陋，以日本多個文化機構公開的《玉燭寶典》抄本電子資料爲契機，選擇以抄寫時間最早、現存諸本之祖的尊經閣文庫本爲底本，參校内閣文庫本、依田利用考證本和古逸本叢書本，以求整理出一個較爲完善準確的通行本。考慮到寫本的獨特性，整理時原卷中的異體字、俗字等一般予以保留，不改爲通行字體，以存底本面貌。

雖然整理者黽勉從事，然囿於學力和見聞，書中肯定會存在諸多問題，懇請諸位專家批評指正，以便將來有機會修訂改進。

① 《清客筆話》，《楊守敬集》第 13 册，湖北人民出版社、湖北教育出版社，1997 年，第 534 頁。

凡 例

一、此次整理，以日本現存抄寫時間最早的尊經閣文庫藏《玉燭寶典》（簡稱尊本）爲底本，參校日本内閣文庫藏文化二年(1805)抄本（簡稱内閣本）、依田利用《玉燭寶典考證》（簡稱考證本）和黎庶昌"影舊鈔卷子本"的古逸叢書本《玉燭寶典》（簡稱古逸本）。

二、日本學者依田利用《玉燭寶典考證》對日藏鈔本《玉燭寶典》做了較多的文字訂正，此次整理亦吸收了考證本的部分研究成果。但考證本多據傳世文獻增補、改動文句，經常增補"之者也"等虚詞。因古人引書多不照引全文，故底本文意可通者，不從考證本依傳世文獻增補文字。

三、古逸本《玉燭寶典》國内流傳最廣，其雖號稱影刻本但在刊印時又曾增改原寫卷中的一些錯字脱文，楊守敬曾撰有《〈玉燭寶典〉劄記》一卷（簡稱楊劄），未刊。王重民整理故宫博物院圖書時發現楊劄稿本，并整理發佈於《圖書館學季刊》第三卷第三期(1929年)。據楊劄，可知古逸本刊刻時改字的大體情形。故此次整理亦取古逸本及楊劄以參校，尤其是古逸本已改之處，整理時亦適當加以吸收。

四、寫本中普遍存在使用俗字、異體字的現象，爲存底本原貌，如古代通行的異體字（如辠、甞、无、万、与、弃、礼、廗、虽、尔、盖、属等），一律照原卷録寫。不易辨識的文字在正文中盡量截取底本字形，出校記加以説明。考證本常將俗字、異體字改爲通行字，凡此一依底本文字原貌。

五、底本中出現的形近錯訛字，常見如"人"與"入"、"日"與"曰"、"且"與"旦"、"氏"與"民"、"斗"與"升"、"玄"與"去"等，一般根據文意徑改爲正確字形，不出校記。又爲免繁瑣，凡底本不誤而參校本有誤者，不出校記。而底本有誤者，則根據參校本或其他文獻改正，并出校説明理由。

六、底本有脱文，可根據參校本或者其他文獻補全者，脱文加（ ）標明；而底本有脱文無法補出者則用□以標明。

七、尊本、内閣本《玉燭寶典》中，如卷二之卷首作"二月孟春第二"，卷尾題有"玉燭寶典卷第二"，其餘各卷類似，符合古籍題寫書名卷次之習慣。今從古逸本、考證本於每卷卷首標明書名卷次，以便觀覽。

八、《玉燭寶典》中徵引了大量前人古書材料，我們在整理時也盡可能逐一加以復核。如引用内容屬於全書流傳至今者，如《易》《書》《詩》《禮》《左傳》等儒家經典，《史記》《漢書》《後漢書》《國語》等史部文獻，諸子百家之説以及《説文解字》《爾雅》《方言》《釋名》之類，則取其書以核之；引用内容之著作早已散佚者，如多參考《藝文類聚》《初學記》《太平御覽》《太平廣記》《文苑英華》等類書以核之。但古人引書常有不全引者，在原文不影響文意的情况下，整理時不據引書原文補充、改正《玉燭寶典》寫本内容。

九、《玉燭寶典》底本及參校各本内容多不分段或隨意分段，今根據文意適當區分段落。原文有正文、雙行小字注文之别，整理時正文用宋體，注文用楷體，以相區别。

十、抄本文字錯訛較多，校勘記條目亦多，爲方便對照校勘記置於正文頁下，其中凡有引用他人意見者，均加標注，以示不敢掠美。凡需要説明校定文字之理據，則加“今按”以明之。

玉燭寶典序

《易·繫辭》云：“庖羲氏之（王）① 天下也，仰則觀②象於天，俯則觀法拎地。”《書·堯典》云：“歷象日月星辰，敬授民時。”此明自古帝皇皆以節候為重，故《春秋》每年書“春王正月”，言王者上奉天時，下布政於十二月也，横③被四表，奄有万方，品物嘉榮，率土照潤。

昔曰典掌餘暇，考挍藝文，《禮記·月令》最爲備悉，遂分諸月，各冡④篇首；先引正經，遠及衆説，續書月別之下，增廣其流；叓傳百家，時亽兼采，詞賦綺靡，動過其意，除非顯著，一無所取。載土風者，體民生而積習；論俗誤者，巢勉之以知方。始自孟陬，終拎大吕，以中央⑤戊己附季夏之末，合十二卷⑥，惣為

---

① 庖，内閣本作“庖”。王，尊本、内閣本均無，古逸本有。考證本校云：“舊‘庖’作‘庖’，無‘王’字。今改增。”

② 尊本作“觀”，内閣本、古逸本作“觀”，下同。

③ 横，考證本注：“横、光同，説見《經義述聞》。”

④ 各，尊本、内閣本作“各〻”，古逸本作“各以”，考證本作“各”，校云：“舊重‘各’字，今删。”今從之。冡，内閣本、古逸本、考證本作“冠”，異體字。《干禄字書·平聲》：“冡冠，上俗下正。”下文同。

⑤ 中央，尊本作“内央”，據内閣本、古逸本、考證本改。

⑥ 卷，内閣本作“巻”，乃“卷”之俗字。

一部。至如雷雲霜雨，減降衆差，鳥獸魚虫[①]，鳴躍前後，春生夏長，草榮樹實[②]，孟仲之際，晏早不同者，或叙[③]其發初，或録其尤盛，或攄[④]在周雒，或旁施遐表[⑤]，縱令小舛，差可弘[⑥]通。若乃鄭俗秦聲，楚言越服，須觀同异，的辯華戎，並存舊命，無所改創。其單名互出[⑦]，即文不審，則注稱今案[⑧]以明之；若事涉疑殆，理容河漢，則別起正説以釋之。世俗所行節者，雖無故實，伯叔之諺[⑨]，載於經史[⑩]，亦觸類援弘[⑪]，名為附説。又有序説、終篇，括其首尾。案《尒雅》"四氣和為玉燭"，《周書》"武王説周公推道

---

① 虫，尊本、内閣本、古逸本作"虫"，考證本作"蟲"。

② 實，内閣本作"实"，下同。

③ 敘，尊本、内閣本右旁訛作"又"，據古逸本、考證本正。

④ 攄，内閣本、古逸本作"攎"，考證本作"據"，字并同。

⑤ 表，古逸本作"裹"。

⑥ 弘，尊本、内閣本作"加"，此據古逸本、考證本改。尊本中，部首"弓"字經常寫作近似"方"字。

⑦ 互，尊本作"𠄠"，内閣本、考證本作"亐"，古逸本作"手"，考證本校云："亐字不明。"今按，《玉燭寶典》卷二有"方俗不同，物名互起"句，其中"互"字尊本作"乎"，内閣本作"孚"，古逸本作"互"，考證本作"平"。"乎"是"互"的俗字，敦煌遺書中習見。"單名互出""物名互起"意思相近，均指同一個事物有不同的叫法，據改。

⑧ 案，尊本作"安"，内閣本、古逸本、考證本作"案"。據《玉燭寶典》正文用例，作"案"是。

⑨ 叔，尊本作"外"，内閣本、古逸本、考證本作"升"，均爲"升"字之俗寫字。今按，《左傳・昭公二十八年》："魏子曰：吾聞諸伯叔諺曰：'唯食忘憂。'"當爲此處"伯叔之諺"出典，合於"載於經史"之語。據《左傳》，此當爲"叔"字，蓋"叔"之俗字"𠦑"，與"升"字形近而訛。

⑩ 叏，内閣本、古逸本、考證本作"史"，下同。

⑪ 弘，尊本作"𢎗"，古逸本作"引"；内閣本、考證本作"之"，誤。今按，《玉篇・弓部》："弘，挽弓也。"《廣韻・軫韻》："弘"，同"引"。《龍龕手鑑・弓部》："弘，古文，音引。"

德，以為寶典"[1]，玉貴精自壽長，寶則神霊滋液，將令此作，義（兼[2]）衆美，以《玉燭寶典》為名焉。昔商湯左相，稱日新而獻[3]善；姬穆右史，陳朔望以官箴。降在嬴[4]、劉，迄于曹、馬，多歷年所，代有著述。幸以石扉鑽仰，金府昧思[5]，覽其事要，撮其精旨，上極玄霊，下苞赤縣，雖冕旒統纊[6]，天宗帝籍之宜，咤[7]耕饁畒，條桒剗草之務，森羅[8]區别，咸集于兹矣。世叔討論，緬逾積載，唐老歌戲，絶笔□時[9]，未墜在人，傳聞竟[10]爽，知音好事，無或廢[11]言。

序説曰：

先儒所説《月令》，互[12]有不同。鄭玄以孟夏"命太尉"，周無

---

① 考證本校云："《周書序》云：'武王評周公維道以為寳，作《寳典》。'盧文弨曰：'"評"疑"訊"之誤。'據此，則'評'乃'説'字之訛。"

② 兼，尊本、内閣本、考證本均無。楊劄云："'義'下疑脱'兼'"，古逸本"衆"字右側書寫"兼"字，近是。

③ 獻，内閣本、古逸本作"献"。

④ 嬴，尊本、内閣本均作"羸"，古逸本、考證本作"嬴"，是。"嬴"指秦。

⑤ 昧思，尊本、内閣本、古逸本、考證本均作"咮思"，不詞。今按，《尚書·秦誓》："我皇多有之，昧昧我思之。"據正。

⑥ 冕旒，尊本作"冤流"，内閣本、古逸本、考證本作"冤梳"，據文意改。統纊，考證本作"統纊"。

⑦ 咤，尊本此字右側殘泐，内閣本、古逸本、考證本均作"咤"。"咤耕"不辭，疑誤，俟考。

⑧ 森羅，尊本、内閣本、考證本作"森罪"，不辭；考證本校云："'罪'恐當作'羅'"，古逸本徑改作"羅"，是，據改。

⑨ 尊本、内閣本、古逸本、考證本均作"絶笔時"，顯脱一字。據文意，脱文當爲第三字。

⑩ 竟，内閣本、古逸本、考證本并作"竟"。

⑪ 廢，尊本、古逸本作"癈"，内閣本作"癈"，考證本作"廢"。

⑫ 互，尊本、内閣本作"牙"，據古逸本、考證本改。

此官，季秋“為來[①]歲受朔日”，隨秦十月為歲首，遂云[②]作《禮記》者，取《吕氏春秋》。蔡雍以為《月令》自周時典藉，《周書》有《月令第五十三》，《吕氏春秋》取周之《月令》，其或與秦相似者，是其時所改定也。束晳[③]又云：“案《月令》四時之月，皆夏數也，殆夏時之書，而後人治益。”畧檢三家，並疑不盡，何者？案《春秋運斗[④]樞》：“舜以太尉受号，即位為天子”，然則堯時已有此職。其十月歲首，王肅難云：“始皇十二年，吕不韋死；廿六年，秦并天下，然後以十月為歲首，不韋已死十五年，便成乖謬。”蔡云“周（時）典藉”[⑤] 者，案[⑥]《周書序》“周公制十二月賦政之法，作《月令》”，自《周書·月令》耳。且《論語注》云：“《周書·月令》有更火之文”[⑦]，今《月令》聊無此語，明當是異[⑧]。束云“四時皆夏數”者，孔子云“行夏之時”，以夏數得天，後王宜其遵用，非必依夏正朔即為夏典。其夏時書者，《小正》見存，文

---

① 來，尊本、内閣本作“未”，考證本作“末”，均誤；古逸本作“來”，是。今按，《吕氏春秋·季秋紀》曰：“為來歲受朔日。”據改。

② 云，尊本、内閣本作“去”，古逸本、考證本校改作“云”，是，今從之。

③ 束晳，尊本、内閣本、古逸本均作“束哲”，考證本作“束晳”，是，據正。今按，《隋書·牛弘傳》載牛弘上疏云：“今《明堂月令》者……束晳以為夏時之書。”

④ 斗，尊本、内閣本作“升”，據古逸本、考證本校改。

⑤ 周時典藉，尊本、内閣本、古逸本均作“周典藉”，考證本增補“時”字。今按，前文云“蔡雍以為《月令》自周時典藉”，考證本補“時”字是。

⑥ 案，尊本、内閣本作“棄”，古逸本、考證本校改作“案”，是。

⑦ 考證本校云：“此馬融之言。皇侃《義疏》云引《周書》中月令之語‘有改火之事’來為證也。”

⑧ 楊劄云：“‘異’下疑脱‘本’字。”

字多古，與此叙事忽别，唯《皇覽》所弘①《逸礼》髣髴②相應，當是七十弟子之徒及其時學者雜為記録，無以知其姓者，吕氏取為篇目，或曰治改，遂令二本俱行扵世，恐猶有拘執，故辨明焉。

① 弘，内閣本作“[illegible]”，古逸本作“引”，考證本誤作“記”。

② 髣髴，尊本、内閣本、古逸本、考證本均作“髪髴”，文意不通。今按，據文意當爲“髣髴”之誤字。髣髴，意爲“大約、幾乎”。此處謂《夏小正》内容與《禮記·月令》多有不同，但與《皇覽·逸禮》高度相符合，觀《玉燭寶典》各卷引文可知此言非虚。又，《玉燭寶典》卷五中“髣髴”一詞，尊本、内閣本、古逸本、考證本作“髪髴”，是其比。

玉燭寶典卷第一[1]

正月孟春第一杜預曰："凡人君即位，欲其體元以居正，故不言一年一月。"

《禮·月令》（曰[2]）："孟春之月，日在營室，昏參中，旦尾中。鄭玄曰："孟，長也。日月之行，一歲十二月會。觀斗所建，命其四時。此云孟春者，日月會於陬訾，而斗建寅之辰也。凡記昏明中星者，為人君南面而聽天下，視時候以授民事。"其日甲乙，乙之言軋，時万物皆解孚甲、自抽軋而出者也。其帝太皞，其神句芒，此倉精之君、木官之臣，自古以來著德立功者也。太皞，宓戲氏也；句芒，少皞氏之子，曰重，為木官者之也。其蟲鱗，

① 尊本、内閣本、古逸本卷首無此七字，但各本卷末均有"玉燭寶典卷第一"題名，爲便於閲讀，據補。考證本卷首有此題名。

② 曰，尊本、内閣本、古逸本均無"曰"字，考證本校云："舊無'曰'字，以下文例之，當有之，今補入。"可從。

象物孚甲將解（鱗）①，龍虵之屬。其音角，謂樂器之聲也。三分羽②益一以生角，角數六十四，屬木者以其清濁中民之象之也。律中大蔟，音倉豆反。律，候氣之管③也，以銅為之。中猶應也。孟春氣至，則大蔟之律應，謂吹灰。高誘曰："萬物動生蔟地而出。"今案《春秋元命苞》曰："律之為言率也，所以術氣令達。"宋④均注云："術猶導也。"其數八，數者五行，佐天地、生萬物之次也。木生數三、成八。但八者，舉其成數。其味酸，其臭羶，其祀户，祭先脾。春陽氣出，祀之扵户内，陽也。祀先祭脾者，為陽中，扵藏值脾，為尊也。

"東風解凍，蟄蟲始震，魚上負氷，獺祭魚，鴻鴈來。此時魚肥美，獺將食之，先以祭也。鴈自南方來，將北反其居。高誘曰："是月之時，鯉應陽而動，上負氷也。"今案《莊子》曰："潛鯁，春日毀滴而盖衢者，鱓也。"司馬彪注云："潛，水中也；鯁，澀；滴，池；盖，辟；衢，道也。言冬日氷鯁澀不通，春日微温，毀池氷而為道者也，鱓魚也。"⑤ 是則鱓魚名負而出祭鯉，盖取其尤好者。又⑥《淮南子》曰："獺知水之高下。"⑦ 高誘注云："高下，猶

① 鱗，尊本、内閣本脱，古逸本、考證本補，是。考證本校云："舊無'鱗'字，今依注疏本增。"楊劄云："'龍'上脱'鱗'字。"今按，《禮記·月令》鄭玄注正作"解鱗"。

② 羽，尊本、内閣本、古逸本均作"則"，考證本作"羽"。今按，《禮記·月令》鄭玄注作"羽"，據改。

③ 管，尊本作"官"，據内閣本、古逸本、考證本改。

④ 宋，尊本、内閣本均作"宗"，形近而誤，據古逸本、考證本改。

⑤ 今按，此段爲《莊子》佚文。王叔岷《茆泮林〈莊子司馬彪注考逸〉补正》中補入此條，見《中央研究院歷史語言研究所集刊》，1947 年。

⑥ 又，尊本、内閣本作"人"，據古逸本、考證本改。

⑦ 今按，此語見《淮南子·繆稱訓》："鵲巢知風之自，獺穴知水之高下。"考證本校云："舊無'穴'字，《淮南子·繆稱訓》有，今據補入。"

深淺。”蕭廣済《孝子傳①》曰：“獺，水獸也，似狗而痹，脚青黑色，立春則羣捕魚，聚其所獲，陳列扵地，一縱一横對之而伏也。”天子居青陽左个，乘鸞輅，駕倉龍，載青旂②，衣青衣，服倉玉，食麥與羊，其器疏以達。皆所以順③時氣也。青陽左个，大寑④東堂北偏也。鸞輅，有虞氏之車也，有鸞和之節，而餝之以青，取其名耳。麦实有孚甲，屬木⑤，羊，（火）畜⑥也，時尚寒，食之以安性也。器疏者，刻鏤之象物當貫土而出也。高誘曰：“東向堂，故曰青陽。北頭室，故曰左个，个猶隔也。”今案《曲礼下》曰⑦：“君天下曰天子。”鄭玄注云：“天下謂外及四海也。今漢扵蠻夷稱天子，扵王侯稱皇帝。”《周書·太子晉篇》曰：“善至扵四

① 傳，尊本、内閣本作“將”，古逸本、考證本作“傳”，是。今按，《隋書·經籍志》著録“蕭廣濟《孝子傳》”，據改。

② 旂，尊本作“[illegible]”，内閣本作“[illegible]”，古逸本、考證本作“旂”。今按，《禮記·月令》作“旂”，考“[illegible]”上部爲“㫃”，下部“月”爲“其”字之訛，則實爲“旗”字，然《玉燭寶典》其餘各卷均作“旂”，爲“旂”的俗字，據改。

③ 順，尊本、内閣本、古逸本均作“愼”，考證本作“順”，校云：“舊‘順’作‘愼’，古多通用，注疏本作‘順’，今據改正。”楊劄云：“《禮》注‘愼’作‘順’。”今按，《禮記·月令》鄭玄注作“順”，“愼”乃“順”之形近訛字。

④ 寑，尊本、内閣本、古逸本同，考證本作“寢”。下同。

⑤ 木，尊本、内閣本均作“未”，古逸本、考證本作“木”，是。今按，《禮記·月令》鄭玄注作“木”，據改。

⑥ 火畜，尊本、内閣本、古逸本無“火”字，考證本作“火畜”，校云：“舊無‘火’字，今依注疏本增。”楊劄云：“《禮》注‘羊’下有‘火’字。”今按，《禮記·月令》鄭玄注作“羊，火畜也”。據上下文意，當以“火畜”爲是，據補。

⑦ 曲礼下曰，尊本、内閣本、古逸本均作“礼下曹”，不辭。考證本校云：“按‘禮下曹’當作‘曲禮下曰’四字”，是，蓋原文傳抄時將“曲”字置於“礼下”之後，且將“曲”“曰”二字合寫成“曹”，遂使此句不可解。據考證本校改。

海、四夷、四荒、四表"，又曰"四荒皆至，莫有恐呰，乃登為帝"[①]。注云："呰，歎恨也。舍五等之尊卑，更論事義，以為之名。"《孝經援[②]神契》曰："天覆地載謂之天子。"《易乾鑿度》曰："天子，爵号也。天子者，继天理物，改正統一[③]，各得其宜，父母天地以養民，至尊之号之也。"

"是月也以立春。先立春三日，大史謁之天子，曰：'某日（立）春[④]，盛德在木。'天子乃齊。立春之日，天子親帥三公、九卿、諸侯、大夫以迎春扵東郊。還反，賞公卿、諸侯、大夫扵朝。迎春，祭倉帝霊威仰扵東郊之兆也。《王居明堂礼》曰："出十五里迎歲，殷也。周迎郊五十里。"命相布[⑤]德和令，行慶施惠，下及兆[⑥]民，相謂三公相王之事。慶賜遂行，毋有不當。乃命太史守典奉法，司天日月星辰之行，宿離不忒[⑦]，無失經紀，以初為常。典六典，法八法。離讀如儷偶之儷，謂其屬馮相氏、保章氏，掌天文者也。其相與宿偶，當審候司[⑧]，不得過差。今案《春秋説題辞》

---

① 此處錯誤甚多，楊劄云："今本《周書》'善至于四海，曰天子，达于四荒，曰天王。四荒至'云云。"今按，《逸周書·太子晉篇》："善至于四海，曰天子，达于四荒，曰天王。（晋孔晁注：四海，四夷；四荒，四表。）四荒至，莫有怨訾，乃登为帝。"此處乃將《逸周書》省略，且原文與孔晁注混在一起，故只將"其表"校改作"四表"。

② 援，尊本、内閣本均誤作"授"，據古逸本、考證本改。

③ 改正統一，考證本作"致正一統"，并校云："舊'一統'作'統一'，'天母'作'母天'，今據《初學記》引《乾鑿度》乙正改删。"

④ 立春，尊本、内閣本僅有"春"字，據古逸本、考證本補。

⑤ 布，尊本、内閣本作"而"，古逸本、考證本作"布"，是。《禮記·月令》作"布"，據正。

⑥ 兆，尊本作"非"，據内閣本、古逸本、考證本改。

⑦ 楊劄云："《禮記》作'貸'，此與《逸周書》同。"今按，《禮記·月令》作"貸"，通"忒"。

⑧ 司，楊劄云："今《禮》注'司'作'伺'。"

曰：“天之為言鎮也，居高理下，為人君，陽精也[①]。合為太一，分為殊名，故立字一大為天。”《説文》曰：“天，巔也，至[②]高无上。從（一大也。”《釋名》曰：“天，）顯也[③]，青徐以舌頭言之。天，垣也，（垣）[④] 然高遠也。又謂之玄，縣也，如懸物如上也。”《白虎通》曰：“天者，身也，鎮也。男女惣名為人。天地無惣名何？天負地方，不相類也。”楊泉《物理論》曰：“天者，旋也，積陽純剄，其躰四旋而洞達，其德清明而車均[⑤]，羣生之所天仰，故稱之曰天。”[⑥]《正曆》曰：“天者，遠不可極，望之雰然，以玄為色。其[⑦]大無不苞裹[⑧]，其動靡有休息，謂之天者，一大之名也。”《礼統》曰：“天之為言鎮也，神也，陳也，珎也，施生為物本，連

---

① 楊劄云：“‘鎮’疑‘顛’誤。《御覽》引作‘顛’，‘人君’作‘人經’也，羣物，精也。”今按，《太平御覽》卷一《天部一・天部上》引《春秋説題辭》曰：“天之為言顛也，居高理下，為人經也。群陽，精也。合為太一，分為殊名，故立字‘一’‘大’為‘天’。”

② 至，尊本、内閣本、古逸本作“主”，今從考證本據《説文》原文校改。

③ 尊本、内閣本、古逸本“從”字後接“顯”字，中間顯有脱文。考證本補“一大也釋名曰天”七字，可從。

④ 天垣也，尊本、内閣本、古逸本并作“文理也”，考證本改作“天垣也”，并出校云：“舊‘天垣’作‘文理’，今依本書改。”今按，《釋名・釋天》：“天，顯也，在上高顯也。青徐以舌頭言之。天，垣也，垣然高而遠也。”可知“文理”當爲“天垣”之形近訛字，並在“然”前補“垣”字。

⑤ 車均，尊本、内閣本作“車均”，古逸本、考證本作“車均”。

⑥ 《北堂書鈔・天部》《太平御覽》卷二引楊泉《物理論》曰：“天者，旋也，均也。積陽純剛，其體回旋，群生之所大仰。”不及此處詳細。

⑦ 其，尊本、内閣本“其”下有“人”字，古逸本、考證本删“人”字，楊劄云：“人字疑衍”，考證本校云：“舊‘其’下有‘人’字，衍，今删。”

⑧ 裹，尊本、内閣本作“衷”，古逸本作“裹”，考證本校云“‘衷’，恐當作‘裹’”。據古逸本改。

轉精神，功效[①]布陳，其道可珍重謂也。”天子乃以元日祈穀于上帝，謂以上辛郊祭天也。乃擇元辰，天子親載耒音慮猥反。耜[②]，措之于叅保介之[③]間，帥三公、九卿、諸侯、大夫躬耕[④]帝藉。天子三推，勑雷反。三公五推，卿、諸侯九推。元辰，盖郊後吉辰也。耒，耜之上曲者也[⑤]。保介，車右[⑥]也。人君之車，必使勇士衣甲居右而叅乘，倫非常也。保[⑦]，猶衣也；介，甲也。帝藉，為天神借民力所治之田也。反乃執爵于太寢，三公、九卿、諸侯、大夫皆御命，曰勞酒。既耕而燕飲，以勞君臣。天氣下降，地氣上騰，天地和同，草[⑧]木萌動。此陽氣蒸達可耕之候也。《農書》曰：“土長冒橛[⑨]，陳根可拔，耕者急發。”今案《春秋元命苞》曰：

---

① 效，尊本、内閣本均作“郊”，古逸本、考證本作“效”。今按，《太平御覽》卷一《天部一·天部上》引《禮統》作“效”，據改。楊晉云：“《御覽》作‘功效列陳’。”

② 耒耜，尊本、内閣本作“耒秬”，古逸本、考證本作“耒耜”。今按，《直音篇·木部》：“耒”，同“耒”。《詩經·大雅·生民》曰：“誕降嘉穀，維秬維秠。”毛傳曰：“秬，黑黍也。”尊本、内閣本“秬”乃“耜”之形近訛字，而“耜”是“耜”之異體字。

③ 之，考證本“之”後有“御”字，校云：“舊無‘御’字，今增。”楊晉云：“《禮·月令》有‘御’字。”

④ 耕，内閣本、古逸本、考證本作“耕”。下同。今按，《干禄字書·平聲》：“耕、耕，上俗下正。”

⑤ 此句，尊本、内閣本作“未，耕之上典者也”，古逸本、考證本作“耒，耜之上曲者也”。今按，《禮記·月令》鄭玄注作“耒，耜之上曲者也”。知尊本、内閣本誤耒、耜、曲三字。

⑥ 右，尊本、内閣本作“在”，古逸本、考證本作“右”。據下文及《禮記·月令》鄭玄注，當以“右”是。

⑦ 保，尊本、内閣本作“保介”，古逸本、考證本作“保”，楊晉云：“衍‘介’字。”今按，《禮記·月令》鄭玄注作“保，猶衣也”。

⑧ 草，尊本、内閣本均作“車”，據古逸本、考證本正。

⑨ 橛，尊本、内閣本作“振”，古逸本、考證本作“橛”，《禮記·月令》鄭玄注作“土上冒橛”，據古逸本、考證本改。

"地者，易也，言養物懷任，交易變化，合吐應節，故其立字，吐力之物一者為地。"宋[①]均注云："地，加土以力者，言地變化成物功著也。加一者，奉太一也。"《釋名》曰："地，底也，其地平載万物也。亦言諦也，土所生，莫不審諦也。亦謂巛。巛，順也，言順乹[②]之者也。"王命布農事，命田舍東郊，皆修封疆，審端俓[③]術。田謂田畯，主農之官也。封疆，田首之畟分也。術，《周礼》作遂，小溝也。步道曰俓。今[④]《蒼頡篇》曰："術，邑中道也。"善相丘陵、（阪）險[⑤]、原隰，土地所宜，五槃[⑥]所殖，以教導民，必躬之親[⑦]。相，視之也。田事既飭[⑧]，先定准直，農乃不或。准直，謂封壇俓遂也。命樂正入學習舞，乃修祭典，命祀山林川澤，犧牲毋用牝。為傷任生之類。禁止伐木，盛[⑨]德所在之也。毋覆巢煞孩者，朝來反也。蟲、胎、夭、音為老反。飛、鳥，毋麛，毋

---

① 宋，尊經閣、内閣本作"宗"，據古逸本、考證本改。

② 巛，尊本、内閣本、古逸本作"川"，考證本作"坤"。今按，《釋名·釋地》："地，底也，其體底下載萬物也。亦言諦也，五土所生，莫不信諦也。易謂之坤。坤，順也，上順乾也。""坤"，《玉燭寶典》中多寫作"巛"，此處"川"乃"巛"之形訛。乹，"乾"之俗字。

③ 俓，内閣本、古逸本、考證本作"徑"，後面注文同。

④ 楊晉云"'今'字疑衍"，考證本校云"'今'卜脱'案'字"，比楊晉更合理。

⑤ 善相丘陵阪險，尊本、内閣本作"盖相兵陵險"，文字有訛脱。古逸本、考證本作"善相丘陵阪險"，是，據改。

⑥ 槃，尊本、内閣本同，古逸本、考證本作"穀"。今按，《干禄字書·入聲》："槃、穀，上俗下正。"下同。

⑦ 楊晉云："今《禮·月令》作'親之'。"

⑧ 飭，尊本、内閣本作"餙"，古逸本作"飭"，考證本作"飾"。今按，《禮記·月令》鄭玄注作"飭"，據正。

⑨ 盛，尊本、内閣本作"成"，古逸本作"威"，考證本作"盛"。今按，《禮記·月令》鄭玄注作"盛"，據正。

卵。為傷萌幼之類者。高誘曰："麋子曰夭[①]，鹿子曰麑。"今案《尒雅》曰"麋子麇"，音悪擊反。郭璞云："江東名呼鹿子為麇。"《國語·魯語》曰"獸長麑夭"，唐固注名云[②]"麋子曰麇"。又《礼·誥志[③]》云："蜂蠆不螫嬰兒，昬蚉不食夭駒[④]"，然則駒例似稱夭麇。夭麇、麛麑，字並兩通也。毋聚大眾，毋置城郭。為妨農之始也。掩骼音格。埋胔。在賜反。為死氣逆生也。骨枯曰骼，肉[⑤]腐曰胔也。不可以稱兵，必有天殃。逆生氣也。兵戎不起，不可從我始。為客不利，主[⑥]人則可。毋變天之道，以陰政犯陽也。毋絶地之理，易剛柔之宜也。毋亂人之紀。仁之時而舉義事。

"孟春行夏令，則雨水不時，巳之氣乘之也。草木蚤落，国時有恐。以火[⑦]訛相驚也。行秋令，則其民大疫，甲之氣乘之。猋風

---

① 夭，内閣本、古逸本誤作"大"，考證本作"夭"，是。今按，夭為"夭"之俗字。

② 名云，尊本、内閣本、古逸本並作"云名"，楊劄云："'亦'字衍，或在'云'字上。"今據考證本乙正。

③ 礼誥志，尊本、内閣本、古逸本均作"社誌志"，誤；考證本作"禮誥志"，校云："《禮·誥志》，《大戴記》篇名"，是，據正。

④ 駒，尊本作"駒櫝"，内閣本、古逸本作"駒犢"，考證本作"駒"，校云："舊此下有'犢'字，衍，今刪。"今按，《大戴禮·誥志》："蜂蠆不螫嬰兒，蟁蝱不食夭駒。"《淮南子·天文訓》云："蟁蝱不食駒犢。"又，《説文解字·馬部》："駒，馬白額也。"《玉篇·馬部》："駒，駒顙，白額。或作的。"此爲"駒"的常見義。然"駒"亦可爲"駒"的異體字，此處爲減少誤解，據考證本校改。

⑤ 肉，尊本作"内"，據内閣本、古逸本、考證本改。

⑥ 主，尊本、内閣本均作"生"，古逸本、考證本作"主"，據正。今按，《禮記·月令》鄭玄注作"主"，孔穎達正義曰："起兵伐人者谓之客，敌来御捍者谓之主。"

⑦ 火，尊本、内閣本、古逸本均作"水"，今從考證本據《禮記·月令》鄭玄注作改。

暴雨[①]惣至，正月宿直尾箕[②]，好風，其氣逆也。曲風為猋。案《尒雅》“扶摇謂之猋”，音方遥反。李巡曰：“扶摇，暴風從下升，故曰猋。猋，上。”孫炎曰：“回[③]風從下上，故曰猋。”《音義》曰：“《尸子》曰：‘風為頽猋。’”藜[④]莠、蓬蒿並興。行冬令，則水淹為敗，雪霜大摯，首種不入。”亥[⑤]之氣乘之也，舊説云首種謂稷也。高誘曰：“雨霜大摯，傷害五檠。”今案《釋名》曰：“雪，婑[⑥]也，水下遇寒而帰凝[⑦]，婑婑然下。”《春秋考異郵[⑧]》曰：“霜之為言亡，人物以終。”《釋名》曰：“霜，喪也，其氣慘[⑨]毒，物喪之也。”

蔡雍《孟春章句》[⑩]曰：“孟[⑪]，長也，庶長稱孟。言天於四時無所常適，先至者長，之月終則已，故以庶長之稱為名。春，蠢

① 猋風暴雨，尊本、内閣本作“焱風異雨”，古逸本、考證本作“猋風暴雨”。今按，《禮記·月令》作“猋風暴雨”，據正。下文“猋”字同。

② 箕，尊本、内閣本均作“萁”，古逸本、考證本作“箕”。今按，《禮記·月令》鄭玄注作“箕”，據正。

③ 回，尊本、内閣本作“四”，據古逸本、考證本校改。

④ 藜，尊本、内閣本作“蔾”，古逸本、考證本作“藜”。

⑤ 亥，尊本、内閣本均作“玄”，據《禮記·月令》鄭玄注改。

⑥ 婑，尊本、内閣本、古逸本同，考證本作“綏”。楊劄：“今本《釋名》作‘綏’。”今按，《釋名·釋天》云：“雪，綏也，水下遇寒氣而凝，綏綏然也。”

⑦ 凝，尊本、内閣本作“疑”，古逸本、考證本作“凝”，是。

⑧ 考異郵，尊本、内閣本作“孝異邙”，據古逸本、考證本正。

⑨ 慘，内閣本作“添”，形近而訛。楊劄云：“《釋名》原書作‘慘毒’，掖齋改‘添’，恐誤。”掖齋，指日本漢學家狩谷掖齋。

⑩ 《隋書·經籍志》經部著録“《月令章句》十二卷，漢左中郎將蔡邕撰”。杜臺卿根據月份順序，在《玉燭寶典》一書各卷中依次徵引《月令章句》的内容。故此處《孟春章句》實爲《月令章句》中對應孟春的部分，頗疑爲《月令章句》第一卷，非謂有書爲《孟春章句》，下同。

⑪ 孟，尊本、内閣本作“益”，古逸本、考證本作“孟”，是，據改。楊劄云：“‘孟’字皆作‘益’，誤。古碑有作‘益’者，然上畫必連。”後“孟”字同。

也[①]，蠢，動也，時別名也。'日在營室[②]。'日者，太陽之精，在天者也。在者，行過之辤，言非所常居也。'昏參中、旦尾中。'日入後漏三刻為昏，日出前漏三刻為明，星度可見之時也。孟春立春莭[③]日在危十度，昏明星去[④]日八十度、畢五度中而昏，尾七度半中而明。'（其）[⑤] 日甲乙。'日者，一晝夜之名，言律出於鐘也。乃置之深室，葭莩為灰，以实其端，其[⑥]月氣至，則灰飛而管通。'東風解凍。'（東）[⑦] 者，少陽之方，木位也；風者，巽氣之動也，風從東來，少陽氣郊[⑧]也。是月十升[⑨]陽達於地，陽風動於上，故凍得風而解也。'蟄蟲始振。'蟄者伏也，振者動。'魚上氷。'魚者，水蟲而鱗，陰中之陽也者。上薄於氷也，感陽而起，水尚未清，故薄之陰。'獺祭魚。'獺，毛蟲，西方白虎之屬，水居而殺魚者也。春之時，乙以柔配庚剛，故金得潛殺於木。祭者，陳之陸地，進而弗食。'鴻鴈來。'陽鳥今案《尚書·禹貢》曰："彭蠡既猪，陽鳥（攸）[⑩] 居。"孔安國注云："彭蠡，澤名。隨陽之鳥，鴻

---

① 内閣本無"蠢也"二字。

② 室，尊本、内閣本作"至"，古逸本、考證本作"室"，是。楊劄云："'至'誤，'室'。"今按，《禮記·月令》作"室"，據正。

③ 莭，尊本、内閣本同，古逸本、考證本作"節"，二者異體字。

④ 去，内閣本、古逸本作"厺"，下同。今按，去、厺異體字。《玉篇·去部》："厺，《説文》去。"

⑤ 其，尊本、内閣本、古逸本無，考證本據《禮記·月令》正文補"其"字，可從。

⑥ 其，尊本、内閣本作"某"，據古逸本、考證本改。

⑦ 東，尊本、内閣本、古逸本無，考證本補，可從。

⑧ 郊，尊本、内閣本、考證本作"郊"，但考證本校云："'郊'恐當作'效'。"古逸本作"動"，與底卷字形相差較遠。

⑨ 十升，尊本、内閣本、考證本同，不辭，考證本校云："'十'字衍，蓋'升'字半體相似，故誤重。"古逸本校改爲"木升"，近是。

⑩ 攸，尊本、内閣本無，古逸本、考證本增。今按，《尚書·禹貢》作"彭蠡既猪，陽鳥攸居"，據增。

鴈之屬，冬月所居於此澤。”《卑雅》[①] 曰：“去陰就陽，謂之陽鳥，鴻之也。”來者，自外之辝[②]也。陰起則南，陽起則北，為二氣候者也。孟春陽氣達，故從南方來，而北過就陰而産。季冬令鴈北向，知此月從南來也。‘天子居青陽左个。’青，木色，陽，木德，故明堂之東面曰青陽。左者，東面以北為左也。左个[③]，寅上之室，正月位也。‘乘鸞輅。’(輅)[④]，車也，鸞，鳥名也，以金為鸞鳥，懸鈴其中，施拎衡上，以為遲疾之節，故曰鸞路[⑤]。‘駕蒼龍。’倉[⑥]，自然之色，鳥色之青者曰倉龍。‘載青旂。’[⑦] 青，人功之色也，交龍曰旂。孟春以立春為節，驚蟄為中，中必在其月，節不必在其月。據孟春而言之，驚蟄在十六日以後，則立春在正月，驚蟄在十五日已前，則立春在往年十二月，故言‘是月也以立春’，明得立春，則孟春之月可以行春令矣。‘天子乃齊。’齊者，所以專壹其精，不敢散[⑧]其志，然後可以交神明者也。‘宿離不

---

① 考證本校改作“埤雅”，誤。《埤雅》乃宋代陸佃的著作，不當出現於隋代杜臺卿之書中。今按，考《小爾雅·廣鳥》：“去陰就陽，謂之陽鳥，鴻鴈是也。”又，《玉燭寶典》卷四有：“《卑雅》曰：‘豢，彘也。’”而《小爾雅·廣獸》：“豕，彘也。”疑《卑雅》即《小爾雅》，然此名於其他文獻中無徵。

② 辝，内閣本、古逸本作“辞”。

③ 左个，尊本、内閣本誤作“左今”，古逸本刪除“左”，今字下屬。據考證本改正。

④ 輅，考證本云：“舊不重‘輅’字，今增。”古逸本在“輅”下增重文符號。據考證本、古逸本改。

⑤ 路，尊本、内閣本、古逸本同，考證本作“輅”。

⑥ 倉，尊本、内閣本、古逸本同，考證本作“蒼”。後“蒼龍”同。

⑦ 旂，内閣本作“祈”，誤，後同。古逸本、考證本作“旂”。

⑧ 敢散，考證本校云：“‘敢’與‘散’字形近而誤重。”可備一説。

忒。’宿者（日）[①] 所在也，離[②]者月所歷也。日[③]日行一度，故稱宿，月日行十三度有分[④]，或歷三宿，故稱離，非一處[⑤]之辞也。‘元日祈穀于上帝。’元，善也，謂先甲三日、後甲三日，丁與辛也。‘執[⑥]爵于大寢。’爵，飲器也，爵，飲之以其尾為柄而傳翼，大一升。今案《周礼圖》：“爵受一升，高二寸，尾長六寸，博[⑦]二寸，傳假翼，兊下方足，赤為赤畫三周其身，大夫餝以赤氣黄畫，諸侯加餝口足以象骨，天子以玉。”《明堂位》曰：“爵，夏后氏以棧，殷以斝[⑧]，周以爵。”斝謂畫以禾稼也，《詩》云“洗爵奠斝”[⑨]。此三者皆爵名也。《韓詩》云：‘一升曰爵。爵，盡也，足也。’‘命曰勞酒’者，耕，勞也，為勞故置酒，故命曰勞酒。‘審端徑術。’（徑[⑩]），正也，步道也；術，車道也。‘掩骼埋胔。’露

---

① 日，尊本、内閣本、古逸本無，考證本補，校云：“舊無‘日’字，今案文補”，是。據補。

② 離，尊本、内閣本作“雖”，據古逸本、考證本正。下文同。

③ 日，尊本、内閣本作“白”，據古逸本、考證本正。

④ 考證本校云：“案《周髀》諸書，皆云月行十三度十九分度之七，此蓋有訛脱。”

⑤ 處，内閣本、古逸本、考證本作“處”，異體字。

⑥ 尊本、内閣本、古逸本“執”前有“蟄”字，考證本以爲“蟄”乃“反”字之訛。今按，雖《禮記・月令》原文有“反執爵於太寢”之語，但“反”與“蟄”字形相差過遠，不大會形近而訛。頗疑原抄者因受下文“執”字影響而先誤書“蟄”字，後發現錯誤後在“蟄”字旁加删除符號，後抄者不明其意，將“蟄”字與原文抄在一起，遂成今本之貌。故，“蟄”字衍文，當删。

⑦ 博，尊本、内閣本作“傅”，古逸本作“愽”，考證本作“博”，校云：“舊‘博’作‘傅’，訛，今改。”今按，《太平御覽》卷七六〇《器物部五・爵》引《三禮圖》曰：“爵受一升，尾長六寸，博二寸，傳翼，兊（音鋭）下方足，漆赤雲氣。”據改。

⑧ 斝，尊本、内閣本作“舜”，據古逸本、考證本改。

⑨ 詩，尊本、内閣本作“諸”，據古逸本、考證本改。今按，此段引文見《禮記・明堂位》。又，“洗爵奠斝”語出《詩經・大雅・行葦》。

⑩ 徑，尊本、内閣本、古逸本無“徑”字，考證本據前後文補，是。

骨曰骼，有肉曰胔，謂畜獸死在田野，春氣尚生，故埋藏死物。首種，謂宿麦也。入，收[①]也。麥以秋種、以春收，故謂之首種。”[②]

右《章句》為釋《月令》，故居前。

《禮·鄉飲酒義》曰：“東方者蠢，春之言蠢，産万物者聖。”鄭玄曰：“春猶蠢[③]，動生皃，聖之言生之也。”《春秋説題辤》曰：“春，蠢興也。”《尚書大傳》曰：“東方者何[④]也，動方也。動方也，物之方者動，何以謂之春？春者，出也。出也者，物之出，故曰東方春也。”[⑤]《釋名》曰：“春，蠢也，蠢動而生也。”右惣釋春名。

《皇覽·逸礼》曰：“天子春則衣倉衣，佩倉玉，乘倉輅，駕倉龍，載青旗，以迎春于東郊。其祭先麦與羊，居明堂左，廇[⑥]啓東户。”《詩紀曆樞》曰：“甲者，押也[⑦]，春則闓，古開之也。冬則

① 收，尊本、内閣本均作“牧”，據古逸本、考證本正。下同。

② 此五句，考證本據《唐會要》調換次序，作“首種，謂宿麥也。麥以秋種以春收，故謂之首種。入，收也”。又，考證本以爲“‘首’上當有‘首種不入’四字”，近是。今按，蔡邕《月令章句》的文例，基本先摘録《月令》原文語句，再解釋字詞含義，疏通句意，但考慮到《玉燭寶典》引文并不完全忠實於原文，故此段前不補“首種不入”四字。

③ 春猶蠢，尊本、内閣本均作“蠢猶蠢”，第二字蠢字用重文符號表示。據《禮記·鄉飲酒義》鄭玄注改。

④ 何，尊本、内閣本作“傳”，文意不通，當是涉前而訛；據古逸本、考證本改。

⑤ 此段疑有誤。今按，《御覽》卷一八《時序部·春上》引《尚書大傳》曰：“東方者何也？動方也。物之動也，何以謂之春？春，出也，物之出也，故謂東方春也。”《藝文類聚》卷三《歲時部上·春》引《尚書大傳》無“何也”二字。

⑥ 廇，尊本、内閣本、古逸本均作“厝”，考證本作“廇”。今按，據《玉燭寶典》卷四、卷七、卷一〇引《皇覽·逸禮》，作“廇”是，據改。

⑦ 尊本、内閣本、古逸本作“甲押者也”，考證本作“甲者押也”，校云：“舊‘者押’倒，今乙正。”可從。

闔，春下種，秋藏穀，万物權[①]輿出萌。”宋均曰：“押之為言苞押，言万物苞押[②]也。渕猶出渕也[③]，下猶投。”《詩含神務》曰：“其東，倉帝坐，神名靈威仰。”宋均曰：“靈，神也，神之威儀，始仰起於東方。”《尚書考[④]靈曜》曰：“氣在於春，其紀歲星，是謂大門，禁民無得斬伐有實之木，是謂伐生絶氣，於其時諸道皆通，与氣同光。道，俓路也。《礼》孟春令曰“審俓術”，季春曰“啓通道路”者之也。佩倉璧，人君佩玉以象德之也。乘倉馬，以出遊。衣青之時，而是則歲星得度，五穀滋矣。”《樂稽曜嘉》曰：“用鼓和樂於東郊，為太皥之氣。勾芒，芒音，歌《隨行》，出《雲門》，致魂靈，下大一之神。”宋均曰：“《隨行》，樂篇名，言物氣而出也。《雲門》，黄帝樂名。用樂隨氣，如是足以致精魂之靈，下天神也。”《春秋元命苞》曰：“甲乙者，物始莩甲，乙者，物蟠詘，有[⑤]萌欲出，陽氣含榮以一達。”宋均曰：“甲字本刑[⑥]如此，乙者，一之詰詘者也。曰物從莩甲一自達，含榮蟠詘而以日名之也。”《春秋元命苞》曰：“東方其色青，新去水變含榮，若淺黑之

① 權，内閣本、古逸本作“権”，考證本作“權”，權、権，皆權之俗字。下同，不再出校。

② 押，尊本、内閣本作“神”，據古逸本、考證本改。

③ 渕，考證本作“淵”，校云：“‘淵’恐當作‘闔’。”

④ 考，尊本、内閣本作“孝”，據古逸本、考證本改。

⑤ 有，尊本、内閣本、古逸本作“有々”，第二個“有”字當爲衍文，今删。今按，《白虎通》卷四《五行》載近似之語曰：“其日甲乙者，萬物孚甲也；乙者，物蕃屈有節欲出。”

⑥ 刑，尊本、内閣本同，古逸本、考證本作“形”。今按，通觀《玉燭寶典》寫本，“形狀”之“形”多作“刑”。而“刑”在古書中可通“形”，如《墨子·經上》：“生，刑與知處也。”馬王堆帛書《經法·道經》：“虚無刑，其裻冥冥，萬物之所從生。”故不煩改爲“形”。後同。

形。宋均曰："榮猶主[①]也，變黑更生，故青也。形，形狀[②]也。"其味酸，酸之為端也。氣始生陽分，專心自端。酸，酢也，取木實味酢也，不言酸，義取以聲自端正也。食酸則栗然心端，感木氣自端正使之然。其音角，角者氣騰躍，有殺精動，並萌文出庶。有殺者，凡物萌出皆未煞，小而本大，有似於牛羊之角，就之而成音焉。文，文象也，物觸地萌動欲出，故精象在天為角星。庶，庶然別居之也。其帝太昊[③]，太昊者，大起言物動擾擾。物擾擾而大起，故曰就以名其帝也。其神勾芒，（勾芒）[④] 者始萌。忽曰物始萌以名其帝。其精青龍，龍之言萌也。"獸之眇莫若龍，故就青萌以名之。《山海・海外東經》曰："東方勾芒，鳥身人面，乘兩龍。"郭璞曰："木神也，方面素服。《墨子》[⑤] 曰：'昔秦穆公有明德，上帝使勾芒賜之壽十九年也。'"

《尒雅》曰："春為蒼天，李巡曰："春，万物揚始生，其色蒼蒼，故曰蒼天。"春為青陽，孫炎曰："春，氣青而陽暖日。"春為蕟[⑥]生。"郭璞曰："此忽四時之別号。"《音義》[⑦] 曰："美稱之別

---

① 主，内閣本、古逸本、考證本均作"采"。

② 狀，尊本、内閣本、古逸本、考證本作"牧"，文意不通，考證本校云："'牧'字恐有訛脱。"今據文意改爲"狀"。

③ 昊，尊本、内閣本作"吴"，據古逸本、考證本正。

④ 各本作"其神勾芒者始萌"，考證本校云："案'芒'下當重'句芒'二字。"今按，據此處所引《春秋元命苞》文例觀之，此句當重複"句芒"二字，故據文例補。

⑤ 墨子，尊本、内閣本作"經子"，古逸本、考證本作"墨子"，《山海經》郭璞注亦作"墨子"。按，秦穆公見句芒事見《墨子・明鬼下》。

⑥ 蕟，内閣本、古逸本、考證本作"發"，異體字。

⑦ 别号音義，尊本作"别号纟義"，内閣本、古逸本、考證本作"别号音義"，是，據改。今按，《音義》乃孫炎《爾雅音義》的簡稱。

名。"《史記·律書》曰："甲者，言萬物剖符甲[①]而出；乙者，言万物生軋軋也。"《鄑子》曰："春取榆柳之火。"《論語注》云："《周書》《月令》同也。"《前漢書》曰："春將出民，里[②]胥平旦孟康曰："胥，今里吏也。"韋昭："胥，《周官》里宰也，音諝也。"坐於右塾，隣長坐於右[③]塾，畢出然後歸。夕亦如之。入者必持[④]薪樵，輕重相分，斑白不提挈。"《京房占》曰："春當退貪殘，進柔良，恤幼孤，振不足，求隱士，則万物應莭而生，隨氣而長，所謂春令。"《白虎通》曰："嫁娶以春者，天地交通，万物始生，陰陽交接之時也。"《白虎通》曰："味[⑤]所以酸何？東方者，万物之生，酸者，所以趣生，猶五味得酸乃趍生也。其臭羶何？東方者木，万物蟄藏，新出土中，故其臭羶也。"《風俗通》曰："赤春。俗說赤春從人假貣，家皆自乏之時[⑥]。或說當言斥春，春舊穀已□[⑦]，新穀未登，乃指斥此時，相從假貣乎？斥与赤，音相似耳。案《詩》'春日遲遲，卉木萋萋''春日載陽，有鳴倉庚'，《月令》'衣青衣，服倉玉'，《尒雅》云'春日青陽'，凡三春時，得復云赤

① 剖符甲，尊本、内閣本均作"部符甲"，古逸本、考證本作"剖孚甲"。今按，《史記·律書》正作"剖符甲"，司馬貞《史記索隱》謂"符甲猶孚甲也"。故據《史記》改作"剖"字。

② 里，尊本、内閣本作"黑"，古逸本、考證本作"里"。今按，此段引文見《漢書·食貨志上》，文中正作"里胥"。《干禄字書·平聲》："胥胥，上俗下正。"《龍龕手鑑·肉部》："胥"，同"胥"。

③ 右，尊本、内閣本、古逸本作"右"，考證本作"左"。今按，《漢書·食貨志上》此處有作"右塾"者，亦有作"左塾"者，王先謙《漢書補註》謂作"左塾"是。

④ 持，尊本、内閣本作"特"，據古逸本、考證本正。

⑤ 味，尊本、内閣本作"昧"，據古逸本、考證本正。

⑥ 自乏之時，尊本、内閣本作"自之々時"，古逸本作"自乏之時"，考證本作"自之時"。今按，《太平御覽》卷二〇《時序部五·春下》引《白虎通》作"自乏之時"，據正。

⑦ 此處當脫一字，考證本據文意補"没"，近是。

也。今里語曰相斥觸，原其所以，言不當觸春從人求索也。”①

右惣釋春時，唯附孟月之末。他皆放此。

《詩·鄁風》曰：“士如帰妻，迨冰未泮。”毛傳曰：“泮，散。”鄭箋云：“冰未散，正月中以前之也。”《詩·豳②風》曰：“三之日于耜”，《毛傳》曰：“三之日，夏之正月，豳土晚寒。于耜，始修耒耜。”③ 又曰“三之日納于淩陰”。孔安國曰：“有‘二之日鑿冰沖沖’，此承上語之也。”《尚書·舜典》曰：“正月上日，受終于文祖。”孔安國曰：“正月上日者，納舜于大麓，明年之正月朔日也。堯以終事授舜，舜受之于文祖者，五府名，猶周言明堂也。未改堯正者，明帝堯尊如故，舜登其位，令試其事之者。”《尚書·大禹(謨)④》曰：“正月朔旦，受命于神宗。”孔安國曰：“受舜終事之命也。神宗，文祖之宗廟，言神，尊也。”《尚書·胤征》曰：“每歲孟春，遒人以木鐸徇于路，孔安國曰：“遒人，宣令之官之也。”官师相規，工執藝事以諫。”官，衆官也，更相規。百工各執其所治伎藝，以諫失常也。《周官·天官上》曰：“小宰掌⑤正歲，帅治官之属，而觀治象之法⑥，徇以木鐸。曰：‘不用法者，國有常

① 《太平御覽》卷二〇《時序部五·春下》引《白虎通》曰：“赤春。俗説赤春從人假貸，家皆自乏之時。謹案《詩》曰‘春日載陽，有鳴鶬鶊’，《月令》‘衣青衣，服蒼玉’，又《尒雅》‘春日青陽’，凡三春時，不得復云赤也。今里語曰相斥舉，原其所以，言不當舉春從人求索也。(斥與赤，音相似。)”

② 豳，尊本、内閣本作“幽”，據古逸本、考證本改。後面注文同。

③ 此句，尊本、内閣本作“于報，于絛来報”，字多訛誤，據《詩經·豳風·七月》毛傳校正。

④ 謨，尊本、内閣本、古逸本脱，楊蒞云：“‘禹’下脱‘謨’字。”考證本補“謨”字，是。

⑤ 曰小宰掌，尊本、内閣本、古逸本原作“之掌曰”，考證本改爲“小宰曰”。今按，考《玉燭寶典》各卷引《周禮》六官中各屬官的具體職責時，慣常文例是“周官某官曰某屬官掌某職”，故據文例校改此處爲“曰小宰掌”。

⑥ 法，内閣本、古逸本作“�”，考證本同尊本。下同。

刑。'"鄭玄曰:"正歲,謂夏之正月,得四時之正,以出教令者,審也。古者將有新令,必奮木鐸以儆[①]衆,使明聽也。(木鐸[②],)木舌也,文事奮木鐸,武事奮金鐸也。"《周官·(天官)[③]上》曰:"内宰掌上春,詔王后帥六宮之人,而生重[④]稑之種,而獻之于王。"鄭玄曰:"六宮之人,夫人已下分居后之六宮者也。古者使后宮藏[⑤]種以其種,以其種類番孳之[⑥]祥也,必生而獻之,示能育之,使不傷敗,且以佐王耕事,以供禘郊之也。"《周官·春官上》曰:"天府上春,釁[⑦]寶鎮及寶器。"鄭玄曰:"上春,謂孟春。釁謂殺牲以血之也。"《周官·春官下》曰:"龜人掌上春釁龜。鄭玄曰:"釁者,殺牲以血神之。上春者,夏正建寅之月。"筮[⑧]人掌上春相筮。"相謂更選,擇其蓍[⑨]也。《周官·春官下》曰:"眡古視字也。祲,子鴆反。今案《春秋傳》"梓慎曰:'吾見其赤黑之祲,非

---

① 儆,尊本、内閣本作"徹",古逸本作"儆",考證本作"驚"。今按,《周禮·天官·小宰》作"驚"。從字形來看,作"儆"易與"徹"字混淆,據古逸本改。

② 木鐸,尊本、内閣本均脱,古逸本、考證本據《周禮·天官·小宰》鄭玄注補。楊劄云:"'木舌也'上脱'木鐸'字。"

③ 天官,尊本、内閣本均無此二字,古逸本、考證本補"天官",是。按照《玉燭寶典》前後引書文例,當有篇名。

④ 重,尊本、内閣本"重"字後有重文符號,衍一字;古逸本、考證本作"穜"。今按,《周禮·天官·小宰》作"穜",然重、穜古通用,如《詩經·豳風·七月》"黍稷重穋,禾麻菽麥"中,"重"即"穜"也。

⑤ 藏,尊本、内閣本均作"歲",考證本、古逸本作"藏"。今按,《周禮·天官·内宰》鄭玄注作"藏",據正。

⑥ 之,尊本、内閣本均作"六",古逸本、考證本作"之"。今按,《周禮·天官·内宰》鄭玄注作"古者使后宮藏種,以其有傳類蕃孳之祥",古逸本改同鄭注。

⑦ 釁,尊本、内閣本同,古逸本、考證本作"釁",二字同。今按,《周禮·天官冢宰·内宰》正文及鄭玄注均作"釁"。下同。

⑧ 筮,尊本、内閣本、古逸本同,考證本作"筞",均爲"筮"的異體字。下同。

⑨ 蓍,尊本、内閣本作"著",古逸本、考證本作"蓍"。今按,《周禮·地官·筮人》鄭玄注作"蓍",據正。

祭祥也。'"注云："祲，日傍妖祥之氣。"人上注云："祲，陰（陽）氣相侵成祥耳。"[①] 掌安宅敘降，鄭玄曰："宅，居；降，下。人見妖祥則不安，主安其居寢。敘，次序其凶禍所下，謂攘移之也。"正歲則行事。"此正月而行安宅之事。《周官·夏官下》曰："牧師掌孟春焚[②]牧。"鄭玄曰："焚牧地以除陳、生新草。"

《春秋傳》曰："凡祀，啓蟄而郊。"服虔曰："啓蟄者，謂正月陽氣始達[③]，蔟土開蟄，農事始作，故郊祀后稷，以配天祈農。"杜預曰："啓蟄，夏正建寅之月。祀天南郊也。"《周書·時訓》曰："立春之日，東風解凍；又五日，蟄始振；又五日，魚上冰。風[④]不解凍，號[⑤]令不行；蟄蟲不振，陰氣姧陽；魚不上冰，甲冑私藏。雨水之日，獺祭魚；又五日，鴻鴈來；又五日，草木萌動。獺不祭魚，國多盜賊；鴻鴈不來，遠人不服；草[⑥]木不萌，菓苽不熟。"《礼·夏小正》曰："正月啓蟄，言始蕟[⑦]也，鴈北鄉。古鄉字也。先言鴈而後言鄉何？見鴈而後數其鄉[⑧]也。鄉者何？鄉其居也，鴈以北方為居。何以謂之居？生且長焉尒[⑨]。雉震呴。古雊字

① 人上，尊本、内閣本、古逸本、考證本同，文意不通，疑有訛誤，考證本校云："此二字恐訛。"今按，《左傳·昭公十五年》載："梓慎曰：'……吾見赤黑之祲，非祭祥也。"杜預注："祲，妖氛也。"而《周禮·春官·宗伯》"視祲"鄭玄注曰："祲，陰陽氣相侵漸成祥者。"據補一"陽"字。

② 焚，尊本、内閣本均作"樊"，古逸本作"爕"，考證本作"焚"。據《周禮·夏官·牧師》正文及鄭玄注正。後面注文同。

③ 達，尊本、内閣本、古逸本作"達〻"，考證本作"達"，可從。故删重文符號。

④ 風，尊本、内閣本均作"成"，據古逸本、考證本改。

⑤ 號，尊本、内閣本均作"踬"，據古逸本、考證本改。

⑥ 草，尊本作"菓"，據内閣本、古逸本、考證本改。

⑦ 蕟，内閣本、古逸本、考證本作"發"，異體字。下同。

⑧ 尊本、内閣本"其鄉"後有"一"字，當爲衍文；古逸本、考證本已删除"一"字，是。

⑨ 尒，尊本、内閣本均作"介"，據古逸本、考證本改。楊劄云："介當作爾。"

也。震者，鳴也，呴者，鼓其翼也。正月必雷，雷不必聞，唯雉必聞之。農[①]約厥耒。約，束也，（束）其耒[②]。囿有見韭。囿也者，園之燕者。時有浚風。浚者，大風，南風也。何大於南風也？曰合氷[③]必於南風，解氷必於南風，生必於南風，煞必於南（風[④]），故大[⑤]之。寒日滌凍（塗）[⑥]。滌者，變也，變而煖也。凍塗，凍下而澤上多也。田鼠者，嗛鼠也。今案《尒雅》"鼸鼠"，李巡曰："鼠從田中銜穀藏，鼸名也。"郭璞曰："頰裏藏食。"《音義》云："或作嗛，兩通，□蕈[⑦]反也。"農率均[⑧]田。率者，脩也，均田，始除田也。言農夫急除田也。獺，獸，祭者，得多也，善其祭而後食之。農及[⑨]雪澤。言雪澤之無高下也。采芸。今案《蒼頡篇》："芸

① 農，尊本、内閣本作"農"，據古逸本、考證本改。

② 尊本、内閣本此句作"約束也其耒"，古逸本作"約，束其耒也"。今按，《大戴禮·夏小正》此段作："農緯厥耒。緯，束也。束其耒云爾者，用是見君子亦有耒也。"考證本據《大戴禮》做了較多文字增補，今不取。然古逸本亦有不妥，今謂據《大戴禮》，"其"字前脱一"束"字，補全則文從字順。

③ 氷，尊本、内閣本作"水冫"，古逸本、考證本作"氷"，是，據改。

④ 風，尊本、内閣本無，古逸本、考證本有。今按，《大戴禮·夏小正》此處作"收必於南風"，據補"風"字。

⑤ 大，尊本、内閣本作"火"，據古逸本、考證本改。

⑥ 凍塗，尊本作"涷"，内閣本作"涷"，古逸本、考證本作"凍塗"。今按，涷、凍有别，涷是水名，凍乃冰凍之意，據文意當作"凍"，下同，尊本受前後文字偏旁而誤。又"塗"字，據後文當補。

⑦ 蕈，尊本、内閣本、古逸本同，考證本作"簟"，并校云："'簟'上恐脱'古'字。"古逸本在"蕈"上補"胡"字。

⑧ 均，尊本、内閣本同，古逸本、考證本作"均"，異體字。下同。今按，《龍龕手鑑·土部》："均，舊藏作'均'。"

⑨ 及，尊本、古逸本作"乃"，内閣本、考證本作"及"。今按，《大戴禮·夏小正》此處作"及"，據正。

蒚似邪蒚，香可食。”[①]《説文》曰：“芸，草也，似目宿，從草芸聲。淮[②]南王説芸草可以死而復生”之也。為廅采也。鞠則見。鞠者何？星名也。初昬粂中，盖記時也。斗枋[③]古柄字也。縣在下。言斗枋者，以著粂中之也。柳梯。杜嵆反。梯者，菉孚也。今案《易·大過卦》曰：“枯楊生梯。”王輔嗣曰：“梯者，楊之秀。”梅杏柂桃則華。柂桃，山桃也。今案《尒雅》郭璞注：“實如桃而小，不解核。”[④] 音斯，一音雌也。雞桴粥[⑤]。古育字也。桴也者，相粥之時也。或曰桴，嫗伏也，粥，養也。”今案《礼·樂記》“煦嫗，覆育万物”，又曰“羽者嫗伏，毛者孕粥”，注云：“氣曰（煦[⑥]），體曰嫗，孕，任也，粥，生也。”《韓詩外傳》曰：“卵之性（為）雏[⑦]，不得倉鷄[⑧]覆伏孚育，積日累久，則不成為雏[⑨]。”《方言》

① 邪，尊本、内閣本、古逸本作“耶”，據考證本改。又，考證本校云：“舊‘食’字下有‘魂’字，《藝文類聚》引《倉頡解詁》云‘芸蒚似邪蒚，香可食’，《齊民要術》《香譜》《續博物志》引俱無，今删。”今從考證本删“魂”字。

② 淮，尊本作“准”，據内閣本、古逸本、考證本改。

③ 枋，尊本作“秎”，内閣本作“祊”，然下文二本均作“斗枋”，據後文及古逸本、考證本校正。

④ 小，尊本、内閣本作“小々”，古逸本、考證本删除重文符號，是。今按，《爾雅·釋木》：“榹桃，山桃。”郭璞注：“實如桃而小，不解核。”

⑤ 雞桴粥，“雞”前尊本、内閣本有“桴也者”三字，古逸本、考證本删去。又，尊本、内閣本“桴”字誤作“棌”，據後文改。

⑥ 煦，尊本、内閣本均脱，古逸本、考證本據《禮記·樂記》鄭玄注補。

⑦ 雏，尊本、内閣本均作“誰”，古逸本作“雖”，考證本據《韓詩外傳》卷五改爲“鶵”，并在“鶵”前補“為”字。今按，下文尊本、内閣本、古逸本均作“雏”，此當亦同。

⑧ 倉鷄，尊本、内閣本、古逸本作“倉雞鷄”，考證本作“良鷄”。今按，本卷下文多用“鷄”字，疑原抄寫者先寫作“雞”字，發現錯誤後於“雞”字旁加删除符號後重寫“鷄”字，而後來抄寫者不明此意遂將二字抄在一起。

⑨ 雏，尊本、内閣本均作“鄀”，據古逸本、考證本改。

曰：“燕、朝鮮[①]謂伏鷄曰菢。”郭璞注云：“音房奥反。江東呼蓝[②]，音房富反。”《淮南子》曰：“羽者嫗伏。”許慎曰：“嫗，以氣伏孚卵也。”服虔《通俗文》曰：“孚，匹[③]付反，卵化也。”字雖加草，理非别然。則桴及育，今古字，並通嫗。伏、菢，聲相近，是一義也。

《禮·誥[④]志》曰：“日帰[⑤]于西，起明于東，月帰于東，起明[⑥]于西。虞夏之曆正建[⑦]於孟春。於時冰泮蕟蟄，百草權輿。”《易[⑧]乹鑿度》曰：“三王[⑨]之郊，一用夏正，天氣三微而成一著，（三著）而體成[⑩]。方此之時，天地交而万物通，所以法天地之通道。”鄭玄曰：“三微而一著，自冬至正月中，為天郊[⑪]之也。”《易

---

① 朝鮮，尊本、内閣本均作“韓鱗”，今從古逸本、考證本據《方言》改正。

② 蓝，尊本、内閣本、古逸本作“燕”，考證本改作“蓝”。今按，《方言》卷八：“北燕朝鮮冽水之間謂伏雞曰抱。”郭璞注：“房奥反。江東呼蓝，央富反。”據改。

③ 匹，尊本作“辷”，内閣本、古逸本、考證本作“返”，考證本校云：“‘返’疑‘匹’字之訛。”今按，《干禄字書·入聲》：“辷匹，上俗下正。”《玄應音義》卷六引《通俗文》曰：“夘化曰孚，音匹付反。”《慧琳音義》卷二七引《通俗文》曰：“夘化曰孚，芳無反。”唐窺基《妙法蓮華經玄贊》引《通俗文》曰：“匹付反，卵化曰孚。”

④ 誥，尊本、内閣本、古逸本作“誌”，涉下而誤，考證本作“誥”，是。《大戴禮記》有《誥志篇》。

⑤ 帰，内閣本、古逸本作“帰”，異體字。

⑥ 明，尊本、内閣本作“朔”，古逸本、考證本作“明”。《大戴禮記·誥志》作“明”，據正。

⑦ 建，尊本、内閣本、古逸本、考證本作“達”，誤。今按，《玉燭寶典》卷一二引《禮·誥志》云：“虞夏歷正建於孟春”，據改。

⑧ 易，尊本、内閣本作“夏”，據古逸本、考證本改。

⑨ 王，尊本、内閣本作“主”，據古逸本、考證本改。

⑩ 尊本、内閣本作“三微而成一著而體成”，古逸本、考證本在“一著”後補“三著”。今按，《易乾鑿度》卷上：“三王之郊，一用夏正。天氣三微而成一著，三著而成一體。”鄭玄注：“五日爲一微，十五日爲一著。”據補。

⑪ 郊，尊本、内閣本、考證本作“邦”，古逸本作“郊”，考證本校云：“‘邦’恐當作‘郊’。”據古逸本改。

通卦驗》曰："艮，東北也，主春立，鷄鳴，黄氣出直艮，此正氣也。出右，万物霜；氣出左，山崩，涌水出。"鄭玄曰："立春之右，大寒之地。左，驚蟄之地。万物方生，而艮氣見於大寒之地，故霜。艮氣而見於驚蟄之地，山崩之像也。山（崩）[①]，涌水則出之也。"《易通卦驗》曰："立春，雨降[②]，條風至，《樂動聲儀》曰："大樂与條風生長德等。"宋均注云："條風，條達万物之風。"《山海・南山經》曰："令丘之山無草木，多火[③]，其南有谷焉，曰中谷，條風自出。"郭璞曰："（東）[④] 北風為條風。"《淮南子》曰："冬至卌五[⑤]日條風至。出輕繫，去晵留[⑥]。"凡立春等四節，或因餘分置，倒有日却而節前上入前月末者，但據其本官正位，無宜越在異章，今悉繫當時孟月之中，令以類相次，他皆效此。雉雊，鷄乳，氷解，楊柳梯[⑦]。鄭玄曰："降，下也。雊，鳴相呼也。柳，

---

① 崩，尊本、内閣本無，古逸本將下文"涌"字改成"崩"，考證本在"涌"字前補"崩"字。今據考證本補。

② 雨降，古逸本、考證本作"雨水降"。考證本校云："舊無'水'字，今依禮疏增。"

③ 多火，尊本、内閣本作"分大"，古逸本作"多大"，考證本作"多火"。今按，據《山海經・南山經》當作"多火"。

④ 東，尊本、内閣本脱，今從古逸本、考證本據《山海經・南山經》補。

⑤ 卌五，内閣本、古逸本作"卅五"，誤，考證本作"四十五"。今按，《淮南子・天文訓》："距日冬至四十五日條風至。"但《玉燭寶典》中"三十"作"卅"，"四十"作"卌"，此處不煩改。

⑥ 留，尊本、内閣本、古逸本作"死"，考證本改作"留"。今按，《淮南子・天文訓》作"留"，《太平御覽》卷九《天部九・風》引《易通卦驗》曰："立春，條風至，赦小罪，出稽留。"據改。考"留"有俗字形作"㽞"，敦煌寫卷中常見此寫法，或是此俗字脱下部而致誤。

⑦ 梯，尊本、内閣本作"律"，古逸本作"梯"，考證本校云："《藝文類聚》及《古微書》作'津'，《七緯》作'橰'。"今按，作"律""津""橰"文意均不通，且下文注釋言此字"讀如枯楊生稊"之"稊"，則古逸本是，據改。注釋中"梯"字同。

青[①]楊也。梀讀如枯楊生稊，狀如桊秀然之也。”晷[②]長一丈一寸二分，今案《説文》曰：“晷，日影。”青陽雲出房，如積水。立春於坎直六四，六四巽爻得木氣，云“雲如積水”似誤也。雨水，冰澤，猛風至，獺祭魚，鶬鴳鳴，蝙蝠出。猛風動揺樹木有聲也。倉鴳，蒼狀也。蝙蝠，服翼。今案《尒雅》曰“雇，鴳”，犍為舍人注云：“趣民牧麦，令不得晏起也。”季巡云：“鴳，一名鳸，鳸隻也。”郭璞云：“今鴳雀。”《国語・晉語》曰：“平公射鴳。”韋照注：“鴳雇，小鳥也。”又《庄[③]子》曰：“斥鷃咲之。”郭象注云[④]：“斥，小澤；鷃，鷃雀。”阮氏《義疏》曰：“鴳，小雀。”《春秋傳》曰：“青鳥氏司啓。”杜預注云：“青鳥，倉鴳也。立春鳴，立秋去。”《字林》曰：“雇鴳，農桑候焉。”《廣志》曰：“鴳常晨鳴如鷄，道路賈車以為行節。出西方，今山東〻有此鳥。蚕時早鳴，黑色長尾，俗呼鷃雀。”但倉、黑既異，鴳字與鷃字不同，或當有二種耳。雀、鳸字兩通。《方言》曰：“蝙蝠，閞東謂之服翼，（北燕謂之蠘）蠌。”蠘[⑤]，匹比反。蠌音默。郭璞《尒雅注》云：“齊人呼為蠘蠌。”《孝經援神契》曰：“蝙蝠伏匿，故夜食。”注云：“大陰之物，性伏隱，故夜乃食。”内典《仏[⑥]藏經》“辟如蝙蝠，

---

① 青，尊本、内閣本作“責”，誤，據古逸本、考證本改。

② 晷，尊本、内閣本作“㬷”，誤，據古逸本、考證本改。下文引《説文》“晷”字亦誤。今按，《説文・日部》：“晷，日景。从日咎聲。”

③ 庄，尊本、内閣本同，古逸本、考證本作“莊”，“庄”乃“莊”的俗字。

④ 云，尊本、内閣本作“之”，據古逸本、考證本改。

⑤ 北燕謂之蠘蠌蠘，尊本、内閣本、古逸本、考證本均作“蠌蟳”，顯有訛脱。今按，《方言》卷八：“蝙蝠，自關而東謂之服翼，或謂之仙鼠，自關而西秦隴之間謂之蝙蝠，北燕謂之蠘蠌。”據補“北燕謂之蠘”五字，并改“蟳”爲“蠘”字。

⑥ 仏，尊本、内閣本、古逸本、考證本均作“伏”，然考此處所引内容，乃見於鳩摩羅什所譯之《佛藏經》。今按，頗疑此字本作“仏”，誤爲“伏”。《玉燭寶典》卷四中多見“仏”字。

欲捕鳥時，飛空[①]為鳥”之。晷長九尺一寸六分，黄陽雲出亢[②]，南黄北黑。雨水於坎值九五，九五辰在申，得巛氣，為南黄，猶坎也，故北黑之也。又曰“正月初生黑”。《詩推度灾》曰：“《四牡》[③]，草木萌生，發春近氣，役動下民。”宋均曰：“大夫乘四牡[④]行役，倦不得已，ㄠ如正月物動不止，故以篇繫此時也。”《詩紀歷樞》曰：“寅者，移也，陽氣動從内戲，盍民執功，天兵脩。”宋均曰：“盍民執其農功之事，天兵脩。”《尚書考靈曜》曰：“元紀已巳允起，旃蒙攝[⑤]提格之歲，畢娵之月，正月己巳[⑥]朔旦立春，日月五星皆起，營室至度。”鄭玄曰：“歲在寅曰攝提也。”《樂稽曜嘉》曰：“夏以十三月為正，息卦受泰，法物之始，其色尚黑，以平旦為朔。”宋均曰：“陽用事月息，息，敏息也。始，始出於地之也。”《樂叶圖徵》曰[⑦]：“艮立春，雷動百里。”宋均曰：“雷震百里，天之分也。”《春秋元命苞》曰：“正朔三而改。夏，白帝之子，金精法正，故以十三月為正，物見色黑。”宋均曰：“法正，所法以為正朔也。見色黑，初見出見日而黑之也。”《春秋元命苞》曰：“陽道左，故少陽見於寅，寅者演。宋均曰：“陽氣出地[⑧]見於寅，

---

① 空，尊本、内閣本、考證本作“空空”，古逸本改爲“室空”。今按，鳩摩羅什譯《佛藏經》卷一曰：“譬如蝙蝠，欲捕鳥時則入穴爲鼠，欲捕鼠時則飛空爲鳥，而實無有大鳥之用，其身臭穢但樂闇冥。”據此，當衍一“空”字。

② 亢，尊本、内閣本作“元”，據古逸本、考證本改。

③ 四牡，尊本、内閣本、考證本作“四杜”，不辭，古逸本作“四牡”，據改。後面注文同。今按，《詩經·小雅·四牡》云：“四牡騑騑，周道倭遲。豈不懷歸？王事靡盬，我心傷悲。”

④ 四牡，尊本、内閣本、考證本作“四時杜”，“時”字疑衍，古逸本校作“四牡”，今從之。

⑤ 攝，尊本、内閣本作“樀”，誤，據古逸本、考證本改。

⑥ 己巳，各本均作“己ㄠ”，此爲干支紀日法，第二字當爲“巳”。

⑦ 叶圖徵曰，尊本、内閣本作“升圓微自”，誤，據古逸本、考證本改。

⑧ 地，尊本作“池”，據内閣本、古逸本、考證本改。

謂泰卦乹一體也，成演猶生也。”大蔟者湊，未出。物始生於黄泉，陽隨上湊地。晝出，未達也。”《春秋考異郵》曰：“獺祭魚，候鴈翔。”宋均曰：“言陽上達，司耕之候。”《春秋潛潭巴》曰：“倉帝始起斗指[①]寅，宋均曰：“指寅者[②]，受倉帝使，始王天下也。”精靈威仰。”《孝經鉤命決[③]》曰：“先立春七[④]日，勑[⑤]獄吏決辤訟，有罪當入，無罪當出。”

《國語》曰：“農祥[⑥]晨正，唐固曰：“農祥，房星也。晨正，晨見南方，謂立春之日也。”日月底乎天廟[⑦]，底，至也。天廟，營室。孟春之月，日月合宿乎營室一度，故曰底也。先土乃脉發。脉，理也，蕟也。《農書》曰：“春土冒橛，陳根可拔，耕者急蕟也。”先時九日，先立春九日也。大史告稷曰：‘自今至乎初吉[⑧]，初吉謂二月朔日，日在奎，春分中。陽氣俱蒸，土膏其動。’蒸，升也；膏，美也。言土氣美而上升，當蕟動而蕟。稷以告，以大史之辤告於王。王曰：‘史帥[⑨]陽官，以奉我司事。’史，大史也；陽

---

① 指，尊本、内閣本作“酒”，古逸本、考證本作“指”，據下文注釋，作“指”是。

② 者，尊本、内閣本作“者々”，據古逸本、考證本改。

③ 決，尊本、内閣本、古逸本作“讖政事”，考證本據《事類賦》校改爲“決”，今從之。

④ 七，尊本作“乚”，内閣本、古逸本作“乙”，考證本據《事類賦》引改爲“七”。今按，《事類賦·歲時部四·春》注引《孝經鉤命決》曰：“先立春七日，勑獄吏決辭訟，有罪當入，無罪當出。”

⑤ 尊本、内閣本、古逸本“勑”後原有“獄”字，考證本據《事類賦》引删，今從之。

⑥ 祥，尊本作“耕”，内閣作“耕”，古逸本、考證本作“祥”。今按，尊本、内閣本後文注釋作“祥”，又此段見《國語·周語上》，正作“祥”字，據正。

⑦ 廟，尊本、内閣本誤作“廣”，據古逸本、考證本改。注文同。

⑧ 吉，尊本、内閣本、古逸本作“告”，今從考證本據《國語·周語上》改。

⑨ 帥，尊本、内閣本、古逸本作“師”，考證本據《國語·周語上》改作“帥”，是。後文“瞽帥音官”“大師帥樂官”同。

官，春官也；司事，主農事。曰：‘距今九日，土其俱動。’距，至也，至立春日也。先時五日，瞽[①]告有協風至。先時五日，先耕五日也。協風，融風，至則萬物生，得艮之氣也。是日也，瞽帥音官以風土。是日，耕日也。瞽，大師也。音官，樂官也。風土，謂大師帥樂官以六律調八風，風和則土氣養。”《國語·魯語》曰：“古者大寒降，土蟄菝，孔晁注之曰：“大寒下，夏之十二月，蟄蟲菝，夏之正月之也。”水虞[②]扵是乎講（罛）[③] 罶，虞，掌川澤禁令之官也。講，儀。罛罶，肻將以取魚也[④]。取名魚，登川禽，而甞之廟，名魚，春獻鮪。川禽，蜃鱉之屬也。行諸國，助宣氣。”言國人皆行此令，所以宣時氣之也。

《尒雅》曰：“正月為陬。”音騶。李巡曰：“正月万物萌牙，陬隅欲出，日陬陬出之也。”《楚辞·騷經》曰：“攝提貞于孟陬。”王逸曰：“太歲在寅曰攝提。孟，始也；貞，正也；于，扵也。正月為陬也。”《尚書大傳》曰：“古者帝王躬率有司、百執事而以正月朝迎日于東郊，所以為万物先而尊事天也；礼上帝于南郊，所以報天德也。迎日之辞曰：‘維其月[⑤]上日，明光于上下，勤施于四方，旁作穆穆，維予一人，其敬拜迎日于東郊。’”鄭玄曰：“《堯典》曰

① 瞽，尊本、内閣本作“皷”，古逸本、考證本作“瞽”。今按，《國語·周語上》正作“瞽”，據正。各本下文均作“瞽”字。

② 虞，尊本、内閣本、古逸本作“寒”，考證本作“虞”，據下文注，知作“虞”是。

③ 罛，考證本據《國語·魯語上》於“罶”前增“罛”，可從。

④ 此段，尊本、内閣本、古逸本作“講儀畏留骨將以取魯也”，難以卒讀，當有訛誤。按，此段見《國語·魯語上》，考證本校云：“‘儀’當作‘習’。韋照注云：‘講，習也。’”并校“畏留”爲“罛罶”，“魯”爲“魚”，是；校“骨”爲“皆”，意義雖通，但字形相差較大，頗以爲當校爲“肻”，乃盡、皆之意。今參考考證本校改。

⑤ 維其月，尊本、内閣本作“雖其月”，古逸本作“維其月”，考證本校改爲“維某年某月”。此據古逸本改。後文中“維予一人”之“維”同。

'寅賓出日'也，此謂也。"《尚書大傳》曰："夏以孟春為正，殷以季冬為正，周以仲冬為正。孟春為正，其貴刑也。"《史記·律書》曰："大蔟者，言万物蔟生也。"

《史記·樂書》曰："漢家常以正月上辛祠太一甘泉，以昏時夜祠，到明而（終[①]），常有流星徑[②]祠壇上。"《史記·天官書》曰："正月旦决八風：從南方來，大旱；西南，小旱；西方，有兵；西北，戎叔為；孟康曰："戎叔，胡豆。為猶成。"小雨，趣兵；北方，中歲；東北[③]，為上歲；韋照曰："歲大穰。"東方，大水；東南，民有疾疫，歲恶。"《史記·天官書》曰："正月上甲，風從東方，宜蚕。"《列子》曰："邯鄲之民以正月之旦獻鳩於蕳子，蕳子大悦[④]，厚賞。問其故，蕳子曰：'正旦放生，示有恩也。'荅曰：'民知君欲放之，故竟而補之。竟而捕之，死有衆矣。君若知欲生之，不若禁民勿捕，捕而放之，恩過不相補[⑤]矣。'蕳子曰：'善[⑥]！'"《史記·天官書》曰："正月上甲，風從東方，宜蚕。"[⑦]

《淮南子·時則》曰："孟春之月[⑧]，招揺指寅。高誘曰："招

---

① 終，尊本、内閣本無，今從古逸本、考證本據《史記·樂書》補。

② 徑，尊本、内閣本同，古逸本、考證本作"經"，兩通。

③ 北，尊本、内閣本、古逸本、考證本均作"方"，誤，據《史記·天官書》改。

④ 悦，尊本作"愧"，内閣本、古逸本作"傀"，考證本作"悦"。今按，此段見《列子·説符》，作"悦"，《太平廣記》卷二九《時序部十四·元日》引《列子》作"悦"，據正。

⑤ 補，尊本、内閣本均作"捕"，涉前而誤，據古逸本、考證本改。

⑥ 善，内閣本作"若"，古逸本作"諾"，考證本作"然"。今按，《太平廣記》卷二九《時序部十四·元日》引《列子》作"善"，是。

⑦ 甲，尊本、内閣本作"申"。按，此條重出，古逸本、考證本均已删去。

⑧ 月，尊本、内閣本、古逸本作"日"，誤，考證本據《淮南子·時則訓》校改爲"月"，是。

摇，斗建也。”服八風水，爨箕燧。取銅[1]盤中露[2]水服之，八方風所吹也。取箕[3]木隧之火炊之。箕讀該備之該。今案《史記·周本紀[4]》曰“檿弧[5]箕服”，韋照曰：“山桒曰檿。箕，木名。”《国語》一本“箕”作“核”。唐固曰：“核，木名也，出上谷。”《蒼頡篇》曰：“核，木皮篋也，出上谷。姑才反。”《説文》曰：“核，蠻夷以木皮為篋也，狀如螶尊，從木亥聲。”《字林》曰：“核木，蠻夷以核皮為篋，狀如蘝，工才[6]反。”核自是[7]木名，如唐固所説。一名蕪[8]，其皮可以帖弓厚者，夂任屈為器篋。今并州上黨、太原以北諸山，尤多此木，常以五月採，故土人語云：“欲剥核，五月來。”諸家𦥑以為篋名，失[9]矣也。東宮御女，青色，衣青采，皷琴瑟，春王東方，故處[10]東宮。琴瑟，木也，春木生，故皷之也。(其)[11]兵矛，有鋒鋭，似万物鑽地而生者也。其畜羊，羊，土木之母也，

---

① 尊本、内閣本“銅”後有“路”字，古逸本、考證本删，是。

② 露，尊本、内閣本均作“路”，誤，據古逸本、考證本改。

③ 箕，尊本、内閣本作“其”，古逸本、考證本作“萁”。今按，根據前後文，當作“箕”。下同。

④ 紀，尊本、内閣本、古逸本作“記”，誤，據考證本正。

⑤ 弧，尊本作“旅”，内閣本、古逸本涉前而誤作“該”，考證本作“弧”。按，《史記·周本紀》載：“宣王之時童女謡曰：‘檿弧箕服，實亡周國。’”據改。

⑥ 才，尊本、内閣本作“升”，據古逸本、考證本校改。

⑦ 是，尊本、内閣本作“旦之”，古逸本、考證本改作“是”，考證本校云：“舊‘是’作‘旦之’，蓋一字誤分，今正。”極是，據正。

⑧ 蕪，尊本作“𦬆”，内閣本作“苂”，古逸本、考證本作“萁”。

⑨ 失，尊本、内閣本作“告”，古逸本作“誤”，今從考證本校改。

⑩ 處，尊本、内閣本同，古逸本、考證本作“處”，異體字。

⑪ 其，尊本、内閣本脱，古逸本、考證本補，是。楊劄云：“按‘兵’上脱‘其’字。”

故畜之也。正月官司空，其樹楊。”司空主（土）[①]，春土受[②]稼穡，故官司（空）[③] 也。《尒雅》曰：“楊，蒲柳。”楊，春木，先春生，故其樹楊。

《孔藂》[④] 曰：“邯鄲民以正月旦獻爵扵趙王，而綴以五采，王大悅。申叔告子順曰：‘王何以為也?’對曰：‘正旦放之，求有生也。’子順曰：‘此委巷之鄙事，非先王之法。且又[⑤]不令。’申叔曰：‘何謂不令?’曰：‘夫爵者，取名則宜受之扵上，不宜取之扵下，人非所得制爵也。今以一国之王，受民爵，將何悅哉?’”

《前漢書・禮樂志》曰：“武帝以正月上辛用事甘泉圓丘，童男女七十人俱歌，昏[⑥]祠至明。夜常有神光如流星止集于祠壇，天子自竹宮而望拜。韋昭曰：“以竹為宮，天子居中也。”百官時祠者數百人，皆肅然動心焉。”《漢官典職儀》曰：“正月旦，天子幸德陽，臨軒。公卿、將、大夫、百官各陪位朝賀，蠻、狛、胡、羌貢畢，見属郡計吏，皆陛覲。”《白虎通》曰：“正月律謂之大蔟何？大者，大也；蔟者，湊也，萬物大湊地而出。”《漢雜事》曰：“正月朝賀，三公奉璧上殿，向御坐，北面。大常贊曰：‘皇帝為君興。’三公伏，皇帝坐，乃前，進辟。古語曰‘御坐則起’，此之謂也。”

---

① 土，尊本、内閣本脱，古逸本、考證本補，是。楊劄云：“按‘主’下脱‘土’字。”

② 土受，尊本作“土爰”，内閣本作“立爰”，古逸本、考證本作“土受。”今按，《淮南子・時則訓》高誘注作“土受”，據正。

③ 空，尊本、内閣本脱，古逸本、考證本補，是。楊劄云：“按‘司’下脱‘空’字。”

④ 今按，見於《孔叢子・執節》，文字與今本略有不同。

⑤ 又，尊本、内閣本、古逸本作“人”，考證本作“又”，是。今按，《太平廣記》卷二九《時序部十四・元日》引《孔叢子》作“且又不順”。

⑥ 昏，尊本、内閣本作“民”，古逸本、考證本據《漢書・禮樂志》校改爲“昏”，是。

《京房占》曰："立春，艮王，條風用事，人君當正境界、修田疇、治封壃，在東北。"《京房占》曰："正月建寅，律大蔟，鶵鴙孳孳，招揺生聚，少陽解凍，其氣温柔，逆之則寒。"《續漢書・禮儀志》曰："立春之日，夜漏未盡五刻，京都百官皆衣青，郡[①]国縣道官下至斗食令史皆服青（幘[②]），立青幡，施土牛耕人于門外，以示兆民。至立夏，唯武官否。"《續漢書・禮儀志》曰："立春之日，下寬大書曰：'制詔三公，方春東作，敬始慎微，動作從之。罪非殊死，且勿案驗[③]，皆須麥秋。退貪殘、進柔良，下當用者，如上事。'"《續漢書・禮儀志》曰："百官賀正月旦，二千石以上上殿稱万歲，舉觴御食。司空奉羹，大司農奉飯，舉食之樂。"《魏名臣奏》司空王朗奏曰："故事，正月朝賀，殿下設兩百華燈，樹二階之間，端門之内則設庭燎火炬，端門之外則設五尺高燈，星曜月照，雖宵猶晝。"《裴玄新言》曰："正朝縣官煞羊，縣其頭扵門，又磔鷄以副之，俗説以厭厲氣。玄以問河南伏君，君曰：'是月土氣上升，草木萌動，羊齧百草，鷄喙五穀，故煞之以助生氣。'"

崔寔《四民月令》曰："正月之旦，是謂正日，躬率妻孥，孥，子也。今案《帰藏鄭母經》云："昔[④]者起射羿而賊其家，反有其奴。"注："起，羿臣之名。奴，子也。"《尚書・湯誓》"予[⑤]則孥戮汝"孔注："父子兄弟罪不相及，令云孥戮汝，權以脅之。"

---

① 郡，尊本、内閣本、考證本作"都"，古逸本作"郡"。今按，《後漢書・禮儀志》作"郡"。

② 幘，尊本、内閣本脱，古逸本、考證本據《續漢書・禮儀志》補，是。

③ 驗，内閣本、古逸本作"騐"，異體字。

④ 昔，尊本、内閣本、古逸本作"借"，考證本作"昔"。楊劄云："按'借'恐'昔'"，是，據改。

⑤ 予，尊本、内閣本作"号"，據古逸本、考證本改。

《詩·小雅①》"樂尔妻孥"毛傳："孥，子也。"《春秋·文六年傳》："賈季奔狄，宣子使臾②駢送其孥。"賈逵③注云："子孫曰孥。"鄭衆注："孥，妻子家舊者也。"絜祀祖祢。祖，祖父；祢，父也。前期三日，家長及執事皆致齊焉。礼，將祀，心④齊七日，致齊三日，家人苦多務，故俱致齊也。及祀日，進酒降神。畢，乃家室尊卑無小無大，以次列坐先祖之前。子⑤、婦、孫、曾子，直謂子；婦，子之妻。各上椒酒扵其家長，稱觴舉壽，欣如也。謁賀君師、故將、宗人、父兄、父友、友親、卿黨、耆⑥老。是月也，擇元⑦日，可以冠子。元，善也。礼，年十九見正而冠也。百卉萌動，蟄蟲啓户，乃以上丁⑧祀祖于門。祖，道神，黄帝之子，曰累祖，好遠遊，死道路，故祀以為道神。正月草木可遊，蟄蟲將出，囙此祭之，以求道路之福也。道陽出滯，祈福祥焉。又以上亥祠先穡先穡謂先農之徒，始造稼穡者之也。及祖祢，以祈豊年。旦之日并復祀先祖也。祈，求也。上除若十五日，合諸膏、小草續命丸、注藥及馬舌下散。農事未起，命成童以上謂年十五以上至卅。入大學，學五經，師法求備，勿讀書傳。研凍釋，命幼⑨童謂十歲

---

① 雅，尊本作"雎"，據内閣本、古逸本、考證本改。

② 臾，尊本、内閣本、古逸本作"申"，考證本作"臾"。今按，《左傳·文公六年》作"臾"，據正。

③ 逵，尊本、内閣本作"達"，形近而訛，據古逸本、考證本改。

④ 心，尊本、内閣本作"必"，據古逸本、考證本改。

⑤ 子，尊本、内閣本作"及"，古逸本、考證本作"子"。據文後注釋，作"子"是。

⑥ 耆，尊本、内閣本作"者"，古逸本、考證本作"耆"，是。楊劄云："'老'恐'耆'誤。"

⑦ 元，尊本、内閣本均作"九"，據下文注釋校改。

⑧ 丁，尊本、内閣本、古逸本、考證本作"下"，据石聲漢《四民月令校注》改。

⑨ 幼，尊本、内閣本作"勿"，據古逸本、考證本改。

以上至十四。入小學，學書篇章，謂六甲、九九、《急就》《三倉》。命紅今案《史記》漢文帝遺詔“大紅十五日，小紅十四日”，服虔曰：“當[1]言大功、小功布也。”此摠工巧之女，古字多假借，義固取[2]。《韓詩外傳》曰：“璽之性為絶[3]，弗得工女沸、抽[4]統理，不成為絲。”《礼·子張問入官》曰“工自擇經麻”，即其義也。女趣織布，自朔曁晦。曁，即。可移諸樹：竹漆桐梓松栢雜木，唯有菓實者及望而止。望謂十五日也，過十五日菓少實也。雨水中，地氣上騰，土長冒橛，橛，弋也。《農書》曰：“椽二尺橛於地，令地出二寸。正月氷解，土墳起沒橛之也。”陳根可拔，此周雒京師之法，其冀[5]州遠郡，各以其寒暑早晏，不拘[6]於此也。急菑今案《尚書·大誥》曰：“厥父菑，厥子乃不肯播，矧肯穫?”王肅注云：“菑，反草也。”又《尒雅》曰“一歲曰菑”，孫炎注云：“始菑煞其草木。”郭璞云：“今江東呼新耕地反（草）[7] 為菑也。”强土黑壚[8]今案《説文》曰：“壚，㓻土也，從土盧聲。”《字林》曰“剛，黑土”之也。之田。可種春麥、螕[9]豆，今案《倉頡篇》曰：“螕，蝨属。”《字林》曰：“螕，嚙牛虫，方迷反。”盡二月上（止）。可

---

① 當，尊本、内閣本作“當々”，古逸本、考證本作“當”，可從。

② 固取，考證本校云：“疑有脱字。”

③ 絶，尊本、内閣本、古逸本同，考證本作“絲”。

④ 抽，尊本、内閣本、古逸本作“神”，考證本校作“抽”，是。

⑤ 冀，内閣本、考證本作“奠”，據古逸本正。

⑥ 拘，尊本、内閣本作“物”，據古逸本、考證本改。

⑦ 草，據考證本補。

⑧ 强土黑壚，尊本、内閣本原爲小字注，古逸本、考證本視爲大字正文。今按，據文意當作正文爲宜，據古逸本、考證本改。

⑨ 螕，尊本、内閣本、古逸本均誤作“蜫”，考證本作“螕”。今按，《説文解字·虫部》：“螕，齧牛蟲。从虫毘聲。”據改。注文中引《倉頡篇》《字林》中的“螕”字同。

種茋、瓠、芥、葵、薤、大小蔥、夏蔥曰小，冬蔥曰大。蓼、蘇、牧[①]宿子及雜蒜、芋。今案《説文》曰："芋，大葉實根驚大者也，故謂之芋。從草于[②]聲。"《字林》曰："芋，莩也。王句反。"《史記》卓王孫曰"岷山之下有沃野"[③]。(《周書・糴)[④] 匡》曰"供有嘉菜，於是日滿"，孔晁注云："嘉，善也，謂薑、芋之屬。"牧宿，或作苜蓿[⑤]，亦作目宿，今古字並通也。可别蘁芥，萲田疇。疇，麻田也。上辛，掃除韭畦中枯葉。是月盡二月可枝刹今案《通俗文》曰："郎各反，去節。"樹木。命典饋釀春酒，必躬親絜敬以供。夏至至[⑥]初伏之祀，可作諸醬：上旬鬺今案《倉頡篇》曰："鬺，熬也，創小反。"王逸《九思》云"我心兮煎[⑦]鬺"，《字訓》作煼，亦云"熬也，側繞反"，兩通之。豆，中庚[⑧]煑之，以碎豆作末都。至六月之交，分以藏瓜，可以作魚醬、宍[⑨]醬、清醬。是

---

① 牧，尊本、内閣本均作"收"，據古逸本、考證本改。下同。

② 于，尊本、内閣本均作"芋"，古逸本、考證本作"于"，同《説文解字・艸部》，據正。

③ 各本此處有脱文，致使《史記》引文不見"芋"字。考《史記・貨殖列傳》原作："汶山之下，沃野，下有蹲鴟，至死不飢。"裴駰注："一曰大芋。"疑此處當引《史記》及裴駰注。考證本據《史記》校補爲"汶山之下，沃野，下有蹲鴟"。

④ 周書糴，尊本、内閣本、古逸本、考證本均脱，且考證本將後文識爲"注曰供有嘉菜於是日滿"，以爲"疑有訛脱"。今按，後文"供有嘉菜，於是日滿"以及孔晁注，實乃屬於《逸周書・糴匡》的内容，因此補"周書糴"三字。

⑤ 蓿，尊本作"曹"，内閣本、古逸本作"曾"，據考證本改。

⑥ 至至，尊本、内閣本、古逸本均作"主主"，據文意改。考證本校云："'主'疑'至'字之訛。"

⑦ 煎，尊本、内閣本作"並"，古逸本、考證本據王逸《九思》校改爲"煎"，是。

⑧ 庚，尊本、内閣本同，古逸本作"旬"，考證本據《齊民要術》引改作"庾"。今按，《齊民要術》卷八《作醬法》宋本作"庚"，明清刻本誤作"庾"。

⑨ 宍，尊本、内閣本、古逸本均作"完"，考證本作"肉"。今按，"宍"乃"肉"的古字。

以終季夏不可以伐竹木，必生蠹蟲。收白犬，可[①]及肝血，可以合注藥。”未都者，嚳属也。

正説曰：

夏、殷及周正朔既别，凡是行事多據夏時，唯《周官》所云“正月之吉”者，注為“周正建子之月當為歲首，志在自新”，恐誤後學，皆略不取。獻鳩与雀，乃云放生[②]，《列子》《孔藂》詰而未盡。案《地理記》滎陽有勉井，沛公避項羽扵此井，雙鳩集井上，羽以為無人，得勉，囙名。漢朝正旦放鳩，盖為此也。若趙時已禁，扵漢更行。《風俗通》云：“説高祖敗扵京索[③]，遁藂薄中，羽追求之，時鳩正鳴其上，追者以爲必無人，遂得脱。及即位，異此（鳥，故作）鳩杖[④]以賜老者。”案少皓官五鳩，鳩者聚，聚民也。《周禮》羅氏獻鳩養老，漢無羅氏，故作鳩杖以扶老。董勛《問禮俗》[⑤]云：“鳩杖取聚義、安義，言能安聚人民，使至老也。”《續漢書・儀禮》“三老五更、玉杖[⑥]，八十、九十賜玉杖，長尺九，端以鳩為餝。鳩者不噎之鳥，欲令老人不噎。”古樂府云：“東家

---

① 可，尊本、内閣本、考證本同，古逸本作“牙”，考證本校云：“‘可’疑‘肉’字之訛。”

② 放生，尊本、内閣本作“故生”，古逸本、考證本作“放生”。今按，據前文引《列子》《孔藂子》故事，當作“放生”。

③ 京索，尊本、内閣本、古逸本作“京素”，考證本據《水經注》引校改爲“京索”，是。今按，《太平御覽》卷九二一引應劭《風俗通》正作“京索”。

④ 異此鳥故作鳩杖，尊本、内閣本作“異此鳩杖”，古逸本校改爲“異此鳥，故作鳩杖”，考證本校改爲“異此鳩故作鳩杖”。今按，《太平御覽》卷九二一引應劭《風俗通》作“異此鳥，故作鳩杖”，據補。

⑤ 《隋書・經籍志》經部著録“《問禮俗》十卷，董勛撰”。

⑥ 玉杖，尊本、内閣本作“王杖”，古逸本、考證本作“玉杖”，《續漢書・禮儀志》作“玉杖”，據正。下同。

公，字仲春，柱一鳩，杖𨓏[1]脣”，即其故事。又雀，爵也，取其嘉名，止云放生，猶其本董勛《問禮俗》云。《正歲上爵銘云》：“受而放之，禄祚靡已。誠能慈道尅隆，生和禨物。”太平之世，天下無為，時同擊壤，民稱比屋，便應魚鮪不問，烏鵲可窺，蠉蠕庶類，咸得其所。豈鳩雀小鳥，力能致乎？何待捕獲，而更放也？《万歲歷》云：“晋成帝咸康三年詔除正旦煞鷄与雀”，盖夊曰此。縣羊磔鷄以助生氣，含血之類重於穀草，害命助生，殊為殊駮[2]。此並俗誤，不足踵行。

附説曰：

正月者，《古文尚書》云“一月”也，杜預《春秋傳注》云“人君即位，欲其體元以居正，故不言一年一月”，史書謂為“端月”，《漢書・表》夊云“一月鷄鳴而起”。《春秋傳》曰云“履端扵始”，服虔注云：“履，踐；端，極也。謂治歷必踐紀立正扵元始，謂太極上元天統之始，其一日為元日者，供養三德，善合三體之原，三統合為一元。”

歲始朝賀之事，諸書論之詳矣，此外雜事猶多。《荊楚記》云：“先扵庭前爆音豹竹、帖畫鷄，或斲[3]鏤五采及土鷄於户上。”《荘子》云：“斲鷄於户，懸葦炭於其上，插[4]桃其旁，連灰其下，而

---

① 𨓏，尊本字[illegible]，内閣本作[illegible]、古逸本、考證本作“[illegible]”。此字音義未詳，俟考。

② 殊駮，内閣本、考證本“駮”前無“殊”字，古逸本“駮”旁補“偏”字。

③ 斲，尊本、内閣本、古逸本同，考證本作“斵”。今按，《龍龕手鑑・斤部》，斲是斵的俗字。

④ 插，尊本、内閣本、古逸本作“捶”，考證本作“插”。今按，《藝文類聚》卷八六引《莊子》軼文：“插桃枝于户，連灰其下，童子入不畏，而鬼畏之。”據改。

鬼畏之。”《括地圖》云：“桃都山有大桃（樹[①]），槃屈三千里，上（有[②]）金雞，《玄中記》云：“天鷄。”日照入此，雞則鳴抡此，是晨[③]鷄悉鳴。下有二神，一名欝，一名壘[④]，《玄中記》云“左名隆，右名穾”之也。並執葦索，以伺不祥之鬼，得而煞之。”《玄中記》云：“今人正朝作兩桃人立門旁，以雄雞置索中，又此像也。”《風俗通》云：“有桃梗[⑤]、葦茭、畫虎。案《黄帝書》：‘上古之時，有荼与欝壘昆弟二人，性能執鬼。度朔山上桃樹上下簡閲百鬼，鬼無理妄為人禍，荼与欝壘執以食虎。’縣官[⑥]常以臈除夕餙（桃人）[⑦]、垂葦茭、畫虎抡門，皆追效前事。”畏獸之聲，有如嘷竹。《神異經》云：“西方深山中有人焉，名曰山𦢊，其長尺餘，性不畏人，犯之則令[⑧]人寒熱[⑨]。以著竹火中烞卦音。熚，必音。而山𦢊敬憚。《玄黄經》謂之為鬼是也。”

---

① 樹，尊本、内閣本脱，古逸本、考證本補入，考證本校云：“舊無‘樹’字，今依《荊楚歲時記》及《御覽》補。”

② 有，尊本、内閣本脱，古逸本、考證本補入，考證本校云：“舊無‘有’字，今依《荊楚歲時記》及《御覽》補。”

③ 晨，尊本、内閣本作“晨”，古逸本作“晨”，考證本依《藝文類聚》引《玄中記》改作“羣”。今按，《藝文類聚》卷九一《鳥部中·雞》引《玄中記》實作“天雞即鳴，天下雞皆隨之。”此據古逸本。

④ 壘，尊本作“疊”，内閣本、古逸本作“疊”，據考證本改。下文同。

⑤ 梗，尊本、内閣本作“便”，古逸本作“衼”，考證本作“梗”。今按，《風俗通義》卷八正作“桃梗”。

⑥ 縣官，尊本、内閣本作“懸官”。古逸本在“縣官”前補“抡是”二字。

⑦ 除夕餙，尊本作“除文餙”，内閣本作“除又餙”，古逸本作“除餝”，考證本作“除夕飾”，又古逸本、考證本在“除夕餙”後補“桃人”二字，是。今按，《藝文類聚》卷八六《菓部上·桃》、《太平御覽》卷九六七《果部四·桃》引《風俗通》作“以臘除夕飾桃人”。

⑧ 令，尊本、内閣本作“含”，誤，據古逸本、考證本改。

⑨ 熱，尊本作“熱”，内閣本作“埶”，古逸本作“爇”。今按，前二者皆“熱”之俗寫字。《龍龕手鑑·火部》：“爇”爲正體，“熱”爲通行字體。

又進椒柏酒[①]，飲桃湯，服却鬼丸。董勛《問禮俗》則云“歲首用椒酒”，又松柏㸅火。《白澤圖》云：“鬼（畏）桃湯柏葉[②]，故以桃為湯、柏為符為酒也。”崔[③]寔《月令》云：“各上椒酒。”成公綏《正旦椒花銘》則云：“正月元日，厥味惟新，蠲除百疾。”劉[④]臻妻陳《正旦獻椒花頌》云：“旋穹周廻，三朝肇建。青陽散暉[⑤]，澄景載�。美兹霊葩，爰採爰獻[⑥]。聖容映之，永壽於万。”《典術》云：“桃者，五行之精，厭伏邪[⑦]氣，剬百鬼。故作桃板著户[⑧]，謂之仙木。”《風土記》云：“月正元日，百禮兼崇，毆魁宿戒[⑨]，奉始送終，乃有鷄子五薰[⑩]，練刑祈農[⑪]。”注云：“歲名。毆

---

① 柏酒，尊本作“栢湏”，内閣本作“柏湏”。下同。

② 畏，尊本、内閣本、考證本脱，文意不完。古逸本作“鬼畏桃柏葉”，據補。

③ 崔，尊本、内閣本作“雀”，據古逸本、考證本改。

④ 劉，尊本、古逸本“劉”，形近而誤，内閣本作“刘”。今按，《初學記》卷四《歲時部・元日》、《藝文類聚》卷四《歲時部・元正》有“晉劉臻妻《元日獻椒花頌》”，據改。下同。

⑤ 暉，尊本、内閣本作“�”，誤，據古逸本改。“散暉”，考證本作“載暉”。

⑥ 尊本、内閣本作“爰採獻爰”。今按，《初學記》卷四《歲時部・元日》、《藝文類聚》卷四《歲時部・元正》引此文作“爰採爰獻”，據之校改。

⑦ 邪，尊本、内閣本作“耶”，據古逸本、考證本改。

⑧ 著，尊本、内閣本作“暑”，古逸本、考證本作“著”，考證本校云：“‘著’舊作‘暑’，今依《初學記》《藝文類聚》《事類賦》訂正。”今按，《初學記》卷四《元日》有“造桃板著户，謂之仙木。”《藝文類聚》卷八六《菓部上・桃》引《典術》作“今之作桃符著門上，壓邪氣，此仙木也”。

⑨ 戒，尊本、内閣本、古逸本、考證本作“或”，考證本校云：“‘或’疑‘戒’字之訛。”此説是，戒、或形近而訛。下文注釋中的“嚴潔宿為戒”的“戒”字，内閣本、古逸本、考證本均作“或”，尊本正作“戒”，是其比。據前後文校正。

⑩ 薰，尊本、内閣本作“董”，形近而誤，據古逸本、考證本正。

⑪ 農，尊本、内閣本、古逸本、考證本作“表”，不辭。今按，《北堂書鈔》卷一五五引《風土記》曰：“乃有雞子五辛，煉形祁農。歡高堂之穆穆，未期顧之雍雍。”引注云：“正旦呑生鷄子一枚，謂之煉形。又晨啖五辛菜，以助發五藏之氣也。”據之，當作“農”字，則與“崇、終”叶韻。

魖厲之鬼，嚴潔宿為戒[①]，明朝新旦也。此旦皆當生吞雞子，謂之練刑。又當迎晨啖五辛菜，以助菝五藏氣，而求福之中。”《荘子》云：“游鳧[②]問雄黄曰：‘今逐疫[③]出魅，擊皷呼噪，何也？’曰：‘昔黔首多疾，黄（帝）氏[④]立巫咸，教黔首，使之沐浴齊戒，以通九竅；鳴皷振鐸，以動其心；勞刑趍步，以菝陰陽之氣；春月毗巷，飲酒茹葱，以通五藏。夫擊皷呼噪，非以逐疫出魅，黔首不知，以為魅祟也。’”逐疫事在徃年十二月，為茹葱相連列也。《大醫方序》云：“有姓劉者見鬼，以正旦至市，見一書生入市，衆鬼悉避。劉謂書生：‘有何術以至扵此？’書生云：‘出山之日，家師以一丸藥絳囊裹之，令以繫臂，防恶氣耳。’扵是借此藥至見鬼處，諸鬼悉走，所以世俗行之。”此月俗忌器破。案《漢書》哀帝時正旦日食，鮑宣云：“今日食，三朝之始，小民正月朔日尚恶敗器物，況日有虧[⑤]缺乎？”

立春多在此月之初[⑥]。亦有入徃年十二月者，今據從春位也。俗間悉剪綵為鷰[⑦]子，置之簷楹，以戴帖宜春之字。傅咸《鷰賦》

① 戒，内閣本、古逸本作“或”，考證本校云：“‘為或’恐當作‘戒為’。”

② 鳧，尊本、内閣本、古逸本作“鳥”，考證本據《困學紀聞》引《莊子》佚篇校改爲“鳧”，是。今按，唐陸德明《經典釋文·敘録》中載：“郭子玄云，一曲之才，妄竄奇説，若《閼弈》《意修》之首，《危言》《遊鳧》《子胥》之篇，凡諸巧雜，十分有三。”《太平御覽》卷五三〇《禮儀部九·儺》、王應麟《困學紀聞》卷一〇《諸子·莊子逸篇》引此段，文字大同。

③ 疫，尊本、内閣本、古逸本作“度”，考證本據《困學紀聞》引校改爲“疫”，是。今按，《太平御覽》卷五三〇引亦作“疫”。下文同。

④ 黄帝氏，尊本、内閣本、古逸本作“黄氏”，考證本據《困學紀聞》引補“帝”字，《太平御覽》卷五三〇引正作“黄帝氏”，據補。

⑤ 虧，尊本、内閣本作“歒”，誤，據古逸本、考證本改。

⑥ 初，尊本、内閣本作“物”，古逸本作“始”，據考證本改。

⑦ 鷰，内閣本、古逸本、考證本作“鷰”，異體字。下同。

云："四氣代王，敬逆其始。彼應運而方臻，乃設像以迎止[①]，翬輕翼之岐岐，若將飛而未起。何夫人之工巧，信儀刑之有似，銜書青以請時，著宜春之嘉礼。因厥祥以為餝，並金雀而烈峙，奨有新之不貴，獨擅價於朝市。"劉臻妻陳《立春獻春書頌》云："玄陸降坎，青逵[②]升震，陰衹送冬，陽霊迎春。熙哉万類，欣和樂辰。順介福祥，我聖□仁[③]。"綵鸝春書，便有舊事。

《風俗通》云："俗説正月長子解浣衣被，令人死亡。謹案《論語》'死生有命，富貴在天'，補更小事，何乃成灾？源其所以，正月之時，天甫淒栗，里語'大暑在七，大寒在一'，一謂正月也。人家不能贏袍異裳，脱著身之衣，便為風寒所中，以生瘀疾，瘀疾不瘳，死亡必矣。或説，正月臣存其君，子朝其父，九族州閭，禮貢當周，長子務於告虔，故未以解浣也。諺曰：'正月樹[④]，二月初，自憘妃女煞丈夫。'不著潔衣，尓後大有俗莭戲咲。"

七日名為人日，家家剪綵，或鏤金薄為人，以帖屏風，亦戴之頭鬢，今世多刻為花勝，像瑞圖金勝之刑。《釋名》云："花，象草木花也。言人刑容政等，著之則勝。"賈充李夫人《典[⑤]誡》云："每見時人，月旦問信到户，至花勝交相遺与，為之煩心勞倦者，即是其稱'人日'者。"董勛《問禮俗》云："正月一日為雞，二日

① 止，尊本、内閣本、古逸本作"上"，考證本據《荊楚歲時記》注校改爲"止"。今按，此字當爲韻脚字，據考證本改。

② 逵，尊本、内閣本作"達"，古逸本、考證本作"逵"。今按，《初學記》卷三《歲時部一・春》引劉臻妻《獻春頌》作"逵"，據正。

③ 考證本校云："此句有脱字。"今按，此句各本均脱一字，據文意脱文當爲第三字，疑脱"且"字。

④ 樹，尊本、古逸本作"檦"，内閣本、考證本作"樹"。諺語需要押韻，當以"樹"爲是。

⑤ 典，尊本、内閣本作"曲"，據古逸本、考證本改。

為狗，三日為猪，四日為羊，五日（為牛），六日為馬，（七日）為人。”[①] 未之聞也，似億語耳，經傳無依據。其登高，則經史不載，唯《老[②]子》云“登春臺”，既無定月，豈拘早晚？或可初[③]春。郭璞詩云：“青陽暢和氣，谷風和以温。高臺臨迅流，四座列王孫。”江（文）[④] 通詩云：“通渠運春流，幽谷涣□[⑤]氷。盪穢出新泉，遊望登重陵。”此猶言氷，似是孟月。桓溫糸軍張望則指注《正月七日登高作詩》，内云：“玄陰斂夕煞，青陽舒朝悏。凞哉陵崿娱，眺盰肆迴目。”後代《安民峯銘》云：“正月元七，厥日惟人，筞我良（駟[⑥]），陟彼安民。”王廙《（春）[⑦] 可樂》云：“春可樂兮，樂孟月之初陽”，下云“翠倩倩[⑧]以登倉”，各有登臨之義，頗似承籍，非為創尔。

---

① 尊本、内閣本、古逸本均作“五日為馬，六日為人”，此處當有脱文。今按，《初學記》卷四《歲時部下・元日》、《藝文類聚》卷四《時序部中・元日》均引董勛《問禮俗》云：“一日為雞，二日為狗，三日為豬，四日為羊，五日為牛，六日為馬，七日為人。”又《北齊書》卷三七《魏收傳》載：“帝宴百僚，問何故名人日，皆莫能知。收對曰：晉議郎董勛《答問禮俗》云：‘正月一日為雞，二日為狗，三日為豬，四日為羊，五日為牛，六日為馬，七日為人。’”據校補。

② 老，尊本、内閣本作“孝”，誤，據古逸本、考證本改。

③ 初，尊本、内閣本作“物”，誤，據古逸本、考證本改。

④ 尊本、内閣本、考證本作“江通”，古逸本補“文”字，據改。

⑤ 各本此處均脱一字。楊劄云：“‘氷’字上恐有脱字。”

⑥ 尊本、内閣本、考證本此處均作“筞我良”，古逸本補“駟”字，楊劄云：“‘良’下有脱字。”今按，《初學記》卷四《歲時部下・元日》引《安仁峯銘》、《太平御覽》卷三〇引魏東平王《是日登壽張安仁山銘》均作：“正月七日，厥日惟人，策我良駟，陟彼安仁。”宋葉廷珪《海録碎事・人日》：“《東平王蒼安仁峯銘》：‘正月元七，厥日惟人。’”今據改“筞”字，並補“驷”字。

⑦ 春，尊本、内閣本無，古逸本補，考證本據《藝文類聚》引補。今按，本卷下文及《玉燭寶典》後卷作“春可樂”。

⑧ 倩倩，古逸本同尊本，内閣本作“僨借”、考證本作“葱倩”。今按，《太平御覽》卷二〇《時序部五・春下》引王廙《春可樂》曰：“春可樂兮，樂孟月之初陽，野暉赫以揮緑，山翠倩以發蒼。”

其月十五日則作膏糜，以祠門户。《續齊諧記》云：《莊子》云："齊諧者，志恠也。"注云："人姓名。"《疏音》曰："黄帝時史也。""吴縣張成夜起，見一婦人立宅東南角，招成曰：'此地是君蠶室，我即地神。明日正月半，宜作白粥，泛膏扵上祭我，必當令君蠶桒日百倍。'言絶，失所在。成如言為作膏粥，年年大得蠶。今人正月作膏糜像此。"《荊楚記》云陳氏。案《月令》孟春"其祀户"，或可囙而行之，非必為蠶。

其夜則迎紫姑以下[①]。北閭云紫女也。劉敬叔《異菀》云："紫女本人家妾，為大婦所妬，正月十五日感激而死。故世人作其刑於廁迎之。咒云：'子壻[②]不在，云是其夫。曹夫以行，云是其姑。小姑可出。'南方多名婦人為姑，仙有麻姑，云東海三為桒田。古樂府[③]云"黄姑織女遥相見"，吴（歌[④]）云："淑女惣角時，喚作小姑子。"《續齊諧記》有青溪姑。平昌孟氏常以此日迎之，遂穿屋而去。自示正[⑤]著以敗衣，盖為此也。《洞覽》云：'帝嚳女之將死，遺言我生平好遊樂，正月可以衣見迎。'又[⑥]其事也。俗云廁

① 下，尊本、内閣本作"下"，古逸本、考證本作"卜"。

② 壻，尊本、内閣本、古逸本、考證本作"胥"。今按，《太平御覽》卷三〇《時序部十五・正月十五》引《異苑》作"壻"，據正。

③ "古樂府"前，尊本、内閣本均有"古樂田"。楊劄云，"古樂田"三字恐衍，古逸本删，是。

④ 歌，尊本、内閣本、古逸本、考證本脱。今按，《樂府詩集》卷四五收《懽好曲》三首，其一曰："淑女總角時，喚作小姑子。容艶初春花，人見誰不愛。"《懽好曲》屬於"吴聲西曲"，而《玉燭寶典》中常引"吴歌"，故據補"歌"字。

⑤ 正，尊本、内閣本作"心"，於義不通，古逸本、考證本作"正"。今按，《太平御覽》卷三〇《時序部十五・正月十五》引《續齊諧記》作"正"，據正。

⑥ 又，尊本、内閣本作"人"。《太平御覽》卷三〇《時序部十五・正月十五》引《異苑》云："《洞覽》云：'帝嚳女將死，云生平好樂，正月可以見迎。'又其事也。"據改。

溷之間必須清浄，然後能降紫女。"《白澤圖》云廁神名"倚衣"[1]，《雜五行書》云"後帝"。《異菀》："陶侃如廁，見人曰自稱後帝，著單衣、平上幘，謂侃曰：'君莫説，貴不可言。'"將後帝之霊彈，紫姑見女言也。

元日至于月晦，民並為酺食渡水，士女悉湔裳[2]，酹[3]酒於水湄，以為度厄。今世唯晦日臨河解除，婦女或湔裙[4]也。近代晦日則駕出汎舟，指南車、相風豹北次，如在陸路宴賚，乃以為常。案《禮》孟春無臨汎之事，唯季春天子乗舟，疑旦周正建子，以寅為季，又氷泮滿，遂入此月。

玉燭寶典卷第一

---

① 倚衣，内閣本作"停衣"。

② 裳，尊本、内閣本均作"展"，古逸本、考證本校改作"裳"。今按，《太平御覽》卷三〇"《玉燭寶典》曰：元日至月晦，人並為酺食，渡水，士女悉湔裳，酹酒於水湄以為度厄。今世人惟晦日臨河解除，婦人或湔裙。"據改。

③ 酹，尊本、内閣本、古逸本作"酧"，據《太平御覽》卷三〇引《玉燭寶典》改。

④ 湔裙，尊本、内閣本均作"並裬"，文意不通。今據《太平御覽》卷三〇引《玉燭寶典》文校改。

玉燭寶典卷第二[①]

二月仲春第二

《禮·月令》曰："仲春之月，日在奎[②]，昏弧中，旦建星中。鄭玄曰："仲，中也，仲春者，日月會於降婁，而斗建卯之辰也，弧在輿鬼南[③]，建星在斗上也。"律中夾鐘。仲春氣至，則夾鐘之律應。高誘曰："是月萬物去陰而生，故竹管音中夾鐘也。"[④] 始雨水，桃始華，倉庚鳴，鷹化為鳩。倉庚，離黃也。鳩，搏穀[⑤]也。漢始以雨水為二月節。《呂氏春秋》《淮南子·時則》皆云"桃李

---

① 尊本無此七字，内閣本作"寶典第二"，此據古逸本、考證本。

② 奎，尊本、内閣本作"銔"，據古逸本、考證本正。

③ 輿鬼南，尊本作"與鬼而"，内閣本作"與鬼南"，均有訛誤；古逸本、考證本作"輿鬼南"，同《禮記·月令》鄭玄注，據改。

④ 楊劄云："今《淮南子》高注：'萬物去陰夾陽，聚地而生，故曰夾鐘也。'"

⑤ 搏穀，尊本作"博穀"，内閣本、古逸本、考證本均作"搏穀"，同《禮記·月令》鄭玄注，據改。

華”。今案《尒雅》曰：“尸鳩，頡鵴。”（鴶[①]）音戛，鵴音菊華。郭璞注云：“今之布穀也。江東呼為獲榖。”《方言》[②] 曰：“布穀，周魏謂之擊榖。”古樂府曰：“布穀鳴，農人驚。”便農者常候，故曰名也。天子居青陽太廟[③]。太廟東堂，當太室者。擇元日，命民社。社，后土也，使民祀焉，神其農[④]業也。祀（社[⑤]）日，用甲也。命有司省囹圄，去桎梏，毋肆掠[⑥]，止獄訟。順陽寬也。省，減也。囹圄，所以禁守繫者，如今别獄矣。桎梏，今械也，在手曰梏，在足曰桎。肆謂死刑，暴尸也，《周禮》曰“肆之三日”。掠謂捶治人。庾蔚之曰：“漢之别獄，即今之光禄，外部守繫而已，無鞠掠之事也。”今案《風俗通》曰：“三王始有獄，周曰囹圄。囹者，令[⑦]也；圄，舉也。言人幽閇思僁，改悪善原之[⑧]。今縣官録囚，皆言舉也。”《春秋元命苞》曰：“犬，斗精，以度立法也。不

---

① 鴶，尊本、内閣本脱，據古逸本、考證本補。

② 方言，尊本、内閣本“方言”二字重出，衍文。古逸本、考證本僅留一“方言”，是。

③ 廟，尊本、内閣本作“府”，誤，古逸本、考證本作“廟”，是。今按，尊本、内閣本注文中“廟”字不誤。

④ 農，尊本作“曲民”，内閣本作“四民”，均是將“農”字誤拆分成二字；古逸本、考證本校改作“農”，是。

⑤ 社，尊本、古逸本脱，内閣本、考證本有。今按，《禮記·月令》鄭玄注有“社”字，據補。

⑥ 掠，尊本、内閣本作“諒”，古逸本、考證本作“掠”，《禮記·月令》正作“掠”，據正。下同。“無鞠掠之事”之“掠”，尊本、内閣本不誤。

⑦ 令，尊本、内閣本、考證本作“全”，古逸本作“令”，考證本校云：“當作‘囹，令也’。”今按，此處用聲訓法分别解釋囹、圄，“令”字是。又，《太平御覽》卷六四三《刑法部九·獄》引《風俗通》曰：“周曰囹圄。令，圄，舉也。”“令”字前當脱“囹”字。

⑧ 改悪善原之，尊本、内閣本、考證本同，古逸本作“攻悪為善曰元之也。”今按，《太平御覽》卷六四三《刑法部九·獄》引《風俗通》曰：“周曰囹圄。令，圄，舉也，言人幽閉思愆，改惡為善，因原之也。”古逸本當是據此而校改。

言斗，以犬設其朴，故兩犬夾言為獄。”宋均曰：“犬，斗精，别氣也。作獄字不可以天文，故取其精，犬能别善悪，且卧蟠屈，象斗運，取其質朴，言治獄貴知[①]情而已也。”玄鳥至。至之日，以大牢祠于高禖[②]，天子親徃。玄鳥，燕也。燕以施生時來巢堂宇而孚乳，嫁娶之象也，媒氏之官以為候。高辛氏之世，玄鳥遺卵，娀簡吞之，生契，後王以為禖官，嘉祥立其祀。變媒言禖，神之也。盧植曰：“玄鳥從所蟄來至也，時祥陰陽中萬物生，故於是以三牲請子於高禖之神。居明顕之處，故謂之高，𡆪其求子，故曰禖。盖[③]古者有禖氏之官，仲春令合男女，𡆪以為神也。”后妃帥[④]九嬪御。御謂從徃祠[⑤]，獨云[⑥]帥九嬪，舉中言之。乃禮天子之所御，帶以弓韣，授以弓矢于高禖之前。天子所御，謂今有娠者。帶以弓韣、授以弓矢，求男之祥也。《王居明堂禮》曰：“帶以弓韣，禮之媒下，其子必得天材[⑦]。”王肅曰：“百二十官皆侍御於天子，以求廣

---

① 按，“治獄貴知”後，内閣本接抄原属於卷三季春時節的内容“降，山陵不收”，而真正属於卷二的内容却接抄在卷三“行夏令則人多疾疫時雨不”之後，從“情而已也”開始至卷尾。簡言之，内閣本卷二和卷三的絶大部分内容發生互换。此段尊本、古逸本、考證本無誤。

② 禖，尊本、内閣本作“祺”，古逸本、考證本作“禖”，據下文及《禮記·月令》正文當作“禖”。

③ 盖，尊本、内閣本、古逸本作“善”，考證本作“以為”，考證本校云：“舊‘以為’作‘善’，今依《續志》注改。”今按，《後漢書·禮儀志上》注引盧植《禮記解詁》云：“玄鳥至時，陰陽中，萬物生，故於是以三牲請子於高禖之神。居明顯之處，故謂之高。因其求子，故謂之禖。以爲古者有媒氏之官，因以爲神。”然“以爲”難以誤寫成“善”字，今謂此處“善”字當爲“盖”字之誤。

④ 帥，尊本、内閣本作“師”，誤，據古逸本、考證本改。下同。

⑤ 楊劄：“今本《禮》注‘祠’上有‘侍’字。”

⑥ 云，尊本、内閣本作“玄”，誤；古逸本、考證本作“云”，同《禮記·月令》鄭玄注，據正。

⑦ 材，尊本、内閣本作“杖”，誤；古逸本、考證本作“材”，同《禮記·月令》鄭玄注，據正。

子姓者也，故皆禮之高禖以求吉祥。玄鳥朞而復來，人道十月而生子，故有子曰求男者也。”日夜分，靁乃發聲，始電，蟄蟲咸動，啓户始出。先靁三日，奮（木[①]）鐸以令兆民曰：‘靁將發聲，有不戒其容止者，生子不備，必有凶災。’主戒婦人有娠者也。容止，猶動静也。日夜分，則同度量，鈞衡石，角斗甬，正權概。尺丈[②]曰度，斗斛曰量，三十斤[③]曰鈞，稱上曰衡。百廿[④]斤曰石甬，今斛也。稱錘曰權。概，平斗斛也。耕者少舍，乃脩闔扇，寢廟畢脩。用木曰闔，用竹葦曰扇。凡廟前曰廟，後曰寢也。毋作大事，以妨農事。大事，兵役之屬。毋竭[⑤]川澤，毋漉陂池，毋焚[⑥]山林。順陽養物也。蓄水曰陂，穿地通水曰池也。天子乃鮮羔，開冰，先[⑦]薦寢廟。鮮當為獻，聲之誤也。獻羔謂祭司寒也。祭司寒而出冰，薦於宗廟，乃後賦也。上丁，命樂正習舞，釋菜。樂正，樂官之長也。命舞者，順萬物始[⑧]出地鼓舞也。將舞，必釋菜於先師以禮之。天子乃帥三公、九卿、諸侯、大夫親往視之。順時達物。仲丁，又命樂正入學習樂。為季春將大合樂也。習樂者，習歌与八音。祀不用犧牲，用珪璧，更皮幣。為季春將選而合騰之也。更猶易也。仲春行秋令，則其國大水，寒氣揔至，酉之氣乘之也。八月宿值昴畢，畢好雨。寇戎來征。金氣動也，畢又為邊兵也。行冬

① 木，尊本、内閣本脱，古逸本、考證本補，可從。今按，《禮記·月令》作“木鐸”。

② 尺丈，《禮記·月令》鄭玄注作“丈尺”。

③ 斤，尊本、内閣本作“什”，據古逸本、考證本正。

④ 廿，内閣本、古逸本、考證本作“二十”。

⑤ 竭，尊本、内閣本作“端”，據古逸本、考證本正。

⑥ 焚，尊本、内閣本將“焚”字之上半部分誤寫作“炏”，據古逸本、考證本正。

⑦ 先，尊本作“光”，誤，據内閣本、古逸本、考證本改。

⑧ 始，尊本作“如”，據内閣本、古逸本、考證本改。

令，則陽氣不勝，麥乃不熟，子之氣乘之，十一月為大陰也。民多相掠。陰姦衆也。行夏令，則國乃大旱，煖氣蚤來，午之氣乘之也。蟲螟為害。”暑氣所生，為災之也。

蔡雍[①]《仲春章句》曰：“中，衷[②]也，時三月，故次孟為衷也。‘昏弧中、旦建星中。’弧，南方，建星，北方，皆星名也。《甄燿度》及魯歷二十八宿，南方有狼弧，無東井、輿[③]鬼，北方有建星，無斗，天官石氏距弧星西入斗四度，井、斗度皆長，弧、建度短，故以正昏明也。今歷中春雨水節日在壁八度，昏明中星，皆去日九十七度，井十七度中而昏，斗初中而明。‘始雨水。’孟春解凍則水雪雜下，是月息卦為大壯，斗陽至四雪兩得[④]而消醳，故至此乃始雨水也。‘鷹化為鳩。’鷹，鳥名，鳩属也。鳩有五種，鷹為爽鳩，應陽而變，喙必柔盂，仁而不鷙[⑤]。《傳》曰：‘爽鳩氏，司寇也。’明春夏無為秋冬用事也。‘天子居青陽太廟。’大廟，卯上之堂也。‘安萌牙。’萌牙[⑥]，謂懷任者也。始化曰兆，其次曰萌，其次曰牙。萌，孟春無乱人之紀，男女必有施化之端，故至是月而安之也。漢令：二月，家長詣鄉受胎養穀，所以安之也。‘養幼少。’萌牙以見安，生而幼少，須父母者，又養之也。漢令：民

---

① 雍，尊本、内閣本作“維”，據古逸本、考證本改。

② 衷，尊本、内閣本作“哀”，據古逸本、考證本正。

③ 輿，尊本、内閣本作“舉”，據古逸本、考證本正。

④ 兩得，尊本、内閣本、古逸本、考證本同，考證本校云：“‘兩得’恐當作‘得雨’。”

⑤ 盂，尊本、内閣本、考證本同，古逸本校改爲“温”。今按，宋陸佃《埤雅》卷六《釋鳥·鷹》：“蔡邕《月令》云：‘鷹化為鳩。’鷹，鳩屬也。鳩凡五種，鷹為鷞鳩，應陽而變，喙必柔仁而不鷙。”

⑥ 萌牙，尊本、内閣本作“萌𤘅”，且二字出現三次，其一爲衍文。古逸本、考證本删除其一，是。今按，𤘅即“牙”字，内閣本誤作“可”。下同。

生子，復父母勿筭[①]二歲；有産兩[②]子，給乳母一；産三子，給乳母二。‘存諸孤。’（孤[③],）特也。存者，在也，視有無而賜之也。無妻曰鰥，無夫曰寡，幼無父母曰孤，老無子曰獨。取其特立，総謂之孤諸者，非一之辝也。漢令[④]曰：‘方春和時，草木羣生之物皆有以樂，而吾百姓鰥寡孤獨窮困之人，或阽今案《楚辝·離騷經》曰：“阽余身而危死。”注云：“阽猶危也。音丁念反。”《説文》曰：“阽，壁危也，從阜占聲。”《字林》同，曰：“壁危，音弋久反，又曰久毛銛[⑤]，音小廉反也。”於死亡，而莫之省憂，其議所以振價之’，此之謂也。‘省囹圄，去桎梏。’省，損也，損其守僃也。囹，牢也，圄，所以止出入，皆罪人所舍也。去，藏也。手曰桎，足曰梏，官謂之盜械，所以執罪人也。‘無肆掠。’肆，陳也，謂暴人於市道也，《論（語）[⑥]》曰‘肆諸市朝’。掠，笞也，嫌但止囹圄桎梏，可以暴掠人於市道，故發禁也。‘止獄訟。’獄，爭罪也；訟，爭辝也。他月則當聽不直者罪，是月不刑人，故豫止之。‘玄鳥至。’[⑦] 玄鳥，燕也。至者，至人室屋也。常以春分至，秋分歸[⑧]，故少昊氏鳥名百官，玄鳥氏司分也。‘至之日，以太牢祀于

---

① 筭，尊本、内閣本作“笇”，據古逸本正。今按，“笇”爲“算”的俗字，算有徵税之意，如漢代有向成年人徵收的丁口税“算賦”。

② 兩，尊本、内閣本均作“雨”，據古逸本、考證本正。

③ 孤，尊本、内閣本無，古逸本、考證本據文意補“孤”字，可從。

④ 《漢書·文帝紀》：“方春和時，草木羣生之物皆有以自樂，而吾百姓鰥寡孤獨窮困之人或阽於死亡，而莫之省憂。爲民父母將何如？其議所以振貸之。”

⑤ 此兩句當有訛誤，考證本校云：“‘久’疑‘尖’或‘炎’之缺壞，而‘弋’亦當有誤。”

⑥ 語，尊本、内閣本、古逸本無，考證本補，可從。今按，《論語·憲問》：“公伯寮愬子路于季孫。子服景伯以告，曰：‘夫子固有惑志于公伯寮，吾力猶能肆諸市朝。’”《禮記·檀弓下》亦曰：“君之臣不免於罪，則將肆諸市朝而妻妾執。”

⑦ 尊本、内閣本“玄鳥至”三字重出，其一爲衍文。

⑧ 歸，内閣本、古逸本作“㱕”，俗字。

高禖。’三牲具曰太牢。高禖，祀名，高猶尊也；禖，媒也，吉事先見之象也，盖謂之人先所以祈子孫之祀也。玄鳥感陽而至，集人室屋，其來，主為嬔今案《方言》“抱嬔，耦[①]也。”注云：“耦亦迈[②]也，廣見其義耳。嬔音赴。”《蒼頡萹》曰：“嬔，子出，音妨万反，一音赴。”《通俗文》曰：“迈万（反[③]），一時出也。”《韻集》曰：“嬔，生子齊也。”乳蕃滋，故重至日，囙[④]以用事。‘后妃竴九嬪御。’后者，天子適妻也；妃，合也；嬪，婦也；御，妾也。《周禮》：‘天子一后、三妃、九嬪、二十七世婦、八十一御妾’，今案《月令問荅》：“（問[⑤]）者曰：‘《周禮》八十一御妾，妻子又曰御妾[⑥]，何也？’荅曰：‘妻者，齊也，唯一適人稱妻，其餘皆妾，八十一妾，位最在下，是以知不得言妻也。’”以應外朝公卿、大夫、士之數也。世婦不見，卑者文略，御妾皆行，世婦可知也。‘醴天子所御，帶以弓韣。’天子所御，謂后妃以下至御妾孕任有萌牙者也。韣，弓衣也。祝以高禖之命，飲以醴酒，帶以弓衣，尚使得男也。《禮》，士庶人男子生，‘桒弧蓬矢六，射天地四方’，天子尊，故未生有豫求之禮。‘日夜分。’日者，晝也；分者，晝夜漏剋之數等也，其晝漏五十六剋，夜漏四十四剋。考中星昏明者，當見星度，故昏明入夜各三剋，其以平旦日入為節，則當損晝還夜

---

① 耦，尊本、内閣本作“禑”，古逸本、考證本據《方言》校改爲“耦”。今按，《方言》卷二曰：“抱嬔，耦也。”郭璞注：“追萬反，一作嬔。耦亦匹，互見其義耳。音赴。”故據此改文中《方言》及注釋中的“耦”字。

② 《干禄字書·入聲》：“迈匹，上俗下正。”

③ 反，尊本、内閣本、古逸本、考證本均無，據文意補。

④ 囙，尊本、内閣本作“同”，古逸本作“囙”，考證本據《通典》改作“因”。因尊本中“因”常寫作“囙”，此據古逸本改。

⑤ 問，尊本、内閣本、古逸本無，考證本據《月令問答》補“問”字，可從。

⑥ 考證本校改爲“八十一御妻，子今曰御妾”。

六尅，則晝夜各五十尅，故日夜分也。‘雷乃發聲。’雷者，隆陰下迎陽，陰起，陽氣用事，故上薄之，發而為聲者也。其氣，季冬始動於地之中，則雉應而雊；孟春，動於地之上，則蟄虫應而振，至此升而動於天下[1]，其聲登發揚[2]，不曰始，言其升有漸漸者。孟春已應，故記發記始也。《易傳》曰：‘太陽毚古纔字也。出地上，少陽得並而雷聲徵’，謂孟春太陽一二以上自雷，雷聲盛，謂此月及季春也，故曰發聲。‘始電。’電與雷同氣，發而為光者也。迅雷風列，孔子必變。《玉藻》記曰：‘迅雷甚雨，雖夜必興，冠[3]而坐。’所以畏天威也。小民不畏天威，懈惕褻黷，或至夫婦交接，君子制法，不可指斥言，故曰‘有不戒其容止’，言於此時夫婦交接生子，枝節情性，必不脩其父母，必有凶災。《玄女房中經》曰：‘雷電之子，必病顛狂。’晝夜中，則陰陽平，燥濕均，故可以‘同度量’。同者，齊也；度者，所以數長短也；量者，所以數多少也。十分為寸，十寸為尺，十尺為丈，十丈為引，是為五度。十龠為合，十合為升，十升為斗，十斗為斛，是為五量。‘鈞衡石。’鈞亦齊也，為衡所以平輕重、載斤兩之數也。權與物齊，則衡平矣。石，重名也，二十四銖為兩，十六兩為斤，三十斤為鈞，今案《春秋傳》曰“顏高之弓六鈞”，服虔注云：“卅斤為一鈞，六鈞百八十斤，是為弓力一石五升也。”四鈞為石，是為五稱。‘捔斗甬。’捔，挍也，十六斗曰角。‘正權概。’權，錘也，所以起物而平衡也。

---

① 楊劄：“‘天’下恐脱‘之’字。”

② 登，尊本、内閣本同，古逸本、考證本删。揚，尊本、内閣本、古逸本作“楊”，據考證本改。今按，古代寫本中，構字部件“扌”“木”經常相混。

③ 考證本據《禮記·玉藻》在“冠”前補“服衣”二字。

概，直木也，所以平斗斛也。（寝廟必備。）[①] 人君之居也，前有朝，後[②]有寝，終則前制廟以象朝，後制寝以象寝，廟以威主，四時享祀，寝以象生，有衣冠几杖。《詩》云：'寝廟弈（弈）[③]'，言相連也。漢兼亡秦壞礼之後，廟在邑中，寝在園陵，雖失其處，名號猶在，器械上食之禮，皆象生而制古寝之意也。'無作大事，以妨農事。'以秎[④]者少休，調利闔扇，得為小事，嫌奢泰之君，曰是脩餝宫室，興造大事，以妨農業，故發禁也。'無漉[⑤]陂池、焚山林。'隄障曰陂，大水旁小水曰池，縱火曰焚。《周禮》'中春教振旅'，遂以搜田，搜索其不孕任者，以供宗廟之事。嫌人君服樂遊田，因是竭水縱火以盡生物，故發禁也。'天子乃獻羔啓冰。'獻，進也，羔，稚羊也。'上丁，命樂正習舞釋菜。'上丁者，上旬之丁日也。釋者，置也，菜者，鬯也，欝人[⑥]香草，釀以秬黍[⑦]，今案《周官》"欝人"職鄭玄注："欝金香草，宜以和酒。"下文"和欝鬯以實尊彝"注云："采欝金煑之，以和鬯酒。鄭司農云：'欝為草，若蘭。'""鬯人"職鄭注云："鬯，釀秬為酒，芬香條暢

① 此四字尊本、内閣本、古逸本脱，考證本據《禮記・月令》補。今按，據蔡邕《月令章句》文例當補。

② 後，尊本作"�"，據内閣本、古逸本、考證本改。

③ 弈，尊本、内閣本均只有一"弈"字，古逸本作"弈々"，古逸本改作"奕奕"，楊劄云："弈恐當作'奕奕'二字。"今按，《詩經・小雅・巧言》云："奕奕寝庙，君子作之。"據《龍龕手鑑・廾部》，"弈"爲"弈"的俗字。據文意補一"弈"字。

④ 秎，尊本、内閣本作"秎"，古逸本、考證本作"耕"。今按，"耕"有俗字作"秎"，再誤寫爲"秎"。《字彙補・禾部》："秎，棺頭也。"

⑤ 漉，尊本、内閣本作"漏"，古逸本、考證本作"漉"。今按，《禮記・月令》作"漉"，據正。

⑥ 欝人，古逸本作"欝金"。據後文注釋，當作"欝人"。

⑦ 秬，尊本、内閣本作"秬"，古逸本、考證本作"秬"，據正。今按，"秬"爲"秬"之異體字。黍，"黍"之俗體字。下文同。

拎上下者。秬如黑黍，一稃二米。”萬震《南州異物志》云：“欝金香，唯罽賓國人種之，先取以上佛寺，積日乃萑去之，然後賈人取之。欝金色正黄而細，与扶容裹披蓮者相似，所以香禮酒欝花也。”後漢朱穆《南陽宛人欝金賦》乃云：“歲朱明之首月，步南園以迴眺，覽草木之紛葩[①]，美斯花之英妙。”韋曜《雲陽賦》云：“草則欝金勺[②]藥”，然則南方自有此草，非必罽賓。左九嬪《欝金頌》云：“越自殊域[③]，厥珎來尋”，亦據在遠也。是為秬鬯。所以禮先聖師也。‘不（用[④]）犧牲’者，言是月生養之時，故不用也。圭[⑤]璧，玉器也。更，代也。以圭璧代之。‘民多相掠。’冬為收藏，其氣貪得，故民心感化。多相掠奪者，交辭也，言非獨甲掠乙，乙亦掠甲也。其國大旱，少陽已壯，復行大陽之政，兩陽相兼以抑陰氣，故大旱也。（旱）[⑥] 者，乾也，万物傷於乾也。‘虫螟為害。’虫，惣名，螟，其別也。食心曰螟，今案《尒雅》犍為舍人注云：“食苗心者名螟，言螟然不知。”李巡曰：“食禾心為螟，言其姧冥難知。”《音義》曰：“即今子蚄也。”食葉曰螣，今案《尒雅》音僨，一音螣。李巡曰：“食禾葉者，言其假僨無厭，故曰螣。”孫炎曰：“言以假僨為名，㠯取之。”《音義》曰：“蝗類。”

---

① 葩，尊本、内閣本同，古逸本、考證本作“葩”。今按，“葩”爲“葩”的俗字。

② 勺，尊本、内閣本作“夕”，據古逸本、考證本改。

③ 域，尊本、内閣本、古逸本作“城”，考證本作“域”。今按，《藝文類聚》卷八一《藥香草部上·鬱金》引晉左九嬪《鬱金頌》曰：“伊此奇草，名曰鬱金。越自殊域，厥珍來尋。”據改。

④ 用，尊本、内閣本、古逸本無，考證本補“用”字。今按，據下文及《禮記·月令》正文，當補“用”字。

⑤ 圭，尊本、内閣本作“主”，古逸本、考證本作“圭”。今按，《禮記·月令》正文作“圭”，據正。

⑥ 旱，尊本、内閣本無，古逸本、考證本據文意補“旱”，可從。

食節曰賊。”今案《尒雅》樊光注云：“言其貪狼急疾。”李巡曰：“食其節，言其貪狼，故曰賊。”孫炎曰：“言其貪酷取之也。”

右《章句》為釋《月令》。

《詩·邵南》曰：“厭浥行露，豈不夙夜，謂行多露。”鄭牋云：“夙，早；厭浥然濕，道中始有露，二月之中，嫁娶之時。我豈不知當早夜成婚禮与？謂道中之露太多，故不行也。”《詩·豳風》曰：“四之日舉止”，毛傳曰：“四之日，周之四月，民无不舉足而耕者也。”又曰：“四之日其蚤，古早字。獻羔祭韭[1]。”鄭牋云：“古者日在北陸而藏氷西陸，朝覿而出之，而祭司寒而藏之，獻羔而啓之。《月令》仲春天子乃‘獻羔啓冰[2]，先廌寢廟’也。”《尚書·堯典》曰：“分命羲仲，宅嵎巨[3]，曰陽谷，孔安國曰：“東表之地稱嵎夷。陽，明也。日出於陽谷而天下明，故稱陽谷。陽谷、嵎夷，一也。”平秩[4]東作。秩[5]，序也。歲起於東而始就，作東方之官也。日中星鳥，以殷中春。日中，謂春分之曰。鳥，南方朱鳥七宿也。春分之昏，鳥星畢見，以正中春之氣也。鳥獸𡙇字。尾。”乳化曰𡙇，交接曰尾。

《尚書·舜典》曰：“歲二月，東巡守，至于岱宗，柴。孔安国曰：“巡守者，巡行諸侯所守。岱宗，太山。祭山曰柴[6]，積柴加牲其上而燔也。”王肅曰：“守謂諸侯為天子守土，故時往巡行之

---

① 韭，尊本、内閣本作“菲”，據古逸本、考證本改。《詩經·豳風·七月》正作“獻羔祭韭”。

② 冰，尊本、内閣本作“沐”，誤。

③ 巨，尊本、内閣本、古逸本作“𡰥”，考證本作“夷”。今按，據下文注釋“隅夷”，此處當作“巨”。《玉篇·尸部》：“巨，古文夷字。”作“𡰥”形近而訛。

④ 秩，尊本、内閣本作“袟”，據古逸本、考證本改。

⑤ 秩，尊本、内閣本作“禄”，誤，據古逸本、考證本改正。

⑥ 柴，尊本、内閣本作“此”，據古逸本、考證本改。

也。”望秩于山川。秩者，如其次秩而祭之也。肆覲東后。以次見東方之君也。脩五禮、吉、凶、賓、軍、嘉也。五玉、五等諸侯瑞、圭、璧。三帛、玄、纁、黄也。三孤所執。王肅曰：“附庸与諸侯適子、公之孤執皮帛，繼子男或曰孤執玄，諸侯適子執纁，附庸執黄。”二牲、羔、鴈。卿執羔，大夫執鴈。一死。”雉也，士之所執。《周官·天官下[①]》曰：“内宰，仲春詔后率外内命婦始蠶于北郊，以為祭服。”《周官·地官下》曰：“媒[②]氏，仲春之月令會男女，鄭玄曰：“成婚禮也。”扵是時也，奔者不禁。”《周官·春官下》曰：“籥章，掌仲春晝擊土[③]鼓、吹豳詩以逆暑。”鄭玄曰：“《豳風·七月》也。吹之者，以侖為之聲也，迎暑以晝，求之陽也。”《周官·夏官上》曰：“大司馬掌仲春教（振）旇[④]。司馬以旗致民，平列陳，如戰之陳。鄭玄曰：“以旗者，立旗[⑤]期民扵其下也。兵者，守國之脩，凶事不可空設，𡚁蒐狩而習之。凡師，出曰治兵，入曰振旇[⑥]，猶習戰也。”辯鼓、鐸、今案《周官》大司馬職“以金鐸[⑦]通鼓”，鄭注云：“鐸，大鈴也。”鐲、今案《周官》大司馬職“以金鐲節鼓”，鄭注云：“鐲，鉦也，刑如小鐘也。”鐃、

① 下，尊本、内閣本作“不”，據古逸本、考證本正。

② 媒，尊本、内閣本作“媒”，據古逸本、考證本正。

③ 土，尊本、内閣本作“士”，據古逸本、考證本正。

④ 尊本、内閣本“教”後無“振”字，古逸本、考證本補“振”字，是。旇，尊本、内閣本同，古逸本作“旅”。今按，《周禮·夏官·大司馬》正作“教振旅”。

⑤ 旗，尊本、内閣本作“稱”，誤；古逸本、考證本校改作“旗”。今按，《周禮·夏官·大司馬》鄭玄注作“立旗”。

⑥ 振旇，尊本作“搙旇”，内閣本作“搙搙”，古逸本作“振旅”。今按，《周禮·夏官·大司馬》鄭玄注作“振旅”。

⑦ 尊本、内閣本“金鐸”後有“大鈴”二字，古逸本、考證本删，是。考證本校云：“舊‘鐸’下有‘大鈴’二字，註疏本無，今删去。”今按，此處所謂“大司馬職”實出自《周禮·地官·鼓人》。

今案《周官》大司馬職“以金鐃止皷”，鄭注云：“鐃如鈴，无舌，有二柄，執而鳴[①]之，以止擊皷。”《蒼頡萹》音[②]暄嘵也。之用。以教坐作、進退、疾徐、疏數之莭，遂以蒐田，有司表貉，莫駕反也。誓民，皷，遂圍禁[③]，火弊，獻禽以祭社。”春田為蒐。表貉，祭也[④]。誓民，誓以犯田法之罰也。火弊，火止也。春田用火，曰焚萊（除）[⑤] 陳草也，皆煞而火止。獻猶致也，属田止虞人植旌，衆皆獻其所獲禽焉。春田主祭社者，士方施生也。《周[⑥]官·夏官上》曰：“羅氏，仲春羅春鳥[⑦]，獻鳩以養國老，曰行羽物。”鄭玄曰：“春鳥蟄而始出者，若今南郡黄雀之属，是時鷹化為鳩，鳩与春鳥變舊為新，宜以養老助生氣也。”《周官·夏官下》曰：“牧師，仲春通淫。”鄭玄曰：“仲春，陰陽交，万物生之時，可以合馬之牝牡[⑧]也。”《周官·秋官下》曰：“司烜氏，掌仲春以木鐸修火禁于國中。”鄭玄曰：“為季春將出火也。禁謂用火之處及脩風烌。”

《禮·王制》曰：“歲二月東巡守，至于岱宗，鄭玄曰：“岱宗，東嶽。”柴而望祀山川，柴，祭天告至也。覲諸侯，覲，見也。問

---

① 鳴，尊本作“烏”，内閣本、古逸本、考證本作“鳴”，據改。

② 音，尊本、内閣本、考證本同，古逸本作“曰”。

③ 禁，尊本、内閣本作“焚”，古逸本、考證本作“禁”。今按，《周官·夏官·大司馬》作“禁”，據正。

④ 表貉祭也，尊本、内閣本同，古逸本“表”前增“立”字，考證本據《周官註疏》校補爲“表貉，立表而貉祭也”。

⑤ 除，尊本、内閣本均無，古逸本、考證本據《周禮·夏官·大司馬》鄭玄注補，可從。

⑥ 周，尊本、内閣本均作“用”，據古逸本、考證本改。

⑦ 羅春鳥，尊本、内閣本作“羅鳥春”，今從古逸本、考證本據《周禮·夏官·羅氏》乙正。

⑧ 合馬之牝牡，尊本、内閣本作“令馬之於壯壯”，今從古逸本、考證本據《周禮·夏官·牧師》鄭玄注校改。

百年者就見之。就見老人。命大師陳詩以觀民風，陳詩，謂采其詩而視之也。命市納賈，以觀民之所好惡，志淫好僻。市，典市者也；賈謂萬物貴賤厚薄也，質則用物貴，淫則侈物貴，民之志淫耶，則其所好者不正也。命典禮考時月，定日，同律、禮、樂、制度、衣服，正之。同陰律也。山川神祇有不舉者為不敬，不敬者君削以地。舉，猶祭也。宗廟有不順者為不孝，不孝者君絀以爵。不順者，謂若逆昭穆。變（禮）① 易樂者為不從，不從者君流。流，放也。革制度衣服者為叛，叛者君討。討，誅也。有功德於民者，加地進律。”律，法也。

《周書・時訓》曰：“驚蟄之日，桃始華；又五日，倉庚鳴；又五日，鷹化為鳩。桃不始花，是謂（陽）② 否；庚倉不鳴，臣不□主③；鷹不變化，寇賊數起。春分之日，玄鳥至；又五日；雷乃發聲，又五日，始電。玄鳥不至，婦人（不娠；雷不發聲，諸侯失民。不始電，君無威震④。）”

《禮・夏小正》曰：“二月初，俊羔助厥母粥。俊者，大羔也；粥者，養也。言大羔能食草木，而不食其母也。綏多士女。綏，安也。冠子取婦之時也。丁亥，萬用入學。丁亥者，吉日也；萬者，干戚舞也；入學，太學也。謂今時太舍菜也。祭鮪。鮪之至有時，

---

① 禮，尊本、内閣本、古逸本均無，此從考證本據《禮記・王制》補。

② 陽，尊本、内閣本脱，今從古逸本、考證本據《逸周書・時訓解》補。

③ □，尊本、内閣本無，據古逸本、考證本補。今按，《逸周書・時訓解》原文此處亦脱一字。

④ 尊本、内閣本至“婦人”二字爲止，當有誤脱。考《逸周書・時訓解》云：“玄鳥不至，婦人不娠；雷不發聲，諸侯失民。不始電，君無威震。”古逸本據《逸周書・時訓解》補“不娠；雷不發聲，諸侯失民。不始電，君無威震”，考證本補“不娠”。今按，據《玉燭寶典》各卷引《周書・時訓解》文例觀之，當以引全文爲是，據古逸本及《逸周書・時訓解》補。

美物也。今案《尒雅》："鮥，鮛[①]鮪。"孫炎注云："海濱謂之鮥，河洛謂之鮪。"郭璞云："今宜都郡自荊州以上，江中通多鱣鱏之魚，有一魚狀似鱣而小，建平人謂之鮥子，即此魚也者。"洛，一本云王鮪也，似鱣，口在腹下。《音義》云："《周禮》'春獻王鮪'，鱣屬，其大者為王鮪，小者為鮪，或曰鮪即鱏也，以鮪魚亦長鼻，體無遣連甲。鱏音淫，鮥音格。"《詩魚虫（疏）[②]》云："鱣鮪出江海，三月，從河下頭來上。鱣身形似龍，銳頭，口在頜[③]下，背上腹下皆[④]有甲，從廣四寸，於今孟津東石磧上釣取之，大者千餘斤，（可）蒸（為）臛[⑤]，又可為作鮓，其子可作醬。今鞏縣東渡洛東北崖山上腹有大穴，舊説此穴与江湖[⑥]通，鱣鮪從此穴來，北入河，西上至龍門。故張衡賦云'王鮪岫居'，山穴為岫，謂此穴也。鮪似鱣而色青黑，頭大小如鐵兜牟，口亦在頜下，其甲可以

---

① 鮛，尊本、内閣本、古逸本均作"𪉖"，考證本作"鮛"。今按，《爾雅·釋魚》正作"鮛"，據改。

② 疏，尊本、内閣本無，據古逸本、考證本補。

③ 頜，尊本、内閣本作"領"，古逸本、考證本作"頭"。今按，《詩經·衛風·碩人》孔穎達疏引陸璣《毛詩草木鳥獸蟲魚疏》作"頜"，據正。下同。

④ 皆，尊本、内閣本、古逸本作"背"，考證本作"皆"。今按，《詩經·衛風·碩人》孔穎達疏引陸璣《毛詩草木鳥獸蟲魚疏》作"皆"，據正。

⑤ 可蒸為臛，尊本、内閣本作"蒸臛"，古逸本、考證本校改爲"可蒸為臛"。今按，《詩經·衛風·碩人》"鱣鮪發發"孔穎達疏引陸璣《毛詩草木鳥獸蟲魚疏》作"可蒸為臛"，據改補。

⑥ 湖，尊本、内閣本作"潮"，古逸本作"湖"，考證本校云："《詩疏》'潮'作'湖'，《初學記》同。"今按，《詩經·衛風·碩人》孔穎達疏、《初學記》卷三〇《鱗介部·魚》引《毛詩義疏》均作"湖"，據正。

磨[1]薑。大者不過七八尺。今東萊[2]、遼東謂之蔚魚。或謂仲明，(仲明)[3] 者，樂浪尉也，溺死海中，化為此魚云。”亦鮪之刑狀，及出本名曰[4]，誠如所論。但《礼運》云“魚鮪不淰”，及《月令》“薦鮪寢廟”、《詩・周訟[5]》“猗與漆沮，潛有多魚，有鱣有鮪[6]”，便似餘水亦有此魚，非必江海河洛，脩異聞。鮪者，魚先之至者，謹記其時。榮堇、今案《尒雅》：“木謂之[7]花，草謂之榮。”采芑[8]今案《毛詩草木疏》：“芑，蘧也[9]，葉似苦菜[10]，莖青白，摘其葉，白汁出[11]，甘脆，可生食，亦可蒸為茹。青州謂之芑，西河鴈門蘧尤美，胡人戀之，不能出塞[12]。”采蘩，由胡。由胡者，蘩母也；蘩，方勃[13]也。今案《尒雅》：“蘩，蒿也。”《詩草木疏》云：“凡

---

① 磨，尊本、内閣本、古逸本作“莀”，考證本校改爲“磨”。今按，《詩經・衛風・碩人》“鱣鮪發發”孔穎達疏引陸璣《毛詩草木鳥獸蟲魚疏》作“摩薑”。

② 萊，尊本、内閣本作“莞”，古逸本、考證本校改爲“萊”。今按，《詩經・衛風・碩人》孔穎達疏、《御覽》卷九三六《鱗介部八・鮪魚》引《毛詩義疏》均作“東萊”，據正。

③ 尊本、内閣本原只作“仲明”，古逸本在“仲明”後加重文符號，考證本在“仲明”前增補“仲明魚”三字。今據《詩經・衛風・碩人》孔穎達疏補“仲明”二字。

④ 考證本校云：“此蓋有訛脱，竢考。”

⑤ 訟，尊本、内閣本同，古逸本、考證本作“頌”。

⑥ 尊本、内閣本、古逸本此句作“鮪有鮪〻〻”，今從考證本據《詩經・周頌・潛》校正。

⑦ 尊本、内閣本、古逸本“謂之”互乙，據考證本以及《爾雅・釋草》乙正。

⑧ 芑，尊本、内閣本作“芭”，據古逸本、考證本改。

⑨ 楊劄：“今本無‘蘧也’二字。”

⑩ 菜，尊本、内閣本作“采”，據古逸本、考證本改。

⑪ 楊劄：“‘白’今本作‘有’。”

⑫ 塞，尊本、内閣本作“寒”，據古逸本、考證本改。今按，《詩經・小雅・采芑》：“薄言采芑，于彼新田。”孔疏引陸璣疏云：“芑菜似苦菜，莖青白色，摘其葉，白汁出，肥可生食，亦可蒸為茹，青州人謂之芑，河西雁門芑尤美，胡人戀之，不出塞是也。”

⑬ 楊劄：“‘方勃’今本作‘旁’或作‘蒡’。”

艾，白色為皤，今蒿也。春始生，及秋香，可生食，又可蒸。一名遊胡，北海人謂之旁勃[①]。”方、旁，今古字也。皆豆[②]實也。柢蚳。治夷反也。（柢）[③] 猶推也。蚳，蟻卵也，為祭醢也。今案《禮·内則》云：“腶脩，蚳醢。”注云：“蚍蜉子也。”《尒雅》：“蚍蜉，大蟻[④]，小者蟻。”《國語·魯[⑤]語》曰：“虫捨蚳蝝。”唐固：“蚳[⑥]，蟻子也，可以為醬也。”取之則必推之。來降燕，乃睇。燕，乙也。今案《尒雅》“燕，燕乙[⑦]。”注云：“一名玄鳥，齊人呼乙。”降者，下也。言來者何？莫能見其始出也，故曰來降。言乃睇何？睇者，眄；眄者，視可為室也。百鳥皆曰橑[⑧]，宎穴菆今案《禮·保傅篇》曰：“古之為路車也，盖圓[⑨]以像天，廿八橑以象列星。”《説文》曰：“椽也，從木尞聲。”《字林》曰：“橑，椽也。”又音力到反。《韻集》曰：“橑，樔也。”此則並巢穴之義，或可上古別有此名。《通俗文》曰：“菆，音又數反[⑩]，雞科也。”《字林》曰：“菆，蓐也，又句反[⑪]。”計與百鳥所居義通也。與之

---

① 勃，尊本、内閣本作“悖”，今據古逸本、考證本校改爲“勃”，楊劄：“今本‘悖’作‘勃’。”今按，《大戴禮記·夏小正》作“勃”。

② 尊本内閣本“豆”字重出，今據古逸本、考證本删去第二個“豆”字。

③ 柢，尊本、内閣本脱，今從古逸本、考證本據《大戴禮記·夏小正》補。

④ 宋本《爾雅》作“螘”，螘、蟻異體字。

⑤ 魯，尊本作“魚”，據内閣本、古逸本、考證本改。

⑥ 蚳，尊本、内閣本作“蝱”，據古逸本、考證本改。

⑦ 楊劄：“今本作‘鳦’。”

⑧ 橑，尊本、内閣本、古逸本作“撩”，據後文改。

⑨ 圓，尊本、内閣本作“直”，據《大戴禮記·保傅》改。

⑩ 反，尊本、内閣本、古逸本作“又”，誤；考證本校改爲“反”，校云：“舊‘反’作‘又’，今改。‘又數’疑當作‘文數’，《廣韻》‘菆，芻注切’，音騶，鳥巢也。”

⑪ “又”字有誤，待考。考證本校云：“‘又’亦當作‘文’。”

室何？操泥[1]而就家，又入内[2]也。剥鱓[3]古鼉字。以為鼓。今案《詩·大雅》曰：“鼉鼓逢逢。”《魚虫疏》云：“鼉，刑似水蜥蜴，四足長尺[4]餘，生卵大如鵞卵，甲如鎧甲。今合藥鼉魚甲者是。其皮至厚，宜為鼓。”又《廣雅》曰：“鼉魚長六七尺，有四足，高尺餘，有尾如蝘蜓[5]而大，或如狗聲，或如牛吼，南方嫁娶，当必得之也。”有鳴倉庚。倉[6]庚，商庚也。商庚者，長股。今案《尒雅》“（皇），黄[7]鳥”，郭璞注云：“俗呼黄離畱，亦名摶桼”[8]；又曰“倉庚，商庚”，注云“即鵹黄”；又曰“鵹黄，楚雀[9]”，注云“即倉庚”；又曰“倉庚，鵹黄”，注云“其色鵹黑而黄，囙名云”。《字詁》曰：“鵹，今鸝。”注云：“楚雀也。”《方言》云：“驪黄，自關（而）[10] 東謂之倉庚，自關而西謂之驪黄。或謂之黄鳥，或謂之楚雀。”《毛詩鳥獸疏》云：“黄鳥，麗畱，或謂黄栗畱，幽州人謂之

---

① 泥，尊本、内閣本、古逸本作濘，據考證本改。

② 又入内，尊本作“人人肉”，内閣本、古逸本作“又人内”，考證本作“入人内”。今按，《大戴禮記·保傅》作“又入内”，據改。

③ 鱓，尊本、内閣本作“鼉”，古逸本作“鼉”，考證本作“鼉”。

④ 尺，楊劄：“今本作‘丈’。”

⑤ 《太平御覽》卷九三二引郭義恭《廣志》：“鼉魚，長三尺，有四足，高尺餘，尾如蝘蜓而大。南方嫁娶，必得食之。”

⑥ 倉，尊本、内閣本作“食”，據古逸本、考證本改。

⑦ 黄，尊本、内閣本作“莫”，據古逸本、考證本改。又，考證本“黄”前補“皇”字。今按，《爾雅·釋鳥》曰：“皇，黄鳥。”據此段前後引《爾雅》例，當補“皇”字。

⑧ 桼，内閣本、古逸本、考證本作“黍”，異體字。

⑨ 雀，尊本、内閣本均作“崔”，據古逸本、考證本改。下同。

⑩ 而，尊本、内閣本脱，據古逸本、考證本補。

黄鸎[①]，或謂之黄鳥，一名倉庚，一名商庚，一名鵹黄，一名楚雀，齊人謂之搏桑，關西[②]謂之黄鳥。常椹𤓰時來在桒間，故里語曰：‘黄栗蛨，看我麦[③]黄椹𤓰不？’皆是應節趣時之鳥也。自此以下，《詩》言黄鳥皆是也。或謂之黄袍。”鵹、鸝、麗並通，驪，假借字。《尔雅》黄鳥、倉庚既别文解釋，且倉、黄二色便是不同，《方言》《詩疏》愡為一鳥，當以其相類也。榮芸，時有見荑[④]，今案《詩·鄁[⑤]風》曰：“自牧歸荑。”毛傳云：“牧，田官。荑，(茅[⑥]) 之始生，本之扵荑，取其有終[⑦]。”鄭牋云：“荑，潔白之物。”又[⑧]《衛風》曰：“手如柔荑[⑨]。”毛傳曰：“如荑之新生也。”《草木疏》：“正月始生，其心似麦，欲秀，其中正白，長數寸，食之甘美。幽州人謂之甘滋，或謂之茹子。比其秀出，謂之白茗也。”

---

① 鸎，尊本、内閣本作“鴦”，古逸本、考證本校改爲“鸎”。今按，《詩·周南·葛覃》“黄鳥于飛”孔穎達正義引陸璣疏此段，作“黄鸎”。《藝文類聚》卷九二《鳥部下·倉庚》、《太平御覽》卷九二三《羽族部十·倉庚》并引《詩義疏》内容與此段近似，唯《藝文類聚》引作“幽州謂之黄鴦”，《太平御覽》所引作“幽州謂之黄鸎”。

② 西，尊本、内閣本均作“而”，據古逸本、考證本改。

③ 看我麦，尊本作“者我妻”，内閣本、古逸本、考證本作“看我麦”。今按，《詩·周南·葛覃》“黄鳥于飛”孔穎達正義引陸璣疏作“黄栗留，看我麥黄葚熟”，據正。

④ 荑，尊本、内閣本作“苐”，據古逸本、考證本改。下文同。

⑤ 鄁，尊本、内閣本作“部”，古逸本作“鄁”，考證本作“邶”。今按，據《玉燭寶典》引《詩經》例，作“鄁風”是。

⑥ 茅，尊本、内閣本無，據古逸本、考證本補。

⑦ 楊劄：“今本‘有終’上有‘有始’二字。”

⑧ 又，尊本、内閣本作“人”，古逸本、考證本作“也”。今按，尊本“又”字常誤作“人”，據文意改。

⑨ 柔荑，尊本、内閣本作“弟苐”，據古逸本、考證本改。

始牧。荑也者，所以為豆實[①]也。”《禮・虞戴[②]德》曰：“天子以歲二月為壇于東郊，建五色，設五兵，具五味，陳六律，奏五聲，抗大侯，規鵠，今案《儀禮・大射》云[③]：“命量人、巾車張三侯。大侯之崇見鵠。”鄭玄云：“鵠，所射之主也。鵠之言較較直，射者所以直己志也。或曰：鵠，鳥名也，射之難中，中之為儁，是以所射於侯取名也。”《周官・考工記》云：“皮侯棲鵠。”[④]《天官下・司裘》注云：“鄭司農云，鵠，鵠毛，方十尺曰侯，四尺曰鵠也。”望物。九卿佐三公，三公佐天子，（天子）[⑤] 踐位，諸侯各以其局[⑥]就位，執弓挾矢，履物以射。”

《易通卦驗》曰：“驚蟄，雷電[⑦]，候鴈北。鄭玄曰：“電者，雷之光，雷有光而未發聲。”晷[⑧]長八尺二寸，赤陽雲出翼，南赤北（白）[⑨]。驚蟄於坎值上六，得巳氣。巳，火也，故南赤。又得巽氣，故北白。春分，明庶風至，雷雨行，桃華[⑩]，日月同道。明庶，昭達庶物之風。雷雨，所以解釋孚甲。日月一分，則同道也。

---

① 所，内閣本、古逸本作“取”，考證本改“取”爲“所”。實，尊本、内閣本均作“賨”，古逸本、考證本作“實”。今按，《大戴禮記・夏小正》正作“豆實”，據正。

② 戴，尊本、内閣本作“載”，據古逸本、考證本改。今按，《大戴禮記》有《虞戴德》。

③ 云，尊本、内閣本、古逸本作“三”，考證本校改爲“遂”，但“遂”與“三”字形相差甚遠。今按，據《玉燭寶典》引書文例，“三”當爲“云”字之誤。

④ 按，《周禮・冬官・考工記》“梓人”“張皮侯而棲鵠，則春以功”。

⑤ 天子，尊本、内閣本、古逸本不重“天子”，此依考證本據《大戴禮記・虞戴德》補。

⑥ 局，尊本、内閣本、古逸本作“局”，乃“局”之異體字，考證本據《大戴禮記・虞戴德》校改爲“屬”。

⑦ 楊劄：“今本脱‘電’字。”

⑧ 晷，尊本、内閣本作“晷”，古逸本、考證本校改爲“晷”，是。下同。

⑨ 白，尊本、内閣本脱，據古逸本、考證本補。

⑩ 華，内閣本、古逸本、考證本作“花”，楊劄：“今本作‘桃始花’，《藝文類聚》作‘桃李花’。”

晷長七尺二寸四分，正陽雲出張，如積白鵠[①]。”春分於震值初九。初（九）[②] 在辰，震爻也，如積鵠之象也[③]。《易通卦驗》曰：“震，東方也，主春分，日出青氣出直震，此正氣也。氣出右，萬物半死；氣出左，蛟龍出。”鄭玄曰：“春分之右，雨水之地；左[④]，清明之地。雨水之時，物未可盡生，故半死。辰為龍，震氣前，故見蛟龍類者。”《詩紀歷樞》曰：“卬者，質也，陰質陽。”《詩推度灾[⑤]》曰：“節分於天保，微陽改刑。”宋均：“節分謂春分也，榆莢落，故曰改刑也。”《尚書考靈曜》曰：“以仲春、仲秋晝夜分之時，光條照四極，周經凡八十二萬七千里日光接，故曰分寸之晷，代天氣生。”鄭玄曰：“晷以分寸增減，陰陽修而消息，生萬物也。”《尚書考靈曜》曰：“仲春一日，日出於卯，入於酉，柳星一度中而昏，斗星十三度中而明。”《春秋元命苞》曰：“壯於卯。卯者，茂也。宋均曰：“至卯，益壯茂也。”夾鍾者始俠，謂遊俠之俠，言壯健之也。”《春秋元命苞》曰：“木生火，火為子，子為父候，故《書》曰：‘日中星鳥，以殷仲春。’宋均曰：“鳥，朱鳥也，火宿也。火為木子，主候時，故木用事而朱鳥昏中也。殷猶當也。仲春，春分之月。”木之為言觸也，氣動躍，故其立字八推十者為木。

---

① 尊本、内閣本“白”字前有“如”字，楊刳：“下‘如’字疑衍，《古微書》作‘如積白鵠’。”據古逸本、考證本删。

② 九，尊本、内閣本、古逸本無，考證本依《七緯》補“九”字。今按，據前後文當補。

③ 象也，尊本、内閣本作“震邑”，今依古逸本、考證本據《七緯》校改爲“象也”。

④ 左，尊本、内閣本作“在”，據古逸本、考證本改。楊刳：“今本‘在’作‘左’。”

⑤ 灾，内閣本作“交”，古逸本、考證本作“災”。灾、災異體字。

八者，陰之，合十者，陽數足[①]。言陰含陽起十之法。"含猶脩也，極也，故風八而周，陽起扵一至十，而五行、陰陽成，故曰足。既脩又[②]足，故能觸土出物，共成木用事之法也。《春秋説題辝》曰："禾者，生扵仲春，以八（月）[③] 成嘉，得陰陽宜，適三時節和，陽精斗性，得秋之宜。"宋均曰："春，春分之時，謂二月也。八月，秋分時也。春分種，至秋分而成嘉禾，故曰得陰陽之宜也。三時者，歷夏也。陽斗性，言法陽成扵三也。得秋之宜，得收成之氣而成之者也。"《春秋潛潭[④]巴》曰："鳥星昏中，以殷中春，宋均曰："時候然也。殷猶當也。"精霊威仰。"《春秋佐助期》曰："恒星者，列星也。周四月，夏二月也。昏鳥星中，夏宿注張位，為春候。"宋均曰："為春候，故仲春而鳥星中也。"《孝經援[⑤]神㓞》曰："春分，榮華出。"宋均曰："木謂之華，草謂之榮。"《孝經援神㓞》曰："斗指卯，鳥星中，春分序，趣種禾，事墾桑。"宋均曰："鳥星注張也。序，序列用事也。桑，生於夏，春豫墾，和其田。"

《尒雅》曰："二月為如。"李巡曰："二月，万物戴[⑥]甲負荸，其性自如也，故曰如。"孫炎曰："万物皆生，如其性也。"《尚書大傳》曰："元祀岱太山，貢兩佰之樂焉。鄭玄曰："元，始也。歲二月東巡狩，始祭岱，柴扵太山。東稱岱。《書》曰：'至於岱宗，

---

① 按，《太平御覽》卷九五二引《春秋元命包》曰："木之為言觸也，氣動躍也，故其字八推十為木，八者陰，合十者陽數。"

② 又，尊本、内閣本、古逸本、考證本作"人"，據文意改。

③ 月，尊本、内閣本脱，據古逸本、考證本補。今按，據下文注釋，當有"月"字。

④ 潭，尊本、内閣本作"澤"，形近而誤，據古逸本、考證本改。

⑤ 援，尊本、内閣本均作"授"，形近而誤，據古逸本、考證本改。下同。

⑥ 戴，尊本、内閣本作"載"，據古逸本、考證本改。

柴。'" 東嶽，陽佰之樂，舞《株[1]離》，其歌聲比余謡，名曰《晳陽》。陽伯，猶言春伯，春官秩宗也，伯夷掌之。《株離》，舞曲名也，言象物生離根株也。徒[2]歌謂之謡。其聲清濁比余謡，然後應律。晳當為析[3]，"春厥民析"。晳[4]楊，樂正所定也。儀伯之樂，(舞)[5]《饕刃張反也。哉》，其歌聲比大[6]謡，名曰《南陽》。" 儀當為羲伯，羲仲之後。饕，動貌也。哉，始也。言象應雷而動，始出。南，任也[7]。

《史記·律書》曰："夾鍾，言陰陽相夾廁。"《淮南子·時則》曰："仲春之月，招揺指卯。二月官倉，其樹杏。" 高誘曰："二月興農播槃，故官倉也。杏有竅在中，象[8]陰在内陽在外也。是月陽氣布散在上，故樹杏。"《淮南子》曰："二月之夕，女夷皷哥，高

---

① 株，尊本、内閣本作"林"，據古逸本、考證本改。今按，下文注釋正作"株離"。

② 徒，尊本、内閣本均作"從"，據古逸本、考證本改。

③ 晳當為析，尊本、内閣本作"晳當為折"，據古逸本、考證本改。下文同。

④ 晳，尊本、内閣本脱，據古逸本、考證本補。

⑤ 舞，尊本、内閣本脱，古逸本、考證本補"舞"字。今按，《玉燭寶典》引《尚書大傳》文例亦當有"舞"字，《尚書大傳》原文有"舞"字，據補。

⑥ 大，尊本、内閣本作"夫"，古逸本、考證本作"大"。今按，《尚書大傳》正作"大"字，據改。

⑦ 按，此段注文中訛脱較多。羲、貌，尊本、内閣本分别作"義""狼"，古逸本、考證本校作"羲""貌"；又"任"字，尊本、内閣本作"住"，古逸本校改爲"隹"，考證本校改爲"任"。今按，《儀禮通解續》引《尚書大傳》注釋中此三字正作"羲""貌""任"，據正。又，楊劄："今本作'始出見也'。" 考證本據《尚書大傳》在"始出"後補"見也"二字，可從。

⑧ 楊劄："今本'象'下脱十一字，《御覽》引與此合。"

誘曰："女夷，天帝之女，下司時和[①]，春陽嘉樂[②]，故鼓樂。"以司天和，以長百槩禽獸草木。"《淮南子·主術》曰："先王之制，四海之雲至而修封壃；高誘曰："春分[③]之後，四海出雲。"許慎曰："海雲至，二月也。"蝦蟇鳴，鷰降，而通路除道矣[④]。"許慎曰："鷰降，二月也。"《白虎通》曰："二月律謂之夾鍾何？夾者，萬物孚（甲）[⑤] 種類分之也。"《異物志》[⑥] 曰："高魚[⑦]跳躍，則蜥蜴從草中下，稍相依近，便共浮水上而相合。事竟，魚還水底，蜥蜴還草中[⑧]。常以二月共合。食魚胎[⑨]則煞人，稟蜥蜴之氣。"今案《尔雅》蜥蜴在《釋魚篇》，當以其種類交合也。

---

① 和，尊本、内閣本、古逸本作"知"，考證本校改爲"和"，校記曰："舊'和'作'知'，今依《御覽》改。"今按，《太平御覽》卷八三七《百穀部一》引《淮南子》此段，高誘注正作"和"字，據改。

② 嘉樂，尊本、内閣本同，古逸本改作"嘉興"，考證本據《太平御覽》引改作"喜樂"。此不煩改。

③ 春分，楊劄："今本高注作'立春'。"

④ 楊劄："今本'通'作'達'，無'矣'字。"

⑤ 甲，尊本、内閣本脱，古逸本、考證本補人。今按，《白虎通·五行》作"夾者，孚甲也。言萬物孚甲，種類分也。"考證本還在"者"後補"孚甲也言"四字。此可不補。

⑥ 楊劄："《太平御覽》引作曹叔雅《異物志》。"今按，《太平御覽》卷九四六《蟲豸部三·守宫》引曹叔雅《異物志》曰："魚跳躍，則蜥蜴從草中下，稍相依近，便共浮水上而相合。事竟，魚還水底，蜥還草中。"

⑦ 高魚，各本均作"魚高"。今按，《太平御覽》九四〇《鱗介部》"高魚"條下引《異物志》内容與此相近，卷九四六《蟲豸部三·守宫》引曹叔雅《異物志》只作"魚跳躍"，據改。

⑧ 楊劄："《御覽》引至'草中'止。"

⑨ 胎，尊本、内閣本、古逸本、考證本均作"昭"，文意難通，定有訛誤。考證本校云："'昭'疑'腸'字之訛"，亦未確。今按，《太平御覽》卷九四〇《鱗介部十二·高魚》引《異物志》曰："高魚與鱒相似，與蜥蜴於水上相合，常以三二月中，有雌而無雄。食其胎殺人。"可知"昭"乃"胎"字之訛，據改。

崔寔《四民月令》曰："二月祠太社之日，薦韭、卵于祖禰[①]。前期齊饌、掃滌，如正祀焉。其夕又案家薄，饌祠具，厥明，扵冢上薦之。其非家良日，若有君命他急，莁釋冢祀日。是月也掃，元日可結婚，順陽習射，以倫不虞。虞，度也，度猶意，以倫寇[②]賊不意之變。陰凍畢澤，可菑美田、緩土及河渚小處。勸農使者汜勝之法。可種植禾、大豆、苴麻、麻之有實者為苴也。胡麻。春分中，雷且發聲，先後各五日，寢別外内。《月令》曰："雷且發聲，有不戒其容止者，生子不倫。"蚕事未起，命縫人浣冬衣，徹復為袷。今案《字林》曰："袷，衣無絮也。工洽反。"其有羸[③]帛，遂為秋製。是月也，榆莢成，及青收，乾以為旨蓄。旨，美；蓄，積也。司部收青莢，小蒸，曝之[④]，至冬至以釀羹，滑香，宜養老。色變白[⑤]，將落，可收為醬音牟。醬、醶音須。醬，皆榆醬者。隨節早晏，勿失其適。曰是月盡二月，可掩樹[⑥]枝理樹根枝，去中，令生二歲以上，可移種之。可種地黄，及采桃花、茜，及括摟、土

---

① 禰，尊本、内閣本、古逸本均作"襧"，襧爲古代之祭祀，"祖襧"不辭；考證本據《初學記》校改爲"禰"。今按，《初學記》卷三《歲時部・春》引《四民月令》正作"禰"，據正。

② 寇，尊本、内閣本同，古逸本、考證本作"寇"，均爲"寇"之異體字。

③ 羸，尊本、内閣本作"羸"，古逸本、考證本作"羸"。今按，《齊民要術》卷三〇引作"羸"。

④ 小蒸曝之，尊本、内閣本、考證本作"小蒸之異去"，古逸本校改爲"小蒸曝之"。今按，《齊民要術》卷五《種榆、白楊第四十六》引崔寔曰"小蒸曝之"，古逸本當是據此而改，可從。疑傳抄時"曝"字誤拆分成"異去"，又與"之"字顛倒位置而致誤。

⑤ 白，尊本、内閣本作"自"，古逸本、考證本作"白"。考證本校云："舊'白'作'自'，今依《齊民要術》改"，是。今按，《藝文類聚》卷八八《木部上・榆》引崔寔《四民月令》亦作"白"。

⑥ 尊本、内閣本、古逸本均重"樹"字，考證本據《齊民要術》所引以爲當衍一"樹"字，删，據改。

瓜根。其濱山可采烏頭、天雄、天門冬，可糴粟、黍、大小豆、麻、麥子。收薪炭，玄鳥巢，刻塗墉。”茜，染絳草也，音倩。

正説曰：

案《尒雅》：“榮螈、蜥蜴、蝘蜓，守宮。”[①]《音義》云：“螈音原，或作蚖，兩通。蝘音焉典反，蜓音殄。”犍為舍人注：“螈字下長加一黿字，釋云榮螈名黿。蜥蜴，蜥蜴又[②]名蝘蜓，蝘蜓又名守宮也。”李巡云：“榮蚖一名蜥蜴，蜥蜴一名蝘蜓，蝘蜓一名守宮，皆分別一物二名也，唯轉螈為蚖。”孫炎云：“別四名。”一本云：“轉相解，博異語。”[③]《史記》“龍漦夏庭，卜藏於櫝，周厲王菝而覩之，化為玄黿”，《史記》《國語》皆作黿字[④]。計黿鼈之黿，非入宮之物，常以為疑。唯韋昭所注《国語》一本云“化為玄蚖”，昭解云“蜥蜴類”。《楊子法言》云：“龍蟠于泥，蚖其肆矣”，即是此虫。李軌《同異志》云“或作黿”，黿黿、蚖音義無異，復似兩通。《詩・小雅》：“哀今之人，胡為蚖蜴？”毛傳云：“蜴，螈也。”劉歆《尒雅注》“榮螈”下云“龍漦化為玄螈”，并引《詩》“胡為蚖蜴”傳解。既云“蜴，螈”，明有單呼蚖者，便以上字為虺。劉向《五行論》云：“漦化為玄螅，入[⑤]王後宮。漦盖血也。漦及玄螅，似龍虵之孽。”引《詩》“惟螅惟虵，女子之祥”。案《尒雅》

---

① 《爾雅・釋魚》：“蠑螈，蜥蜴。蜥蜴，蝘蜓。蝘蜓，守宮也。”

② 又，尊本、内閣本作“人”，據古逸本、考證本改。下同。

③ 楊劄云：“六字是郭注。”

④ 《史記・周本紀》：“昔自夏后氏之衰也，有二神龍止于夏帝庭而言曰：‘余，褒之二君。’夏帝卜殺之與去之與止之，莫吉。卜請其漦而藏之，吉。於是布幣而策告之，龍亡而漦在，櫝而去之。……及厲王之末，發而觀之，漦流於庭，不可除。……漦化為玄黿，以入王後宮。”《國語・鄭語》：“夏之衰，有二神龍止于王庭。夏後卜殺之與去之與止之，莫吉。卜請其漦而藏之，吉。及周厲王之末，發而觀之，漦流於庭，化為玄黿。後宮童妾遇之而孕，生褒姒。”

⑤ 入，尊本、内閣本作“人”，據古逸本、考證本改。

“螝，蛹。”犍為舍人注云：“螝名蛹，今蚕也。”李巡云：“蚕蛹一名螝。”郭[①]璞亦云“蚕踊。”螝音竈，一音潰，便不相干。《詩》内虺字，乃無虫旁加鬼，未詳劉氏據何文證。歆、向父子舊有異同之論，螝、蚖二義，莫知所從。且《尒雅》别有蝮虺，《詩》本悉作虺字，不得強變為蚖。歆《女傳·哀似傳》“化為玄蚖”，復作蚖字，与《五行論》不同，曹大家猶依黿字而解。《方言》：“秦晉、（西[②]）夏謂之守宫，或謂之蘆蝘，或謂之蝌[③]蜴，在澤中者謂之蜴易，音析。南楚謂之虵醫，東齊謂之蝂蝛。”郭注云：“似蝌蜴而大，有鱗，今所在通言虵醫耳。斯、侯兩音。”“北燕謂之祝蜒。桂林之中，守宫大者能鳴，謂之鴿解[④]。”郭注：“拒[⑤]，身有鱗采，屈尾。江東人呼為蛤蚖，音頭頷[⑥]，汝潁人直為鴿，音郭，鶉鷂，言解聲誤。”[⑦]《考工記》“以匈鳴者，小虫之属”，鄭注：“匈鳴，榮螈属，有似能鳴。”《説文》釋“蚖”云：“榮蚖，虵醫，以注鳴者。從虫元聲。”釋“蝘蜓”云：“在壁曰蝘蜓，從虫匽聲，從虫延聲，在草曰蜥蜴。”又釋“易”云：“易，蜥易，蟺蜓；蟺蜓，守宫也。象形。凡易之属皆從易。”《本草經》：“石龍子，一名

---

① 郭，尊本、内閣本作“廓”，據古逸本、考證本改。

② 西，尊本、内閣本脱，今依古逸本、考证本據《方言》補入。

③ 蝌，内閣本作“蝌”，古逸本、考證本據《方言》校改作“蜥”。今按，《龍龕手鑑》卷一《虫部》有“蝌”字，爲“蜥”之異體字。

④ 楊劄云：“今本同《御覽》引作‘蛤蟹’。”

⑤ 拒，尊本、内閣本同，古逸本、考證本作“短”。《龍龕手鑑·手部》：“拒，不長也。”《廣韻·緩韻》：“拒”，同“短”。

⑥ 頷，尊本、内閣本作“領”，據古逸本、考證本改。今按，《方言》卷八“守宫”條作“頷”。

⑦ 此句疑有訛誤。楊劄云：“今本《方言》作‘鶉音解，誤聲也’”，《方言》卷八郭璞注：“似蛇醫而短，身有鱗采。江東人呼為蛤蚖，音頭頷，汝潁人直名為蛤鶉，音解，誤聲也。”俟考。

蜥蜴，一名山龍子，一名守宫，一名蜴。”《集注》又云：“其類有四種，既以大小形色為異，故復增多。”雖則淺近，頗有據驗，捻諸家可説，韋昭為得之大體，實是一類之虫，但在人家及在田野微異，故許慎有壁、草之殊。《毛詩魚虫疏》云：“鼉形似水蜥蜴”，然則又有在水者。《周官》正文“以匈鳴者榮螈属，以注鳴者精列属”，許慎乃形①於“蚖”下引以注鳴，是其忘誤。今驗此虫在家者，身麁而短，走遲，北人呼為蠍虎，即是守宫；在野者，身細而長，走无疾，南士名為虵師，即是蜥蜴。東方朔射覆②云：“非守宫，即析蜴。”當據此為異耳。《淮南萬畢術》云：“取守宫，食以丹，陰乾，傅女身，有陰陽事則脱，故曰守宫。”《尒雅》已有此名，便其來已久。《説文》作蝘蜓，又作蟺蜓③，似與“祝蜓”相狀④，竟無蜓字。還案《説文》“蟺，宛蟺也，從虫亶聲”。《字林》：“蜿蟺，丘蚓也，音善。蚰蜒，入耳也。”自是别虫，非閑所云蜥蜴。方俗不同，物名互⑤起，蜥析⑥古今雜體，二字並通。榮螈或宜稱螈，異本作蚖，蜥蜴或宜稱蜴，象形為易。雖繁省、單複不同，其義一也。案虫旁易字兼有兩音，《毛詩》“虺蜴”及《方言》“蜥蜴”下並作“錫”音，《尒雅》“蝀蜴”乃作“易”音，

---

① 形，考證本校云：“‘形’字疑訛。”

② 楊劄：“《御覽》引三條皆有異同，無‘食以丹’之説。”射，尊本、内閣本均作“躰”，據古逸本、考證本改。覆、覆，異體字。

③ 此句中，“蝘蜓，蟺蜓”尊本、内閣本均作“蟺蜓”，古逸本校改爲“《説文》作蝘蜓又作蟺蜓”，考證本校改爲“《説文》作蟺蜓又作蝘蜓”。此據古逸本。

④ 狀，尊本、内閣本作“扗”，古逸本、考證本作“扶”，楊劄云：“‘扶’字疑誤。”今按，“扗”疑當爲“狀”的訛字，相狀即相似之義。

⑤ 互，尊本作“𠀋”，内閣本作“𠀋”，古逸本作“互”，考證本作“平”。今按，“𠀋”是“互”的俗字，敦煌遺書中習見。

⑥ 蜥析，尊本、内閣本作“蜥蜥”，考證本校云“案‘蜥蜥’一當作‘析’”，是。此據古逸本改。

《説文》單易象形，盖得其大體，後人加之以虫，遂同一字耳。

附説曰：

《孔子内備經》云："震爻動，則知有佛。"《大涅盤》云："如旃檀林栴檀圍繞，如師子王師子圍繞。"又云："稽首佛足百千万匝。"今人以此月八日巡城，盖其遺法矣。魏代踵前，於此尤盛，其七日晚所司預奏早開城門，過半夜便内外俱起，遍滿四墎。《大涅槃》又云："諸香木上懸五色幡采，微妙猶如天衣"，"種種名華外書花字。以散樹間[①]"，"四方風神吹諸樹上時非時華散雙樹間"。《法花[②]經》云："或以歡憘心，歌唄頌佛德"，又云"雨栴檀沉香，繽紛而乱墜，如鳥飛空下，供養於諸佛。衆寶妙香鑪，燒無價之香。"《華嚴經》云："雨天衆寶花，雰雰[③]如雪下。"是日尊儀輦輿並出，香火竟路，幡花引前，寺别僧尼，讃唄隨後。此時花樹未甚開敷，去聖久遠，力非感降其花，道俗唯刻鏤錦綵為之。漢王符為《潛夫論》已言花綵之費，晉范汪集《新野四居别傳》云"家以剪佛華為葉"，其來盖久。《荊楚記》云："謝靈運孫名茲藻者為荊府諮議，云今世新花並其祖靈運所制。"似是花樹之色。南北異俗，或不必同，圍繞乃是常事。八日獨行者，當以佛云："却[④]後三月，吾當涅盤"，將欲滅度，涅盤時到，戀慕特深。《菩薩處胎經》云"佛以二月八日生"，轉法輪、降魔、涅盤皆同此日。《過去現在因果經》亦云佛以二月八日生，或復由此。

---

① 間，尊本、内閣本、古逸本、考證本作"開"，據《大涅槃經》改。樹，内閣本、古逸本作"樹"，異體字，下同。

② 花，内閣本、古逸本、考證本作"華"。

③ 雰雰，尊本、内閣本、古逸本均作"而芬々"，有誤。今按，東晉佛馱跋陀羅譯《華嚴經》卷二五作"雰雰如雪下"，可知'雰'字誤抄作"而芬"。今據《華嚴經》改。

④ 却，尊本、内閣本、古逸本、考證本作"劫"，今按釋法顯等譯《大般涅槃經》卷上作"却後三月，當般涅槃"，據改。

其命民社，案《三禮圖》社皆有樹，《莊子》云："匠石之齊，見櫟社樹，其大蔽牛。"《博物志》云："子路与子夏至一社，其樹有鳥，子路搏而取之，社神牽攣不得去。子貢說之，乃止。"晉世阮宣子云："若社為樹，伐樹則社亡。"張花《朽社賦[1]序》曰："高栢橋南大道旁有古社槐樹，蓋數百年木也。余少居近之，後行路過之，則已朽株。齊士槁柴棄路，聊為賦，述盛衰之理。其賦曰：伊茲槐之挺殖，于京洛之東隅，得託尊于田主，據爽塏以高居。"王廙《春可樂》云："告辰兮上戊，明靈兮惟社，百室兮必集，祈社兮樹下"，並其事也。

此月民並種戒火草於屋上。《白澤圖》云："火精為宋無忌，《春秋》謂之'回禄'。"《黄石記》則曰"許咸池"。《廣志》會草有戒火草。四時皆須戒火，獨於此月種草者，《周官》司烜氏"仲春以木鐸脩火禁于國中"注云："為季春將出火，又以種殖之時。"今世名慎火草，不須根，唯擿心而種便生，故云。生或在垣墻。

鷰始來。《小正》云："降鷰古字多作燕，不著鳥也。乃睇。"《周書》云："春分之日，玄鳥不至，婦人不震。"《月令》云："玄鳥至之日，以大牢祀于高禖。"鄭玄注云："鷰以施生時來巢堂宇，而孚乳嫁娶之像也，媒氏之官以為候。高辛氏之世，玄鳥遺卵，娀簡吞之生契，後王以為禖官，嘉祥立其祀。"案《吕氏春秋》[2]："有娀氏有二佚女，為之九成臺，飲食必以鼓。帝令鷰往[3]，夜鳴嗌嗌，二女愛而爭搏之，覆以玉筐，發而視之，鷰遺二卵，飛遂不

① 賦，尊本、内閣本作"賊"，誤，據古逸本、考證本改。
② 此段見《吕氏春秋·季夏紀·音初》。
③ 古逸本、考證本據《吕氏春秋》于"往"字後補"視之"二字。

反。二女作歌一終，曰‘鷰（鷰[①]）徃飛’，實始為北音。”《列女傳》云：“蕳狄者，帝嚳次妃，有娀之女，与妹娣浴於玄丘之水，有玄鳥銜卵而墜，五色甚好，相与競取之。蕳狄得而吞之，遂生㓞。”《京房易占》云：“見白鷰于邑，其君且得貴女。”《荊楚記》云：“婦人以一雙竹著擲之，以為令人有子，盖其遺俗。”《古今注》云：“鷰，一名天女。”傅咸《鷰賦》云：“有言鷰今年巢此，明歲復來者扵此[②]，其將逝，剪爪識之，其後果至。”盧諶《鷰賦》云：“斗建午而子指，日在戊而役憩[③]。雖羽毛之光澤，匪允用扵瑓□[④]；雖肌膚之絜鮮，匪偹味扵俎案。虞人見而收羅，鷙鳥覩而斂翰，在扵才不才之間，處扵用無用之畔，頗亦有異眾鳥。”

其婚禮，《小正》云：“綏多女士，冠子取婦之時。”《周[⑤]官》“仲春令會男女”，鄭玄唯應據此為義，而《聖證論》云：“鄭氏以二月為嫁娶之時，謬也。詳尋其時，古人皆以秋冬，《詩》曰[⑥]‘東門之楊，其葉牂牂。’毛曰：‘男女失時不逮，秋冬也。’孫卿曰：‘霜降送女，冰泮殺止。’董仲舒曰：‘聖人以男女陰陽其道同類天道，向秋冬而陰氣來，向春夏而陰氣去。故古人霜降而送女，冰泮而煞止，與陰俱近，與陽遠也。’《詩》云：‘將子無怒，秋以為期。’《周官》仲春令會男女之無夫家者，扵是時也，奔者不禁，則婚姻之期，盡此月矣，故急期會也。”董勛《問禮俗》云：“《周

---

① 鷰鷰，尊本、内閣本、古逸本均不重“鷰”字，考證本據《吕氏春秋》增補一“鷰”字，可從。

② 此句，《藝文類聚》卷九二《鳥部下·鷰》引作“有言鷰今年巢在此，明歲故復來者”。

③ 此句，《藝文類聚》卷九二《鳥部下·鷰》引作“日在戊而後憩”。

④ 尊本、内閣本、古逸本、考證本均脱一字。

⑤ 周，尊本、内閣本均誤作“用”，據古逸本、考證本改。

⑥ 詩曰，尊本、内閣本均作“時日”，據文意校改。

禮》仲春奔者不禁，謂不備禮而行，非謂淫泆奔者，如姪娣不娉之例。”《家語》[1] 曰：“霜降而婦功成，婚娶者行焉；冰泮而農桑起，婚禮殺於此焉。”束皙論婚姻時云：“鄭氏以為必以仲春，王氏以為秋冬，案《春秋》魯女出嫁、夫人來歸，自正月至十二月悉不以失時為褒貶，則婚姻通年之事，何限仲春，何繼季秋？而各守一隅，以相非哉。《桃夭篇序》蓋謂盛壯之時，而非日月之時也，故‘灼灼其花’喻以年盛，毛、鄭皆用桃夭之月。其次章云‘有蕡其實，之子于歸’，此豈復在仲春乎？注曰：‘夏之向晚，待冰未泮，正月以前也；草虫喓喓，末秋之時也。’《周禮》仲春會男女，蓋一切相配之合，而非常婚之節也。”

去冬至一百五日，謂為寒食之節。《荊楚記》云：“疾風甚雨，今亦不必然也。”魏武《明罰令》云：“聞太原、上黨、西河、鴈門冬至後一百有五日皆絶火寒食，云為介子推。夫子推，晉之下士，無高世之德。子胥以直亮沉水，吴人未有絶水之事，至於子推，獨為寒食，豈不偏乎[2]？云有癈者，乃致雹雪之灾，不復顧不寒食，鄉亦有之也。漢武時京師雹如馬頭，寧當坐不寒食乎？且北方沍寒之地，老小羸弱，將有不堪之患。令書到，民一不得寒食。若有犯者，家長半歲刑，主吏百日刑，令長奪俸一月。”范曄《後漢書》云：“周舉遷并州刺史。太原一郡舊俗以介子推焚骸，有龍忌之禁，至其亡月，咸言神靈不聽舉火。舉移書於子推廟，乃言冬[3]中寒食一月，老小不堪，今則三日而已。”今世常於清明節前二日斷火。

---

① 見《孔子家語·本命解》。

② 乎，尊本、内閣本、考證本作“号”，古逸本作“乎”。今按，《太平御覽》卷八六九引魏武帝《明罰令》作“乎”，據改。

③ 冬，尊本、内閣本、考證本同，古逸本作“春”。今按，《初學記》卷四《歲時部下·寒食》引《琴操》作“春”。

《琴操》云："晉重耳与介子綏[①]推、綏聲相近也。俱遁山野，重耳大有飢色，綏割其腓股以啖重耳。重耳復國，子綏獨無所得，甚怨恨，乃書作龍蛇之歌以感之，曰：'有龍矯矯，遭天譴怒，惓逃鱗甲，來遁[②]于下，志願不得，与蛇同伍。龍蛇俱行，周遍山野，龍遭飢餓，蛇割腓股。龍行升天，安其房户，蛇獨抑摧，沉（滯泥土。仰）天怨望[③]，惆悵悲苦，非樂龍位，恠不眄顧。'文公驚寤，即遣追求，得於荊山之中，使者奉節還之，終不肯聽。文公曰：'燔左右木，熱當自出。'乃燔之。子綏遂抱木而燒死，文公流淚交頸，令民五月五日不得發火。"諸書皆言冬至後百有五日，此獨云五月五日，意以為疑。孫楚《祭子子推文》云[④]：楚即太原人，字子荊。"黍飯一槃，或作米飯。醴酪二盂，清泉白水，充君之廚。"陸翽《鄴中記》云："并州之俗，以冬至後百五日為[⑤]介子推斷火，冷食三日，作干粥，是今糗也。中國以為寒食，又作醴酪。醴，煑粳米或大麦作之。酪，擣杏子人，煮作粥[⑥]。"今世悉作大麦粥，

① 綏，尊本此處作"經"，後文作"綏"，内閣本全誤作"經"，古逸本、考證本俱不誤。今按，《藝文類聚》卷四《歲時中·五月五日》、《初學記》卷四《歲時部·寒食》引《琴操》俱作"介子綏"。

② 遁，尊本、内閣本、古逸本作"道"，今依考證本校改。

③ 尊本、内閣本、古逸本作"沉天怨望"，當脱一句，考證本以爲據《琴操》當增"滯泥土仰"四字，極是。

④ 云，尊本、内閣本、古逸本作"公"，考證本校改爲"云"，是。

⑤ 為，尊本、内閣本、古逸本作"有"，考證本據《初學記》引文校改作"為"，可從。

⑥ 煮作粥，尊本、内閣本作"渚作"，古逸本、考證本校改爲"煮作粥"。今按，《初學記》卷四《歲時部下·寒食》引陸翽《鄴中記》作"煮作粥"，據正。

研杏人為酪，别者一餳[①]沃之也。《晉太康[②]地記》云："河東汾陰縣介山在南，介子推匿此山，又号介山也。"案《史記》："介子推自隱，文公賞從亡，推不言禄，禄亦不及。從者憐之，乃縣書宫門曰：'龍欲上天，五虵為輔。龍已升雲，四虵各入其守，一虵獨怨，終不見處所知。'文公出，見其書，曰：'此介子推也。吾[③]方憂王室，未啚其功。'使人召之，則亡。遂求所在，聞其入綿上山中，扵是環綿上山中而封之，以為介子推田，號曰介山。"《春秋傳》云："且出怨言，不食其食。其母曰：'亦使知之，若何？'推曰：'言，身之文也，身將隱，焉用文之？'其母曰：'能如是乎，与汝皆隱。'遂隱而死。晉侯求之，不得，以綿上為之田，曰：'以志吾過，且旍[④]善人。'"並無割股、被燔之事。《離騷·九章》云："介子正而立枯，文君寤而追求。"王逸注云："文公出奔，介子推從行。道乏糧，介子割腗以食文公。後文公得國，賞諸從行者，失忘子推。子推遂逃隱介山。文公覺寤，追而求之，遂不肯出。文公囙燒其山，子推枹樹而死，故言'立枯'也。"又"封介山而為之禁，報大德之優遊。思久故之親身，囙縞素而哭之"。注云："文公遂以介山之民封子推，使祭祠之。又禁民[⑤]不得有言燒死，以報其德，優遊其魂霊。思子推親割其身，恩義尤篤，囙為變服，悲而

---

① 餳，尊本、内閣本、古逸本作"錫"，考證本據《初學記》校改爲"餳"。今按，《初學記》卷四《歲時部下·寒食》引《玉燭寶典》曰："今人悉為大麥粥，研杏仁為酪，引餳沃之。"據正。

② 康，尊本、内閣本作"庚"，據古逸本、考證本改。

③ 吾，尊本作"五"，據内閣本、古逸本、考證本改。

④ 旍，尊本、内閣本、古逸本同，考證本作"旌"。楊劄云："'旍'恐'旌'。"今按，旍、旌，異體字。

⑤ 民，尊本、内閣本作"亡"，古逸本、考證本作"民"。今按，《楚辭·九章·惜往日》王逸注正作"民"，據改。

哭之。"《七諫》云："推割宍而食君，德日忘而怨深。"《列仙傳》云："介推与母入介山，文公遣數千人以玉帛禮之，不出。後世見在東海邊賣扇復數十年，便似不死。"《異菀[①]》云："子推不出，文公求之，終抱木燒死。公撫木哀歌，伐而制屐。每[②]懷割股之恩，輙流涕視屐，日悲乎足下。"悲乎足下之言，將起扵此乎？亦未知所據。

案《禮》春有韭卵之饋，曰寒食絶爨，遂供膳著。此節，城市尤多鬪鷄鬪卵之戲。《春秋》季、郈鷄鬪，延及魯邦，魏陳思王有《鬪鷄表》云"預列鷄場"，後代文人又有鬪鷄詩賦。古之豪家，食稱畫[③]卵，今世猶染蓝蒨雜色，仍加雕鏤，迯相餉遺，或置盤俎。《管子》云："雕燎然後灼之，雕卵然後瀹[④]之，所以發積藏，散万物。"夏侯湛《梁田賦》云："熬荼瀹卵。"嵆含《鷄賦》云："既春卵之廌脩。"便是滋味補益。《山海·大荒西經》云："有沃之國，沃人是處。沃之野，鳳鳥之卵是食。"或當霊異所産，《括地圖[⑤]》云："羽飛不遠，多鸞鳥食其卵。"與鳳義同。崔[⑥]駰《七依》云"丹山鳳卵"，劉損《清慮賦》云"瀹鳳卵"，此非平常可得之物，皆恣作者大言。《韓詩章句》云："'夏如沸羹'，夏祭日沸羹爚麦，

① 菀，内閣本、古逸本、考證本作"苑"。今按，"菀"通"苑"。《管子·水地》："地者，萬物之本原，諸生之根菀也。"《漢書·王嘉傳》："詔書罷菀，而以賜賢二千餘頃，均田之制從此墮壞。"顔師古注："菀，古苑字。"

② 每，尊本、内閣本作"無"，據古逸本、考證本改。

③ 畫，尊本、内閣本作"盡"，古逸本、考證本作"畫"。今按，《初學記》卷四《歲時部下·寒食》引《玉燭寶典》作"畫"，據改。

④ 瀹，尊本、内閣本作"濇"，訛字，據古逸本、考證本改。下同。

⑤ 圖，尊本、内閣本作"國"，據古逸本、考證本改。

⑥ 崔，尊本、内閣本作"雀"，古逸本、考證本作"崔"。今按，劉勰《文心雕龍·雜文》曰："崔駰《七依》，入博雅之巧。"

祭也。"《字訓》云:"瀹[1],爇菜也。弋灼反。"是則煮、爇[2]通有瀹[3]名。其字或草下,或水旁,或火旁,皆依書本。其鬪卵則莫知所出,董仲舒書云:"心如宿卵,為體内藏,似攄其胆",髣髴鬪理。

《淮南萬畢術》云:"二月上壬日,取道中土、井華水和塗蠶屋四角,則宜蠶,神名菀窳。"《搜神記》:"舊説太古時,有人遠征,家有一女,并馬一匹。女思父,乃戲馬:'尔能為我迎父,吾將嫁汝。'馬乃絶繮[4]而去,其父[5]乘之而還。女以告父,射煞馬,曝皮於庭。女足蹙之曰:'尔馬而欲人為婦,自取屠剥,何如?'言未竟,皮起卷女而行。後大樹枝間得女。及皮盡,化為蠶,績[6]於樹上。世謂蠶為女兒,古遺語也。"《山海·海外北經》云:"歐絲之野在大踵東,一女子方[7]跪樹歐絲。"郭注云:"噉桒而吐絲,盖蠶類。"或當曰此受名也。

玉燭寶典卷第二

---

① 瀹,尊本、内閣本作"淪",據古逸本、考證本改。

② 煮爇,尊本、内閣本作"渚執",據古逸本、考證本改。

③ 瀹,尊本、内閣本作"綸",據古逸本、考證本改。

④ 繮,尊本、内閣本作"僵",據古逸本、考證本改。

⑤ 其父,尊本、内閣本、考證本作"父父",古逸本校改爲"其父",可從。考證本校云:"'父'上恐有'迎'字。"楊劄云:"父恐衍。"

⑥ 績,尊本、内閣本作"積",古逸本、考證本作"績"。考證本校云:"舊'績'作'積',今依《齊民要術》改。"

⑦ 方,楊劄和考證本校語均云《山海經》"無'方'字"。

玉燭寶典卷第三[①]

三月季春第三

《禮·月令》曰："季春之月，日在胃，昏七星中，旦牽牛中。鄭玄曰："季，少也。季春者，日月會於大梁，而斗建辰之辰也。"律中沽洗[②]。季春氣至，則沽洗之律應。高誘[③]曰："沽，故也[④]，洗，新，是月陽氣養生，去故就新。"桐始華，田鼠化為鴽，虹始

---

① 尊本卷首背面和内閣本卷首均作"寳典第三"，此據古逸本、考證本。

② 沽洗，尊本、内閣本、古逸本均作"沽洗"，考證本作"姑洗"。今按，本卷後面引《淮南子·主術訓》《白虎通》亦作"沽洗"，考今本《禮記·月令》《淮南子·天文訓》《吕氏春秋·季春紀》等作"姑洗"，但古書中原本亦有作"沽洗"者，如《左傳·定公四年》"分唐叔以大路、密須之鼓、闕鞏、沽洗"，《藝文類聚》卷五《歲時部下·律》引《禮記》曰"三月律中沽洗"，盧文弨云"《説苑·修文篇》宋本俱作'沽洗'"。

③ 按，尊本本卷正文前三行下端均缺最後一個字，據内閣本、古逸本、考證本補"星""日""辰""高"字。

④ 尊本、内閣本、古逸本均作"沽，故□"，缺一字。今按，此高誘注乃是高誘對《淮南子·天文訓》注釋的内容，據之可知缺字爲"也"。

見，蓱始生。鴽，毋無也。螮蝀謂之虹。蓱，萍也，其大者曰蘋。高誘曰："萍，水藻也。"今案《詩義問》曰："虹見，有青赤[1]之色，青在上者，陰乘陽，故君子知以為式。"《文子》曰："天二氣即成虹也。"天子居青陽右个。青陽右个，東堂南偏也。是月也，天子乃薦鞠衣于先帝。為將蚕求福祥之助也。鞠衣，黄桒衣之服也。先帝，大皞之属。命舟牧覆舟，五覆五反，乃告舟脩具于天子焉，舟牧，主舟之官也。覆反舟者，脩傾漏也。天子始乘舟。薦鮪於寢[2]廟，進時美物。乃為麦祈實。於含秀求其成。生氣方盛，陽氣發泄，勾者畢出，萌者盡達，不可以内。時可宣出，不可收斂也。勾，屈生者也。芒而直曰萌。天子布德行惠，命有司發倉稟，賜貧窮，振乏绝，振猶救也。開府庫，出幣帛，周天下，勉諸侯，聘名士，禮賢。周謂給不足也。勉猶勸也。聘，問也。名士，不仕也。命司空曰：'時雨將降，下水上騰，循[3]行國邑，周視原野，脩利隄坊，導達溝瀆，開通道路，無有鄣塞。廣平曰原，國也，邑也，平野也。溝瀆與[4]道路皆不得不通，所以除水潦也。（田獵罝）[5] 罘、音浮。羅罔、畢、翳，餧於為反。獸之藥，無出九門。'為鳥獸方孚乳，傷之逆天時也。獸罔為罝罘，鳥罔曰羅網。小而柄長謂之畢。翳，射者所自隱也。謂罔及毒藥禁其出九門，明其常

---

① 有青赤，尊本、内閣本、古逸本作"青有赤"，考證本校改爲"有青赤"，據改。今按，《初學記》卷二《天部下·蜺虹》引《月令章句》作"虹見有青赤之色"。

② 寢，尊本、内閣本作"霞"，古逸本、考證本作"寢"。據《玉燭寶典》卷一、二改。

③ 循，尊本、内閣本作"脩"，古逸本、考證本作"循"。今按，《禮記·月令》作"循"，據正。

④ 與，尊本、内閣本作"興"，據古逸本、考證本改。

⑤ 田獵罝，尊本、内閣本無，今依古逸本、考證本據《禮記·月令》正文補。

有，有者時不得用耳①。天子九門者，路門也，應門也，（雉門也，庫門也②，）皋門也，國門也，近郊門也，遠郊門也，閞門。今《月令》无“罘罳為弋”③。命野虞毋伐桒柘。受蚕食也。野虞，謂主田及山川之官也。鳴鳩拂其羽，戴勝降于桒。蚕將生之候也。鳩鳴飛，且翼相擊，趣農急也。戴勝，趣織紝之鳥也，是時恒在桒。言降者，若時始自天來，重之。高誘曰：“鳴鳩，斑鳩也，是月拂擊其羽，直刾上飛數十丈乃復者是擊。”虞槐賦曰：“春栖教農之。”具④曲、植、除吏反。籧⑤、音舉。筐。皆所以養蚕之器也。曲，薄也；植，槌也。高誘曰：“圓底曰籧，方底曰筐，皆受桒器也。”今案《方言》曰：“薄謂之曲，楚謂之蓬。”槌，郭璞注曰：“懸蚕薄柱，音度畏反。”“齊部謂之持”，音丁謹反⑥。籧，古莒字，汾代之間謂之箬，音弓弢⑦，淇衛之間謂之牛筐也。后妃齊式，親東嚮躳桒⑧。禁婦女毋觀，省婦使，以勸蚕事。后親採桒，示帥先天

① 按，今《禮記·月令》鄭玄注曰：“明其常有時不得用耳。”

② 雉門也庫門也，此六字尊本、内閣本脱，古逸本、考證本據《禮記·月令》鄭玄注補入。楊劄：“按‘應門’下脱‘雉門也庫門也’字。今本‘國門也’作‘城門’，‘閞門’下有‘也’字。”今按，尊本、内閣本只列舉了七門名，不符“九門”之實，當補。

③ 弋，尊本、内閣本作“戈”，據古逸本、考證本改。

④ 具，尊本、内閣本作“且”，古逸本、考證本作“具”。今按，《礼记·月令》正作“具”，據改。

⑤ 籧，内閣本作“籧”，古逸本、考證本作“籧”，異體字。後文同。

⑥ 謹，尊本、内閣本作“革”，形近而誤，古逸本、考證本據《方言》校改爲“謹”。今按，《方言》卷五“齊部謂之持”郭璞注作“丁謹反”，據改。

⑦ 箬，弢，尊本、内閣本分別作“笛”“致”，古逸本、考證本分別作“箬”“弢”。今按，《方言》卷一三：“箬（弓弢），籧（古莒字）。趙代之間謂之箬，淇衛之間謂之牛筐也。籧，其通語也。”據改。

⑧ 躳，尊本、内閣本作“躬”，誤，據古逸本、考證本改。後文同。桒，尊本、内閣本“桒”字重出，一字疑衍，今據古逸本、考證本只保留一“桒”字。

下也。東向者，向時氣。婦謂世婦及諸臣之妻。毋觀，去容飾也。婦使，縫線[①]組紃之事。《先蚕儀注》曰："皇后採桒壇在宫西南，惟宫中門之外、外門之内，當所採桒之西，壇高五尺，方三丈，為四出陛，廣八尺。拜人妻有行義者六人為蚕母，著青衣青襘襹青屨，給使六人。"《皇后親蚕儀注》曰："皇后躬桒，始得將一條，執筐受桒；將三條，女尚書跪曰可止，執筐者以桒授蚕母，蚕母以桒適蚕室。"楊泉《蚕賦》曰："農者，天文之洪業；桒者，地母之盛事。寢則頡口，頭如明珠，玄眉朱目，紅喙素軀。"《東方朔別傳》："朔為漢武所使上天。天帝問朔人何衣，荅云衣蚕。帝問其狀，朔云：'色□□以人，口馰馰以馬也。'"[②] 蚕事既登，分薾[③]，稱絲效功，以供郊廟之服，無有敢惰。登，成。命工師，令百工，審五庫之量，金鐵、皮革、筋角、齒羽、箭幹、脂膠、丹漆，無或不良。工師，司空之属官也。五庫，藏此諸物之舍也。量謂物善悪之舊法也。幹，器之木也，凡輮幹有當用脂者。良，善也。百工咸理，監工日號：'毋悖于時！毋或作為淫巧，以蕩上心！'咸，皆也。於百工皆治理其事之時，工師則監之，日號令之，戒之以此二事。悖猶逆也。百工作器物各有時，逆之則功不善。淫巧謂為飾不如法者，蕩謂動之，使生奢泰也。是月之末，擇吉日大合樂。天子乃帥三公、九卿、諸侯、大夫親往視之。大合樂者，所以必助陽達

---

① 縫線，尊本、内閣本作"绛绵"，古逸本、考證本作"縫線"。今按，《禮記·月令》鄭玄注正作"縫線"，據改。

② 《藝文類聚》卷八一《藥香草部·蘂》引《東方朔記》作："蟲喙頗頗類馬，色邠邠類虎。"《太平御覽》卷八二五《資産部五·蠶》引《東方朔別傳》作："啄呐呐類馬，色班班類虎。"尊本、内閣本"色"字後有一重文符號，但據《藝文類聚》《太平御覽》所載，當非"色"字之重複，"色"字後當脱一字。古逸本校作"色斑斑似虎，喙頗頗類馬"，考證本校作"色邠邠似虎，口頗頗似馬"。

③ 薾，内閣本、古逸本、考證本作"繭"。

物，風化天下也。乃合累牛騰馬，斿牝于牧。累、騰，皆乘疋之名也。是月所合牛馬，謂繫在廄者也。其牝欲遊，則就牧之牡而合之也。犧牲、駒、犢，舉書其數。已在牧而校數書之，明出時無他，故至秋當録内，且以知生息之多少也。命國難，乃何反。九門磔都格反。禳[①]，以畢春氣。此難，難陰氣也。陰氣右行，此月之中日行歷昴，有大陵積尸之氣，氣失則厲鬼隨而出行。命方相氏帥百隸索室，毆疫以逐之。又磔牲之禳於四方之神，所以畢春氣而止其災也。季春行冬令，則寒氣時發，草木皆肅，丑之氣乘之也，謂枝葉縮栗之。國有大恐。以水訛相驚。行夏令，則人多疾疫，時雨不[②]降，未之氣乘之也。六月宿值輿鬼，輿鬼為天尸，時又有大暑。山陵不收。行秋令，則天多沉陰，淫雨蚤降，戍之氣乘之也。九月多陰淫霖[③]也，雨三日以上為霖也。兵革並起。"金氣勝也。

蔡雍《季春章句》曰："季，末也，時有三月，至此而盡，故謂之末也。今歷季春清明莭日在胃一度，昏明中星，去日百六度，七星四度中而昏，斗二十一度半中而明。'桐始華。'桐，木名，木之後華者也。'田鼠化為鴽。'田鼠，鼸鼠也。鴽，鳥名，鶉鷂之属也。氣盖盛蒸變含，西使[④]毛者為羽，走者能飛，候之尤著者也。化者，後為田鼠。'虹始見。'螮音帶。蝀音董[⑤]。也。今案《尒

---

① 禳，尊本、内閣本作"穰"，古逸本、考證本作"禳"。今按，尊本、内閣本注文中作"禳"，不誤，據正。

② 按，内閣本卷三此後錯抄卷二的内容，尊本、古逸本、考證本無誤。

③ 霖，尊本、内閣本作"淋"，古逸本、考證本作"霖"。今按，據後文"雨三日以上為霖"和《禮記·月令》鄭玄注作"霖"是。

④ 變含西使，此處疑誤，内閣本、考證本作"變合西使"，古逸本作"變合而使"。

⑤ 董，尊本、内閣本作"薫"，據古逸本、考證本改。

雅》："螮蝀，謂之雩[①]。螮蝀，虹也。"孫炎曰："别三名。"郭璞曰："俗名為美人也。"陰陽交接之氣，著扵形色，雄曰虹，雌曰蜺。虹常依陰雲而出於日衝[②]，無雲不見。蜺常依濁蒙，見扵日旁。凡見日旁者，四時常有之，唯雄虹起是月見，（至孟）冬乃藏[③]。'荓始生。'荓，草名，浮生扵水上。今案《詩草木疏》："蘋，水上浮荓是也。其麁大者謂之蘋，少者為之荓。季春始生，可燥蒸[④]為茹，又可苦酒淹以就酒也。"起是浸多，故曰始也。'天子居青陽右个。'右个，辰上之室。'天子乃薦鞠衣于先帝。'鞠衣，衣名，春服也，盖菊華之色，其制度未之聞也。今案《周官》"内司服"職有"鞠衣"，鄭玄注云："桒服也，色如鞠塵，象桒葉始生

① 雩，尊本、内閣本作"丁"，誤。按，《爾雅·釋天》："螮蝀，謂之雩。螮蝀，虹也。"據改。

② 此句，尊本、内閣本"陰"字後有"陽"字，古逸本校作"虹常以陰雲而晝出於日衝"，此據考證本改。

③ 此處疑有誤脱。查尊本文字，原本作"起是月見並冬乃藏"，"見"字下有小圓圈，旁注一字，表示此處要補入一字，但此字圖版模糊不清，唯可辨識出此字下部爲"灬"；"並"字上加一斜筆作"[illegible]"，當是發現"並"字有誤。故此二句，内閣本、古逸本作"起是月兼見冬乃藏"。今按，《太平御覽》卷一四《天部十四·虹蜺》引蔡邕《月令章句》曰："虹，螮蝀也。陰陽交接之氣，著於形色者也。雄曰虹，雌曰霓。虹常依陰雲，晝見於日衝，無雲不見，大陰亦不見。蜺常依蒙濁見日旁，白而直曰白虹。凡日旁者，四時常有之，唯雄虹起季春見，至孟冬乃藏。"《開元占經》卷九八《虹蜺占》引蔡邕《月令章句》與《御覽》大同，最後亦作"惟虹起季春見，至孟冬乃藏"。《藝文類聚》卷二《天部下·虹》引蔡邕《月令章句》與《御覽》有異，其不同之處曰："雄曰虹，雌曰蜺。蜺常依陰雲而晝見於日衝，無雲不見，大陰亦不見，率以日西見於東方。故《詩》云：'蝃蝀在於東。'蜺常在於旁，四時常有之，惟雄虹見藏有月。"考證本據《太平御覽》引增改作"唯雄虹起是月見，至孟冬乃藏"，可從。尊本作塗改的"並"字，本當是寫作"至"或"孟"。

④ 燥蒸，尊本、内閣本作"燥莖"，古逸本、考證本作"糝蒸"。今按，《太平御覽》卷一〇〇〇《百卉部·萍》引《詩義疏》曰："萍，麄大者為蘋。季春生，可燥蒸為茹"，據改。

也。”進於先帝者，進扵廟也。舟牧，典舟官也。乗舟至危[①]，故審之也，必（五[②]）覆，五覆以視表；五反，五反[③]以視裹，慎之至也。‘天子始乘舟。’陽氣和煖，鮪魚扵是時至也，將取以薦，故曰是乘舟浮扵名川。《論語》曰：‘暮春者，春服既成，冠者童子，浴乎沂，風乎舞雩。’古有此禮，今三月上巳祓今案《漢書音義》音廢。扵水濱，盖出扵此。‘廌鮪于寑廟。’鮪，魚名，大扵衆魚者也。‘區者畢出。’區者，盖也，言凡覆盖者盡出。‘命有司發倉稟，賜貧窮，振乏絶。’穀藏曰倉，米藏曰稟，無財曰貧，無親曰窮，暫無曰乏，不継曰絶。‘脩利隄防，導達溝瀆。’水行地上，積土兩[④]旁曰隄，所以障衝曰防，行水地中曰溝瀆。‘田獦罝羅罓[⑤]畢弋，餧獸之藥，無出九門。’天子之城，旁三門，東方盛德所在，獦者不得出嫌，餘三方得行，故曰無出九門。‘鳴鳩拂其羽，戴鵟降扵桒。’鳩，先是時鳴，故稱鳴鳩。拂猶搏也，陽氣所感，故搏羽下桒以勸人事也。‘合累牛孕馬，遊牝于牧。’累，重；孕，任，皆懷胎之名也，謂六累懷胎日重。田外曰牧，為牝馬牛当重孕，故放之扵牧地，就牡以定之。”

右《章句》為釋《月令》。

《歸藏·易啓筮經》曰：“有一星出于題山之野，三月鳥出，必

① 危，尊本、内閣本作“色”，古逸本、考證本作“危”。

② 五，尊本、内閣本、古逸本、考證本無，據文意補。

③ 五反五反，尊本、内閣本作“五〻反〻”，古逸本、考證本校作“五反”，誤。

④ 兩，尊本、内閣本作“雨”，據古逸本、考證本改。

⑤ 罓，内閣本、古逸本、考證本作“網”，異體字。

以風雨。”《詩·陳風》曰：“東門之楊，其葉牂牂[1]。”鄭牋[2]云：“楊[3]葉牂牂然，三月之中也。”《周官·夏官上》曰：“司爟[4]工煥反。掌季春出火[5]，人咸從之。”鄭玄曰：“火，所（以）[6] 用陶冶也。”鄭司農云：“以三月未時[7]昏，心星見辰上，使人出火也。”《禮·祭義》曰：“古者，天子、諸侯必有公桑、蠶室，近川而為之，築[8]宫仞有三尺，棘墻而外閉之。及大昕之朝，君皮弁素積[9]，卜三宫之夫人、世婦之吉者，使入蠶室。奉種浴于川，桑于公桑，風戾以食之。鄭玄曰：“大昕，春季朔日之朝也。諸侯夫人，三宫半王后也。風戾之者，及蚤涼脆采[10]之。風（戾）[11] 之，使露氣燥，乃以養蠶，蠶性悪濕[12]也。”歲既單[13]矣，婦卆蠶，奉璽以示于君，

① 牂牂，古逸本作“牂牂”，下文同。

② 鄭牋，内閣本作“郭璞”，誤，古逸本、考證本作“鄭箋”。今按，陸德明《經典釋文》卷五《毛詩音義上》：“鄭氏箋，本亦作牋，同，薦年反。”故不煩改字。

③ 楊，尊本、内閣本作“陽”，古逸本、考證本作“楊”。今按，《詩經·陳風·東門之楊》鄭玄注正作“楊”，據正。

④ 爟，尊本、内閣本作“烠”，據古逸本、考證本改。今按，《周禮·夏官》有“司爟氏”。

⑤ 火，尊本作“大”，據内閣本、古逸本、考證本改。下面注文同。

⑥ 以，尊本、内閣本無，今依古逸本、考證本據《周禮·夏官·司爟氏》鄭玄注補。

⑦ 未時，尊本、内閣本、考證本同，古逸本作“本時”。今按，《周禮·夏官·司爟氏》鄭司農注作“本時”。

⑧ 尊本、内閣本作“筞”，古逸本作“築”。

⑨ 積，尊本、内閣本作“憤”，古逸本作“幘”，考證本作“積”。今按，《禮記·祭義》作“積”，據改。

⑩ 脆采，尊本、内閣本作“晚桒”，今依古逸本、考證本據《禮記·祭義》鄭玄注校改。

⑪ 戾，尊本、内閣本、古逸本脱，今依考證本據《禮記·祭義》鄭玄注補。

⑫ 濕，尊本、内閣本作“温”，古逸本、考證本作“濕”。今按，《禮記·祭義》鄭玄注作“濕”，據正。

⑬ 尊本、内閣本“單”後有“于”字，今依古逸本、考證本删。

遂獻繭于夫人。曰：'此所以為君服與。'遂副、禕而受之，因少窂以禮之。"歲單，謂三月月盡之後也。言歲者，蠶歲之大功，事畢於此也。

《論語·先進》曰："暮春者，春服既成，冠者五六人，童子六七人，浴于沂，風於舞雩[①]，詠而饋。"鄭玄曰："暮春者，季春。所制作衣服，衣服已成，謂雩祭之服。雩者，祀上公祈穀實。四月龍星見而為之，故季春成其服。五六七者，雩祭儛者之數。風晞儛雩者，浴於沂[②]水上，自潔清身，晞而衣此服，以儛雩，且詠而饋之，禮。"此禮者，憂人之本，故《論語》作"詠而歸"。苞[③]氏曰："詠先王之道，歸夫子之門也。"《韓詩章句》曰："溱與洧，方洹洹兮。謂三月桃華水下之時。鄭國之俗，三月上巳之日，此兩水上招魂續魄，拂除不祥。"

《周書·時訓》曰："清明之日，桐始華；又五日，田鼠化為鴽[④]；又五[⑤]日，虹始見。桐不始華，歲有大寒；田鼠不化，国多貪殘；虹不始見，婦人苞乱。穀雨之日，萍始生。又五日，鳴鳩拂其[⑥]羽。又五日，戴勝降于桒。萍不始生，陰氣憤盈；鳴鳩不拂羽，国不治兵；戴勝不降桒，政教不平。"

《禮·夏小正》曰："三月，参則伏。攝桒，桒攝而記之，急桒

---

① 雩，尊本、内閣本作"宇"，據古逸本、考證本改。今按，下文鄭玄注中作"雩"，不誤。

② 於沂，尊本、内閣本、古逸本作"沂於"，今從考證本乙正。

③ 苞，内閣本、古逸本、考證本作"包"。今按，苞氏，即爲《論語》作注的漢代鴻臚卿苞咸。

④ 鴽，尊本、内閣本作"駕"，形近而誤，據古逸本、考證本改。

⑤ 五，尊本、内閣本作"必"，誤，據古逸本、考證本改。

⑥ 其，尊本、内閣本作"有"，古逸本、考證本作"其"。楊劄云："'有'恐'其'。"今按，《周書·時訓解》正作"其"，據改。

也。羳音偉。羊。羊有相還之時，其類羳羳然，記變尒。或曰羳，羝也。螌則鳴。螌[①]，天螻也。今案《尒雅注》云："天螻，螻蛄也。螌音斛。"頒冰。頒者，分冰以授大夫。妾、子始蠶。先妾而後子何？曰事有漸也，言卑事者始。執養宮事。執，操也；養，長。越有小旱。越，于也，記是時恒有小旱。田鼠化為鴽。(鴽[②])，鵪也。古鷂字。今案《尒雅》"鴽，牟母。"郭璞注云："鷂也。青州呼牟母。"劉氏曰："牟鴽，鵪也。"《蒼頡篇》曰"鷂，鶉[③]屬也。"馬融《上林頌》曰"鶉鷂如煙"，乃作鷂字。高誘《淮南子注》又在鳥旁音，《字詁》云："鵨，今鷂。"注"鴽也"，然則鵪鷂鵨三字同音[④]一鳥，唯字有今古耳也。梻桐葩。梻者，拂也，桐葩之時。或曰，言桐葩始生，貌拂（拂）然[⑤]。鳴鳩。言相命也。先鳴而後鳩者，鳴而後知其鳩。"

《易通卦驗》曰："清明，雷鳴，雨下，清明風至，玄鳥來。鄭玄曰："清明，清明清潔之風。玄鳥，陽氣和乃至也。"晷長六尺二寸八分，白陽雲出注[⑥]，南白北黄。清明於震值六二，六二辰在酉，得兑氣，為南白，平軆有艮，故北黄。檠雨，田鼠化為鴽。

① 螌，尊本、内閣本、古逸本、考證本作"螌"，今據《大戴禮記·夏小正》改。下面注文同。

② 鴽鴽，尊本、内閣本只作"茹"，古逸本、考證本據《大戴禮記·夏小正》校補爲"鴽鴽"，是。

③ 鶉，尊本、内閣本作"郭"，古逸本、考證本校改作"鶉"，極是。

④ 三，尊本、内閣本作"四"，據古逸本、考證本改。今按，據前文只有鵪鷂鵨三字同音。

⑤ 貌拂拂然，尊本、内閣本作"狠拂然"，今依古逸本、考證本據《大戴禮記·夏小正》校補。

⑥ 注，尊本、内閣本、古逸本同，考證本作"奎"，考證本校記云："舊'奎'作'注'，今依《古微書》改。"

駕，麋母。《禮》注云“母無”，《尒雅》云“牟母”，此云“麋[1]母”，聲相涉，乱也。晷長五尺三寸二分，大陽雲出張，上如車盖，下如薄。”穀雨扵震值六三，六三辰在亥，得乹氣，形似車盖。震為萑葦，故下如薄也。《詩紀歷樞》曰：“辰者，震也，雷電起而萬物震。”宋均曰：“震，動。”《春秋元命苞》曰：“裹扵辰。辰者震也。宋均曰：“震，懼，懼扵衰老，形消去也。三月榆莢，應此變也。”沽洗者，陳去新來，少陽至，辰氣爍，易荄。”沽猶槁也，即陽也。荄，幹也。《春秋元命苞》曰：“至辰氣爍，季月榆消，鍼鍜死。”宋均曰：“爍，消，消爍也。木行盡，故榆莢落，以應節。鍼鍜，未聞也。隆冬涼氷，欵東鍼凍鍜而出華，三月則死。盖欵東一名鍼鍜乎也?”《春秋元命苞》曰：“氣相漸錯以云糾，故三月榆莢落。”宋均曰：“錯，雜也。云，施[2]也。糺，轉相糺纏，氣漸雜相入，弥相糺纏，故物或消落，或轉而明也。”

《國語·魯語》曰：“鳥獸孕，水虫成。孔晁曰：“孕，懷；成，長。季春時也。”獸虞扵是乎禁罝[3]羅，獸虞掌山林禁令[4]。兔[5]罟曰罝，鳥罟曰羅。矠今案《字林》曰：“矠，矛属，又曰叉[6]也。”魚鱉，以為夏槁，助生阜。”矠，叉取之也。槁，腊也，禁罝羅所以助生阜者也。《尒雅》曰：“三月為柄。”李巡曰：“三月陰氣

---

① 麋，尊本、内閣本作“縻”，古逸本、考證本作“麋”。今按，此處正文、注文一作“麋”，一作“縻”，必有一誤。

② 施，尊本、内閣本作“㐌”，古逸本作“㐌”；考證本作“彌”，誤。

③ 罝，尊本、内閣本作“置”，據古逸本、考證本改。后面注文同。

④ 令，尊本、内閣本、古逸本作“今”，據考證本改。

⑤ 兔，尊本、内閣本作“勉”，據古逸本、考證本改。

⑥ 又曰叉，尊本、内閣本作“又曰反”，古逸本作“又白反”，均不通；考證本作“又曰叉”，是。今按，《國語·魯語上》韋昭解：“矠，擫也。”《周禮·天官·鼈人》作“簎魚鼈”，鄭司農注云：“簎謂杈刺泥中搏取之。”下文注釋中“叉”字同。

在上，陽氣未壯，万物微弱，故曰病。病，微弱也，本作病。”孫炎曰：“物已絶，地有莖柄也。”《荘子》曰：“槐之生也，入季（春）[①] 五日而菟目，十日而鼠耳。”《史記・律書》曰：“沽洗者，言万物洗生也。”《前漢書・文（帝）紀[②]》曰：“詔賜民酺《周官》音蒲。五日。”蘓林曰：“陳留俗，三月上巳水上飲食為酺之。”《淮南子・時則》曰：“季春之月，招揺指辰。三月官鄉，其樹李。”高誘曰：“三月科人户口，故官鄉也。李之有覈，言與杏（同）[③]。李後杏埶，故三月李也。”《淮南子・天文》曰：“季春三月，豊隆乃出，以將猛[④]其雨。”許慎曰：“豊隆，雷神。”《淮南子・主術》曰：“昏張中，即務樹穀。”許慎曰：“大火昏中，三月也。”《白虎通》曰：“三月律謂之沽洗何？沽者故也，洗者鮮也，言万物皆去故就新，莫不鮮明也。”

《續漢書・（禮[⑤]）儀志》曰：“三月上巳，官人皆潔扵東流水上，自洗濯祓[⑥]除，去宿垢為大潔。潔者，言陽氣布暢，万物訖

---

① 春，尊本、内閣本、古逸本、考證本均脱。今按，《藝文類聚》卷八八《木部上・槐》、《初学记》卷二八《木部・槐》并引《莊子》曰：“槐之生也，入季春五日而兔目，十日而鼠耳。”據補。

② 文帝紀，尊本、内閣本作“文記”，古逸本、考證本作“文紀”。今按，“詔賜民酺五日”出《漢書・文帝紀》詔：“朕初即位，其赦天下，賜民爵一級，女子百户牛酒，酺五日。”據校補。

③ 科，尊本、内閣本同作“折”，古逸本、考證本據《淮南子・天文訓》高誘注改爲“科”，是。“科”可俗寫爲“科”，易與“折”字想混。覈，各本作“竅”，於義未安。考《説文解字》卷七《穴部》：“竅，空也。从穴敫聲。”《淮南子・天文訓》高誘注作“核”，據文意此處當寫作“覈”，《周禮・地官・大司徒》“其植物宜覈物”鄭玄注作“核物，梅李之屬”，是其比。杏同，尊本無“同”字，内閣本、古逸本二字均無，考證本據《淮南子・天文訓》高誘注補“杏同”二字。楊劄云：“《淮南子》注‘折’作‘科’，‘竅’作‘核’，‘言’作‘説’，‘與’下有‘杏同’字。”

④ 楊劄云：“猛字今本《淮南子》無。”考證本亦據今本《淮南子》删此字。

⑤ 禮，尊本、内閣本、古逸本均無，今依考證本補“禮”字。

⑥ 祓，尊本、内閣本、古逸本作“祓”，今從考證本改。

出，始潔之也。”《雜五行書》曰：“欲（知[①]）蚕美恶，常以三月三日，天陰如無日，不見雨，蚕大善。”

崔[②]寔《四人月令》曰：“三月三日可種瓜，是日以及上除，可采艾、烏韭、瞿麦、柳絮。柳絮，上創穴也。清明節，命蚕妾治蚕室，塗隟穴，具搥持薄籠。節後十日，封生薑，至立夏後，牙[③]出，可種之。穀雨中，蠶畢生，乃同婦子，以懃其事，無或务他，以亂本業。有不順命，罰之無疑。是月也，杏華盛，可菑[④]沙、白、輕土之田。氾[⑤]勝之曰：杏華如何□[⑥]沙也。時雨降，可種稻秔今案《蒼頡篇》：“秔，稻之不黏者，音庚也。”及植禾、苴麻、胡豆、胡麻，别小葱。昏彔夕，桒堪赤，可種大豆也，謂之上時。榆莢落，可種藍。是月也，冬穀或盡，椹麦未[⑦]孰，乃順陽布德，振贍遺乏[⑧]，务先九族[⑨]，自親者始。罄[⑩]家無或蕴財，蘊積。忍

---

① 知，尊本、内閣本、古逸本無，考證本補入“知”字，可從。考證本校記曰：“舊無‘知’字，今依《齊民要術》《藝文類聚》增，《齊民要術》《藝文類聚》‘美’作‘善’。”

② 崔，尊本、内閣本作“雀”，據古逸本、考證本改。

③ 牙，尊本、内閣本同，古逸本、考證本作“芽”。

④ 菑，尊本、内閣本、古逸本同，考證本作“菑”。今按，《龍龕手鑑·草部》以“菑蕃”均爲“菑”的異體字。《正字通·艸部》：“菑，音義與菑同。”

⑤ 氾，尊本、内閣本作“紀”，據古逸本、考證本改。

⑥ 尊本、内閣本、古逸本此處殘一字，考證本據《藝文類聚》《事類賦》補“可耕白”三字。

⑦ 未，尊本作“禾”，據内閣本、古逸本、攷证本改。今按，《齊民要術》卷三引《四民月令》亦作“未”。

⑧ 乏，尊本、内閣本、考證本作“之”，古逸本作“乏”。今按，《齊民要術》卷三引《四民月令》作“乏”，據正。

⑨ 族，尊本、内閣本、古逸本作“挨”，“九挨”不辭，考證本作“族”。今按，《齊民要術》卷三引《四民月令》作“九族”，據正。

⑩ 罄，考證本作“罊”，俱爲“罄”之俗寫字。

人之窮；無或利名，罄家繼富。罄，竭也。度人[①]為出，慮厥中焉。農事尚閑，可利溝瀆，葺治墉屋，以待雨；繕脩門户，警設守，以脩禦飢春，草竊之寇。自是月盡夏至，煖氣將盛，日烈暵。暵，烇也。今案《周官·春官下》“女（巫[②]）旱暵則舞雩”，暵音旱也。利以染油，作諸日煎藥，可糶黍、買布。”

正説曰：

陽和之節，登臨為美，季月婉晚，良又甚焉。老君，古之體道，理忘執著，説上下經，尚云“衆人熙熙，若登春臺，而饗太牢”，足驗當騁目世所忻樂。《詩》云“春日遲遲”“春日載陽”，皆其義也。《論語》云“春服既成，浴乎沂，詠而饋”，時雖不雨者[③]為旱灾，似因候望豫脩牢禮。《周官》女巫常“掌歲時袚除釁浴[④]”，鄭注“今三月上巳水上之類”。《韓詩章句》云“三月桃花下水之時，鄭俗上巳溱洧兩[⑤]水之上，招魂續魄，秉蘭拂[⑥]除”，是則遠經編録，爕於墳典。《續齊諧記》：“晉武帝問尚書摯仲治：‘三

① 人，尊本、内閣本、考證本作“人”，古逸本作“入”，據文意當作“入”。

② 巫，尊本、内閣本均無，古逸本、考證本補入。今按，《周禮·春官·女巫》：“女巫，掌歲時祓除釁浴，旱暵則舞雩。”據補。

③ 者，尊本作“者”，内閣本、考證本作“者”，古逸本作“不”。今按，者爲“者”字之行書，如歐陽詢《張翰帖》作“者”，與此處寫法相似，古逸本誤。

④ 袚除釁浴，尊本、内閣本作“秋除釁俗”，據古逸本、考證本改。今按，《周禮·春官·女巫》作“女巫，掌歲時祓除釁浴”。釁、釁，異體字。據《周禮》校改“袚”“俗”二字。

⑤ 溱、兩，尊本、内閣本分别作“湊”“雨”，據古逸本、考證本改。今按，《藝文類聚》卷四《歲時部·三月三日》引《韓詩》曰：“三月桃花水之時，鄭國之俗，三月上巳於溱洧兩水之上，執蘭招魂續魄，拂除不祥。”

⑥ 拂，尊本、内閣本作“梯”，據古逸本、考證本改。楊劄云：“‘梯’恐‘拂’。”

日曲水，其義何指[1]?’荅曰：‘漢章帝時，平原徐肇以三月初生三女，至三日而俱亡，一村以為恠，乃相携之水邉[2]盥洗，遂曰流水以濫觴，曲水[3]起此。’帝曰：‘若如所談，便非嘉事。’尚書郎束皙[4]曰：‘仲治小生，不足以知此，臣請説其始。昔周公卜城洛邑，曰流水以汎酒，故逸詩云‘羽觴隨波流’。又秦昭王三日上巳置酒河曲，有金人自渕而出，奉水心劒，（曰[5]）令君制有西夏。此乃其處，曰立為曲水。二漢相沿，皆為盛集。’帝曰善，賜金五十斤，左遷仲治為陽城令。”

漢高紀以三月祓於灞上。《字林》云：“祓，除悪祭也。方吠反。”馬融《梁冀西第賦》云“西北戌亥，玄石承輪。蝦蟇吐寫，庚辛之域[6]”，即曲水也。董勛《問禮俗》云：“今三月上巳於上水祓除洗浴。”郭緣[7]生《述征記》云：“洛陽城廣陽門北是魏明帝流杯池，猶有處所。”戴[8]延之《西征記》云：“天渕之南有東西溝，

---

① 何指，尊本、内閣本均作“仁捐”，形近而誤，古逸本、考證本作“何指”。今按，《藝文類聚》卷四《歲時部·三月三日》、《太平御覽》卷三〇《時序部·三月三日》引《續齊諧記》均作“其義何指”，據改。

② 邉，古逸本、考證本作“邊”，異體字。楊劄云：“邊，《荊楚歲時記》引此作‘濱’。”考證本校記曰：“《文選》注、《荊楚歲時記》注、《藝文類聚》《事類賦》‘邊’作‘濱’。”

③ 古逸本“水”字右下旁注“之義”二字。

④ 束皙，尊本作“束哲”，内閣本、古逸本作“束晢”，據考證本改。

⑤ 曰，尊本、内閣本無，據古逸本、考證本補入此字。考證本校記曰：“舊無‘曰’字，今依《初學》《類聚》諸書增。”楊劄云：“‘劍’下有‘曰’字。”

⑥ 戌，尊本作“[illegible]”，内閣本、古逸本作“[illegible]”，考證本作“戒”。又域，尊本、内閣本、古逸本、考證本作“城”，然此字爲韻脚字，作“城”字非。今按，《南齊書》卷九《禮志上》曰：“案高后祓霸上，馬融《梁冀西第賦》云：‘西北戌亥，玄石承輪。蝦蟆吐寫，庚辛之域。’即曲水之象也。”據此改“戌”“域”二字。

⑦ 緣，尊本、内閣本作“綠”，形近而誤，據古逸本、考證本改。

⑧ 戴，尊本、内閣本作“載”，形近而誤，據古逸本、考證本改。

承御溝水，水[①]之北有積石為壇，云三月三曰御坐流杯處。”一本，魏明帝天渕池南設流杯石溝。陸機《洛陽記》“藥殿華光殿之西也，流水經其前過，又作積石瀨禊堂，三月三日帳幙[②]跨此水御坐處”。溝瀨、壇堂小異，曲[③]水流杯義同，便有帝王故事，非唯黎庶而已。程咸《平吳後三月三日從華林園作詩》云：“皇帝升龍舟，待幄十二人。天吳奏安流，水伯衛帝津。”陸機《擢歌行》𠂊云：“元吉降初巳，濯穢遊黄河。龍舟浮鷁首，羽旗垂藻葩。乘風宣飛景，逍遥戲中波。”此即依古“命舟牧五覆[④]五反，天子始乘乘舟”之義。李元《春遊賦》云：“老氏發登臺之詠，曾子叙臨沂之歎。俯[⑤]臨滄浪，則可流滌霊府；仰望蕭條，則可以興寄神氣。”積習稍久，咸以為常，但止取三日，不復用巳耳。杜篤《祓禊賦》[⑥]云：“巫咸之倫，秉火祈福，浮棗絳水，衍散冒礫。”徐幹《齊都賦》云：“傾杯白水，沉肴如京。”張協《洛禊賦》云：“布椒糈，薦[⑦]柔嘉，浮素卵以蔡水，灑玄醪於中河。”潘尼《三日洛水詩》云：“羽觴縈波進，素卵隨流歸。”王廙《春可樂》云：“浮盤兮流爵，

---

① 承御溝水水，尊本、内閣本作“承御溝ㄑ水”，古逸本校作“承御溝水ㄑ”，考證本據《初學記》增“水”字，作“承御溝水，溝水”。今按，《初學記》卷四《歲時部下・三月三日》、《太平御覽》卷三〇《時序部一五・三月三日》》并引戴延之《西征记》曰：“天泉之南，有东西沟，承御沟水，水之北有积石坛，三月三日，御坐流杯之处。”據改。

② 帳幙，尊本、内閣本作“悵幙”，今從古逸本改。

③ 曲，尊本、内閣本作“由”，據古逸本、考證本改。

④ 覆，内閣本、古逸本、考證本作“覆”，異體字。

⑤ 俯，尊本、内閣本、古逸本作“府”，據考證本改。

⑥ 杜篤祓，尊本、内閣本作“社篤祓”，據古逸本、考證本改。今按，《藝文類聚》卷四《歲時部・三月三日》引有後漢杜篤《祓禊賦》，其中有一句“浮棗绛水”與本文同。篤、篤，異體字，無煩改。

⑦ 薦，尊本、内閣本、古逸本作“廌”，據考證本改。今按，《藝文類聚》卷四《歲時部・三月三日》引晉張协《洛禊赋》云：“於是布椒糈，薦柔嘉。”

接飲兮相娱。”此又所用不同，事物增廣矣。盖車馬弗馳，唐風興[①]剌，百泉斯徃，京野作歌，一遊一豫，扵是乎在談議之士，俾無尤兮。《風土記》云：“壽星乘次元巳首辰，袚醜虞之遐穢，濯東朝之清川。”注云：“漢末郭虞以三月上[②]辰、上巳生三女，並亡。時俗迨今以為大忌。是日皆適東流水上，祈祓潔濯。”宋、齊志引為故事，此言不經，未足可採。

玉燭寶典第三　三月[③]

① 興，尊本、内閣本、考證本作“與”，古逸本校改作“興”，是。

② 上，尊本、内閣本作“土”，據古逸本、考證本改。今按，《太平御覽》卷三〇《時序部卷一五・三月三日》引《風土記》曰：“漢末有郭虞者，有三女，一女以三月上辰，一女以上巳二日，而三女産乳並亡。迄今時俗以為大忌，故到是月是日，婦女忌諱，不復止家，皆適東流水上，就通遠地禊祓，自潔濯也。”

③ 内閣本卷末朱筆題寫：“山田直温、野村温、依田利和、猪飼傑、横山樵同校畢。三月五日。”墨筆題記：“貞和五年四月十二日一校了。面山叟。”古逸本全抄此兩段題記。

玉燭寶典卷第四[①]

四月孟夏第四

《禮·月令》曰："孟夏之月，日在畢，昏翼中，旦務[②]女中。鄭玄曰："孟夏者，日月會於實沉，而斗建巳之辰者。"其日丙丁，丙之言炳也，萬物皆炳然[③]著見而强大。其帝炎帝，其神祝融，此赤精之君、火官之臣也。炎帝，大庭氏也。祝融，顓頊氏之子，曰藜[④]，為火官者也。其蟲羽，象物從風鼓葉，飛鳥之屬。其音徵，三分宫去一以生徵，徵數五十四，屬火者，以其徵清，事之象。律中中吕。孟夏氣至則中吕之律應。高誘曰："陽，散也，在外；陰，

① 尊本卷首背面和内閣本卷首均作"寳典第四"，此據古逸本、考證本，惟古逸本"卷"作"巻"。

② 務，尊本、内閣本、古逸本同，考證本作"婺"。今按，《禮記·月令》作"婺"。

③ 然，尊本、考證本同，内閣本、古逸本作"𤆗"，然、𤆗異體字。

④ 藜，楊劄云："原書作犁。"

實，在中。所以禳陽成功也，故曰中吕。”其數七，火生數三[①]，成數七，但言七者，亦舉成其者也。其味苦，其臭焦，其祀竈，祭先肺。夏，陽氣盛熒於外，祀之扵竈，從熱類也。祀之先祭肺者，陽位在（上[②]），肺〻在上，肺為尊也。螻[③]蟈鳴，丘蚓出，王瓜生，苦菜秀。螻蟈，蛙也。王瓜，弊挈[④]也。今《月令》“王萯生”，《夏小正》云“王萯秀”，未聞孰[⑤]是也。高誘曰：“螻蜮，蝦蟇也。”蔡邕曰：“螻，螻蛄也。蟈，蟲鼁之屬。蚯引，蟲而無足，豸[⑥]屬也。”今案《周官·秋官下》曰：“蟈氏掌去鼁黽。”鄭玄注云：“齊魯之間謂鼁為蟈。黽，耿黽也。蟈与耿黽尤怒鳴，為聒人耳，故去[⑦]之也。”天子居明堂左个，乘朱路，駕赤騮，載赤旂，衣朱衣，服赤玉，食菽[⑧]與雞，其噐高以粗。明堂左个，大寢南堂東偏也。菽實有孚甲罡合[⑨]，屬水。雞，木畜[⑩]也，時熱食之，〻以安性也。粗猶大也。噐高大者，象物盛長。

---

① 三，尊本、内閣本、古逸本同，考證本據《禮記》注校改爲“二”。楊劄云：“原書作‘二’。”

② 上，尊本、内閣本脱，今依古逸本、考證本據《禮記·月令》鄭玄補。

③ 螻，尊本、内閣本、古逸本作“螻”。

④ 弊挈，尊本、内閣本作“弊契挈”，古逸本、考證本據《禮記·月令》注校改作“萆挈”。今按，《禮記·月令》鄭玄注：“王瓜，萆挈也。”疑尊本先誤抄作“契”，又在其下寫正字“挈”，但没有在“契”上加塗抹符號，内閣本遂以二字均爲注文。

⑤ 孰，尊本、内閣本作“熟”，誤，據古逸本、考證本改。

⑥ 豸，尊本、内閣本、古逸本作“象”，文意不通，從考證本改。今按，蓋豸、象形近而訛。

⑦ 去，尊本、内閣本作“云”，據古逸本、考證本改。今按，《周禮·秋官·蟈氏》鄭玄注作“去”。

⑧ 菽，尊本、内閣本作“叔”，據古逸本、考證本改。

⑨ 罡合，尊本、内閣本同，古逸本校作“罡堅合”，考證本作“堅合”。今按，《禮記·月令》鄭玄注作“堅合”。

⑩ 楊劄云：“《禮注要義》作‘木畜’，《月令》今本作‘水畜’。”

“是月也以立夏。(先立夏)[①] 三日，大史謁之天子曰：‘某日立夏，盛德在火。’天子乃齊。立夏之日，天子親帥三公九卿大夫，以迎夏於南郊，還反行賞，封諸侯，慶賜，無不欣說。迎夏，祭赤帝熛怒於南郊之兆。不言帥諸侯而云封諸侯，諸侯或時[②]無在京師者，空其文也。乃命樂師習合禮樂，為將飲酎。命太尉贊桀俊，遂賢良，舉長大[③]。助長氣也。贊猶出也。桀俊，能者。遂，進也。三王[④]之官，有司馬無太尉，秦則有太尉。今俗人皆云周公作《月令》，未通於古之者也。行爵出禄，必當其位。継長增高，謂草木盛蕃廡也。毋有壞隳，為逆時氣。毋起土功，毋發大衆，為妨蚕農之事。毋伐大樹。天子始絺。初服暑服。命野虞出行田原，為天子勞農勸民，毋或失時。命司徒巡行縣鄙，命農勉作[⑤]，毋休于都。急趣農也。縣郡鄙，鄉遂之属，主民者也。《王居明堂礼》曰“毋宿于國”，《月令》“休”今（為）伏[⑥]。案《釋名》曰：“縣，懸也，懸於郡也。”毆古駈字。獸毋害五穀，毋大田獵，農乃登麦，天子乃以彘今案《孝經摭神契》曰：“彘，水伏，故無脉。”注云：“彘，太陰之物，閇藏氣脉不通，故可無脉。以其好水，使以鼻動，象水虫焉。”《方言》曰：“猪，關東西或謂之彘。”《漢書・貨殖傳》曰：“澤中千足彘，与千户侯等。”《尒雅》曰：“彖，豬[⑦]。”郭璞

---

① 先立夏，尊本、内閣本脱，今依古逸本、考證本據《禮記・月令》補。

② 或時，楊劄云：“今本倒。”考證本校記云：“注疏本‘或時’倒。”

③ 大，尊本、内閣本作“太”，古逸本、考證本作“大”。今按，《禮記・月令》作“大”，據改。

④ 三王，尊本、内閣本均作“王三”，古逸本、考證本作“三王”。今按，《禮記・月令》鄭玄注作“三王”，當乙正。

⑤ 作，尊本、内閣本作“位”，據古逸本、考證本改。

⑥ 為，尊本、内閣本、古逸本脱，考證本據《禮記・月令》鄭玄注校補爲“今《月令》休為伏”，但改動地方較多，今據鄭玄注補“為”字。

⑦ 今本《爾雅・釋獸》作“豕子豬”。

注云："今名曰彘，江東呼豨，皆通名耳。"[①]《卑雅》曰："豕，彘也。"《字林》曰："豕，後蹄癈謂之彘。大例反。"嘗麦，先薦[②]寢廟。登，進也。麦之氣尤盛，以彘食之，散其熱也。彘，水畜也。聚蓄百藥，蕃[③]廡之時，毒氣盛也。靡草死，麦秋至，断薄刑，決小罪，舊説云靡草，薺亭歷之属也。《祭統》曰"艾草[④]則墨"，謂立秋後也。刑[⑤]無輕於墨者，今以純陽之月断刑決罪，与"毋有壞隳"自相違，似非。《春秋元命苞》曰："刑者，侀也，刀守井，井飲人，人入井，陷於渊，乃守之，割其情也。"宋均曰："井飲人，則人樂之，樂不已則淫，自陷於渊，故人加刀謂之刑，欲人畏慎以全節也。"出繫輕。崇寬。蚕事畢，后妃獻璽，乃收璽稅，以桒為均，貴賤長幼[⑥]如一，以給郊廟之服。后妃獻璽者，内命婦獻璽於后妃也。收繭稅者，收[⑦]於外命婦也。外命婦雖就公桒蚕室而蚕，其夫ゑ當有祭服以助祭，收以近郊之稅也。天子飲酎，用礼樂。酎之言醇也，謂重釀之酒也。春酒至此始成，与群臣以礼樂飲之於庿，正尊卑。今案《吕氏春秋》此下云"行之是令而甘雨至三旬"，高誘曰："行之是令，行是令也。旬，十日也。十日一雨，三旬三雨也。"《字林》曰："酎，三重釀酒也。"

---

① 豕，尊本、内閣本同，古逸本、考證本作"豖"。下同。今按，《爾雅·釋獸》："豖子豬。"

② 薦，尊本、内閣本、古逸本作"鷹"，誤，据考證本改。

③ 蕃，尊本、内閣本同，古逸本、考證本校改爲"蕃"。今按，《禮記·月令》鄭玄注作"蕃"，據改。

④ 《禮記·祭統》作："草艾则墨，未发秋政，则民弗敢草也。"鄭玄注："草艾，謂艾取草也。"考證本據《禮記·祭統》將"艾草"二字乙轉。

⑤ 刑，尊本、内閣本作"形"，據古逸本、考證本改。下文《春秋元命苞》中"刑"字同。

⑥ 幼，尊本作"幻"，據内閣本、古逸本、考證本改。

⑦ 收，尊本、内閣本作"牧"，據古逸本、考證本改。

“孟夏行秋令，則苦雨數來，五穀不滋，申[①]之氣乘之也。苦雨，白露之類也。四鄙入保。金氣為害也。鄙，界上之邑[②]也。小城曰保也。行冬令，則草木蚤枯，長日促[③]也。後乃大水，敗其城郭。亥之氣乘之也。行春令，則蝗蟲為災，暴風來格，寅之氣乘之也，必以蝗蟲為災。寅，陽也，有啓蟄[④]之氣，行於初暑，則當蟄者大出矣。格，至也。秀草不實。”氣更生之，不得成也。蔡邕曰：“春主秀也，夏主實，夏行春令，故草秀不實。秀草，苦菜，薺屬也。”

蔡雍《孟夏章句》曰：“夏，假也；假，太也。‘其虫羽。’南方朱鳥，羽虫之長，故凡羽属夏也。‘祭先肺。’火神祀於竈，肺，金藏，以金養火，食其所勝也。‘螻蟈鳴。’螻蟈，蛄蜮虫黿之属也。‘蚯蚓出。’虫而足，豸屬也。今案《尔雅》：“有足謂之虫，無足謂之豸。”《字林》云：“豸，獸長脊[⑤]，行曰豸。丈尔反[⑥]。”‘王蓓生。’王蓓，草名，生於陵陸，草之後生者也。‘苦菜秀。’苦菜，荼也，不榮而實謂之秀。荼與薺麦俱以秋生，少陰之物成於大陽，故夏而秀。‘天子居明堂左个。’明者，陽也，光也，鄉陽受光，故曰明。三面闞前曰堂，四周有户曰室。左个，明堂之東，巳上之

---

① 申，尊本、内閣本作“甲”，據古逸本、考證本改。今按，《禮記・月令》鄭玄注作“申”。

② 邑，尊本、内閣本作“色”，據古逸本、考證本改。今按，《禮記・月令》鄭玄注作“邑”。

③ 促，尊本、内閣本作“足”，古逸本、考證本作“促”。今按，《禮記・月令》鄭玄注作“促”，據正。

④ 蟄，尊本作“執”，據内閣本、古逸本、考證本改。

⑤ 脊，尊本、内閣本、古逸本均作“春”，據考證本改。今按，《説文・豸部》：“豸，獸長脊，行豸豸然，欲有所司殺形。”

⑥ 丈，尊本、内閣本、考證本作“大”，古逸本作“丈”。今按，《集韻》《漢簡》卷七有“豸，丈尔切”。蓋丈、大形近而訛，古逸本是。

堂。‘命大尉讚桀俊。’大尉者，卿官也。讚，美[①]。桀俊，皆材兼人者也。《禮辨[②]名》曰：‘十人曰選，倍選曰俊，萬人曰桀。’[③]‘遂賢良。’遂，成也。材千人曰英，倍英曰賢。良，善也。《禮辨名》曰：‘大尉典爵，故爵禄之事皆命之。’‘驅獸無害五穀。’獸，麋鹿之属，食穀苗穗者也。‘畜聚百藥。’藥者，草木之有滋味，物力所以攻百疾者也。是月草木盛，剛柔適，物力盛，故畜聚之也。神農躬嘗，别草木之味，盖一日七十餘毒，於是得穀以養民，得藥以攻疾。‘靡草死。’靡，細也，亭歷、薺芥之属，以秋生者，得太陽成而死也。百穀各以其初生為春，熟為秋，故麦以孟夏為秋也。酎，酒名也，飲者進之宗廟，而後飲於廟中也。各釀酒，至此而成，故進之。‘四鄙入保。’保，小城，在邊野也。‘暴風來格。’日出而風曰暴。秀草，苦菜，薺属也。春主秀，夏主實，夏而行春令，故草秀不實。”

右《章句》為釋《月令》。

《禮·鄉飲酒義》曰：“南方者夏。夏之為言假，養之，長之，假之，仁[④]。”鄭玄曰：“假，大也。”《尚書大傳》曰：“南方者何也？任方也。任方也者，物之方任。何以謂之夏？夏者，假也。假也者，吁荼万物而養之[⑤]，故曰南方夏也。”鄭玄曰：“吁荼，讀曰

① 美，尊本、内閣本、古逸本作“麦”，據考證本改。或者此字衍。

② 辨，尊本、内閣本、古逸本作“變”，考證本依《禮疏》改作“辨”，是。今按，下文作“辨”，據改。

③ 十，尊本、内閣本、古逸本、考證本作“千”。今按，《禮記·禮運》“三代之英”孔穎達正義引《辨名記》云：“倍人曰茂，十人曰選，倍選曰俊，千人曰英，倍英曰賢，萬人曰傑，倍傑曰聖。”《白虎通·聖人》引《禮别名記》云：“五人曰茂，十人曰選，百人曰俊，千人曰英，倍英曰賢，萬人曰傑，萬傑曰聖。”據改。

④ 古逸本、考證本據《禮記·鄉飲酒義》在“言假”“仁”後面各補一“也”字。

⑤ 楊劄曰：“《御覽》引《大傳》作‘養之外者也’。”考證本依《事類賦》增“外也”二字。

噓舒也。”《釋名》曰：“夏，假也，寬假萬物，使生長也。”

右捴釋夏名。

《皇覽[①]·逸禮》曰：“夏則衣赤衣，佩赤玉[②]，乗赤輅，駕赤駵，載赤旗，以迎夏扵南郊。其祭[③]先黍與雞，居明堂正廟，啓南户。”《詩紀歷樞》曰：“丙者，柄也。丁者，亭。”宋[④]均：“亭猶止，陽氣著止而止也。”《詩含神務》曰：“其南赤帝坐，神名熛怒。”宋均曰：“熛怒者，取火性猆楊成怒以自名也。”《尚書考霊燿》曰：“氣在於夏，其紀熒惑，是謂莅氣之陽，可以毁消金銅，與[⑤]氣同光，鄭玄曰：“火星出，可用火之。”使民偹火，皆盛以甕，天地火倶用事為熾，故盛之也。是謂敬天之明，必勿行武，與季夏相輔。初夏之時，衣赤，與季（夏[⑥]）同期。而是則熒[⑦]惑順行，甘雨時矣。”《春秋元命苞》曰：“其日丙丁。丙者，物炳明，丁者强。宋均曰：“時物炳然，且丁强，曰以為日名也。”時為夏，夏者，物滿縱。夏，大也，大故満縱也。位在南方，南方者任長。任，含任之任也。其帝祝融，祝融者，屬續也。不言其帝炎而言祝

---

① 覽，尊本、内閣本作“賢”，今依古逸本、考證本改。今按，《太平御覽》卷二一《時序部六·夏上》引此段，正作《皇覽》。

② 楊剳曰：“《御覽》引無此六字。”

③ 尊本、内閣本、古逸本“其”後原有“户”字，楊剳曰：“《御覽》引無户字。”考證本删，考證本校云：“舊‘其’下有‘户’字，《初學記》《藝文類聚》無，今據删去”，是。今按，《藝文類聚》卷三《歲時部上·夏》、《初學記》卷三《歲時部·夏》、《太平御覽》卷二一《時序部六·夏上》引《皇覽·逸禮》均作“其祭”，“户”字衍，當删。

④ 宋，尊本、内閣本作“宗”，據古逸本、考證本改。本卷後面不誤。

⑤ 尊本、内閣本、古逸本“與”前有“舉”字，考證本删。考證本校云：“《占經》無。蓋舉、與字形近而誤重，今删去”，是。

⑥ 夏，尊本、内閣本原無，據《開元占經》卷三〇《熒惑行度二》引《尚書考靈曜》補。

⑦ 熒，尊本、内閣本作“榮”，據古逸本、考證本改。

融者，義取屬續也。今儒家皆以祝融於古帝顓頊氏之子，曰梨，為火官者也。此与上帝感五精之帝而生者自相違。今案《元始上真衆仙說記》云："祝融氏為赤，治衡霍山"，便同[①]此說之也。其神朱芒，朱芒者，注芒也。升火神為帝，則芒宜代[②]為神。朱，赤也，但未知朱芒何家之子耳。注[③]芒者，注春所物産，使生芒。《山海・海外南經》曰："南方祝融，獸身人面，乘兩龍。"郭璞曰"火神"之也。其精赤鳥。"赤，朱也，朱鳥，鶉火也。

《尔雅》曰："夏為昊天，李巡曰："夏万物盛壯，其氣昊昊。"孫炎曰："夏天長物，氣體昊大，故曰昊天。"郭璞曰："言氣晧旴也。"夏為朱明，孫炎曰："夏氣赤而光明也。"夏為長嬴[④]。"《史記・律書》曰："丙者，言陽道著明；丁者，万物之壯也。"《白虎通》曰："其音徵[⑤]。徵者，止也，陽極度[⑥]也。"《白虎通》曰："火味所以苦何？南方者主長養，苦者所以養育之，猶五味得苦可以養也。其臭焦何？南方者火，盛陽承動，故其臭焦也。"

右捴釋夏時。

《詩・豳[⑦]風》曰："四月秀葽。"鄭牋[⑧]云："《夏小正》曰：'四月王萯秀'，葽其是乎？"今案《詩草木疏》云："《夏小》'四

---

① 便同，尊本、内閣本、考證本作"使周"，文意不通，今據古逸本改。

② 代，尊本作"伐"，據内閣本、古逸本、考證本改。

③ 注，尊本、内閣本作"住"，誤。據上文改。

④ 嬴，尊本、内閣本、古逸本作"羸"，今依考證本據《爾雅・釋天》校改爲"嬴"。

⑤ 徵，尊本作"微"，據内閣本、古逸本、考證本改。又，考證本校云："舊'度極'倒，今依本書乙正。"

⑥ 陽，尊本、内閣本作"楊"，據古逸本、考證本改。今按，《白虎通・五行》作"陽"。

⑦ 豳，尊本、内閣本作"豩"，據古逸本、考證本改。

⑧ 牋，尊本作"牋"，内閣本、古逸本、考證本作"箋"。

月秀幽’，幽、葽同耳，即今為葤也。遼東謂葤為幽葤，又魏文侯曰幽葤，秀之生也，似禾幽為秀，明矣。”《小正》既云“葤幽”，又云“王負秀”，此自二草，而鄭君橫引“王負”，為誤矣。幽葽或如《詩疏》所論，但四月葤猶未秀，恐是別草之。

《春秋傳》曰：“龍見而雩。”服虔曰：“龍，角亢，謂四月昏，龍星體畢見也。”《春秋經·荘七年》：“夏四月辛卯夜，恒星不見，夜中星隕如雨。”賈逵[①]曰：“恒星，北斗也。一説南方朱鳥星也。”《傳》：“夏恒星不見，夜明也。服虔曰：“恒，常也。天官列宿，常見之星也。言夜明甚，常見大星皆不見也。”星隕如雨，与雨偕。”星隕，隕星如雨。如，而也，偕，俱也，言隕如雨，与雨俱下也。《春秋公羊傳》：四月以下与上同。“如雨者，非雨。不俻春秋曰：‘雨星不及地尺而復。’何烋曰：“不俻春秋謂史記，古者謂史記為春秋也。”君子俻之，曰‘星隕如雨。’”明其狀似雨，不當言雨星也。《春秋穀梁傳》曰：“四月辛卯，昔，恒星不見。恒星者，經星。范甯曰：“經，常，謂常列宿。”日入至於星出，謂之昔。”今案紀瞻《遠遊賦》云“陽曜促兮[②]秋昔涼”也。

《韓詩章句》曰：“四月秀葽，葽草如出穗。”《周書·時訓》曰：“立夏之日，螻蟈鳴；又五日，丘蚓出；又五日，王瓜生。螻蟈不鳴，水潦淫漫；丘蚓不出，臣奪[③]后命；王菰不生，害[④]于百姓。小滿之日，苦菜秀；又五日，靡草死；又五日，小暑至。苦菜不秀，仁人潛伏；靡草不死，國縱盜賊；小暑不至，是謂陰慝。”

---

① 逵，尊本作“達”，據内閣本、古逸本、考證本改。

② 兮，尊本、内閣本、古逸本作“子”，考證本校改爲“兮”字，今從之。

③ 臣奪，《逸周書·時訓》作“嬖奪”，《太平御覽》卷二三《時序部八·立夏》引《逸周書·時訓》作“臣奪”。楊劄云：“臣，原書作‘嬖’。”

④ 楊劄云：“害，原書作‘困’。”

《周書·嘗麦解》曰："惟四月[①]王初祈禱于宗，一本云天宗[②]。乃嘗麦于太祖[③]。"《禮·夏小正》曰："四月，昴[④]則見，初昏，南門正。南門者，星也，歲再見，壹正，蓋大正所法也[⑤]。鳴札[⑥]。札者，寧懸也，鳴而後知之，故云，故先鳴而後札。囿有見杏。囿者，山之燕者也。鳴蜮。蜮也者，或曰屈造之属也。王萯秀。取荼，荼者以為君薦蔣也。秀幽[⑦]。越有大旱。執陟[⑧]攻駒。執陟者，始執駒。執駒者，祚之去母也[⑨]。執而升之，君也。攻[⑩]駒者，教之服車數舍之。"

《易通卦驗》曰："立夏，清明風至而暑，鵠鳴聲[⑪]，博槷蜚，古飛字也。電見，早出，龍升天。鄭玄曰："電見者，自驚蟄始候

---

① 惟四月，《周書·嘗麥解》作"維四年孟夏"。

② 楊劄云："本書'宗'下有'廟'字，《御覽》八百三十八引作'岱宗'。"天宗，考證本校云："案'天'當作'太'，《御覽》作'岱'。"

③ 楊劄云："《御覽》引作'嘗麦于廟'。"

④ 昴，尊本、内閣本、古逸本作"卯"，今依考證本據《大戴禮記·夏小正》校改。

⑤ 大，尊本、内閣本、古逸本作"火"，考證本校改爲"大"。今按，《大戴禮·夏小正》作"大"，據正。考證本校云："舊'大'作'火'，無'取'字，今依本書改增。'蓋'下有'取荼荼者以為君薦蔣也秀幽'十二字，今移于下。"今從之。

⑥ 鳴札，尊敬閣本、内閣本作"鳴礼"，形近而误，據古逸本、考證本改。今按，後文"札"字各本均不誤。

⑦ 取荼荼者以為君薦蔣也秀幽，此十二字尊本、内閣本、古逸本原在"壹正蓋"之後，考證本校云："本書'秀幽'作'莠幽'，'取荼'以下十二字，舊錯亂在上，今依本書移正。"今據《大戴禮記·夏小正》移至此處。

⑧ 大旱執陟，尊本、内閣本作"大執旱陟"，古逸本、考證本作"大旱執陟"。今按，下文注釋中有"執陟"一詞，《大戴禮記·夏小正》正作"大旱，執陟"，據乙正。

⑨ 楊劄云："祚原書作'離'。"今本《大戴禮記·夏小正》作"離之去母也"。

⑩ 攻，尊本、内閣本均作"故"，今依古逸本、考證本據《大戴禮記·夏小正》校改。

⑪ 考證本校云："《初學記》作'鵠鳴聲'，《藝文類聚》作'鶴鳴'，《古微書》作'鵠鳴'，《七緯》作'鵠聲'。"

至而著，早出，未聞。龍，心星。《詩》云‘綢繆束薪，三星在天’，亦謂此時之也。”晷長四尺三寸六分，常陽雲出觜[①]，紫赤如珠。立夏於震在九四，九四辰在午，為火，互體，故氣相乱。觜紫赤如珠者，如連珠之也[②]。小滿，小雨[③]，雀子蜚，螻蛄鳴。於此更言雀子蜚者，鳴類已有光大。晷長三尺四寸，上陽雲出七星，赤而饒饒。”小滿於震值六五，（六五[④]）辰在震，卯与震同位，木可曲直。六五，離爻也，亦有互體。坎之為弓輪輪[⑤]。饒饒，列紆曲者也。《易通卦驗》曰：“巽，東南也，主立夏。食時青氣出直巽，此正氣也。氣出右，風橛木；出左，萬物傷，人民疾温。”鄭玄曰：“立夏之右，穀雨之地。左[⑥]，小滿之地，有震趹蹶之氣也。而巽氣見焉，故橛木風者，捘養萬物，今失其位，故為傷物之風也。”《詩推度灾》曰：“立火於嘉魚，万物成文。”宋均曰：“立火，立夏，火用事。成文，時物鮮潔，有文餝也。”《詩紀歷樞》曰：“巳者，已也，陽氣已出，陰氣已藏，万物出，成文章。”《春秋元命苞》曰：“大陽見於巳。巳者，物畢起，律中吕。中吕者，大踊。”宋均曰：“中猶也[⑦]，相應而吕出，故曰者[⑧]，大踊也。”《春秋説題

---

① 考證本校云：“《古微書》《七緯》‘常’作‘當’，《事類賦》同此。《藝文類聚》‘常陽’作‘初陰’。”楊劄云：“今本‘常’作‘當’。”

② 考證本校云：“此句多訛舛，不可讀。《七緯》作‘故紫赤色，皆如珠也’。”

③ 考證本校云：“舊‘滿’下有‘小雨’二字，《七緯》無，今據删去。”

④ 六五，尊本、内閣本、古逸本均無，考證本依《七緯》增。今按，據《玉燭寶典》引《易通卦驗》文例，當補。

⑤ 輪輪，尊本、内閣本、古逸本同，考證本依《七緯》校改爲“輪也”。今按，四庫本《易緯通卦驗》卷下作“坎之為弓輪”，似衍一“輪”字。

⑥ 左，尊本、内閣本、古逸本作“在”，據考證本改。

⑦ 考證本校云：“案‘猶’下脱‘應’字。”

⑧ 古逸本校補爲“中吕者”，考證本作“中者”。

辤》曰："蚕珥絲，在[①]四月。孟夏戴任出，以任氣成天律。"宋均曰："任而戴之，明當趣時急也。珥猶吐也。律，法也。"《春秋考異郵》曰："孟夏戴紝降。"宋均曰："戴勝也。孟夏則織紝止，以趣蚕故，各曰時要物，惟[②]以明其所為，戴之而已，言不施也。"

《國語·魯語》曰："鳥獸[③]成，水虫孕，孔晁曰："立夏時也。"水虞於是乎禁罝麗。"罝麗，小魚罟也。《史記·律書》曰："中吕，言万物盡旅而西行也"，又曰"巳者，言陽氣之已盡也"。《淮南子·時則》曰："孟夏之月，招摇指巳。爨柘燧（火[④]），南宫御女，赤色，衣赤采，吹竽笙。高誘曰："火王南方，故處南宫也。竽笙空中，象陽，故吹之也。"其兵[⑤]戟。戟有枝幹，象陽布散也。戟或作弩也。四月官田，其樹桃。"四月勉[⑥]農事，故官田也。桃，説与杏同，後李孰，故四月桃也。《淮南子·天文》曰："孟夏之月，以熟穀禾，雄鳩長鳴，為帝候歲。"高誘曰："雄鳩，盖布穀。"《淮南子·主術》曰："大火中，即種黍菽[⑦]。"許慎曰："大火昏中，四月也。"《京房占》曰："立夏，巽王，清明風用事，

---

① 蚕珥絲在，尊本、内閣本、古逸本、考證本均作"蚕羽絲有"，字有訛誤。今按，《太平御覽》卷九二三《羽族部·戴勝》引《春秋考異郵》曰："孟夏戴紝降。《説辭》曰：'戴紝之為言戴勝也。陽銜表，以期達。蠶珥絲，在四月。故孟夏戴紝出，以任氣成天津也。故戴勝出，蠶期起。'"引注釋曰："紝而載之，明趣時急也。銜天表，候以于期巳至，唯蠶是務。珥，吐也。"今據《玉燭寶典》下文注釋及《太平御覽》引文改"羽"爲"珥"，改"有"爲"在"。

② 惟，尊本、内閣本作"隹"，考證本作"紝"，據古逸本改。

③ 獸，尊本、内閣本作"巽"，獸之俗訛字，古逸本訛作"獉"，據考證本改。

④ 火，尊本、内閣本脱，今從古逸本、考證本據《淮南子·時則訓》補。

⑤ 兵，尊本、内閣本作"丘"，誤，據古逸本、考證本改。

⑥ 勉，尊本、内閣本、古逸本作"免"，今從考證本據《淮南子·時則訓》改。

⑦ 種黍菽，尊本、内閣本作"禮黍叔"，古逸本作"種黍叔"，考證本作"種黍菽"。今按，《淮南子·主術訓》作"大火中即種黍菽"。今據考證本及《玉燭寶典》用字習慣校改。

人君當出幣帛，使諸侯娉賢良，在東南。”《白虎通》曰：“四月律謂之中何？言陽氣將極，故復中，難之也。”

《牟子》曰：“或問曰：‘佛從何生所出？寧有先祖及國邑，皆何施，狀何類乎[①]？’（牟[②]）子曰：‘臨得佛時，（生）於天竺[③]，假形王家，父名白浄，夫人曰妙，四月八日從母右脇生。娶隣國之女，六年（生）男[④]，字曰羅云。父王珎重太子甚於日月。到年十九，四月八日夜半，戚若不樂，遂飛而起，頓於王田，休於樹下。明日王及吏民莫不嘘唏，千乘万騎出城而追。日出方盛，光曜弈弈，樹為佢枝，不令身炙。太子入出山入六年，思道不食，皮骨相連。四月八日，遂成佛焉。曰四月八日[⑤]過世，泥洹而去。’”

崔寔[⑥]《四民月令》曰：“立夏莭後，蠶大[⑦]食，可種生薑，取鮦子作醬。今案《尓雅》“鱧魚”郭璞注云“鮦也”，又曰“鰹，大鮦[⑧]”，鮦音同，鮦音腸家反。劉歆《（列[⑨]）女傳》：“臧文仲書曰

① 乎，尊本作“平”，據内閣本、古逸本改。

② 牟，尊本、内閣本、古逸本脱，考證本將前文“乎”字改爲“牟”。今據《弘明集》卷一《牟子理惑論》補。

③ 臨得佛時，（生）於天竺，尊本、内閣本、考證本均作“臨得佛將猶天竺”，古逸本校改為“臨得佛時，生於天竺”。今按，《弘明集》卷一《牟子理惑论》作“臨得佛時，生於天竺”，古逸本當是據此校改，是。

④ 生，尊本、内閣本、古逸本脱，古逸本補“生”字，可從。

⑤ 四月八日，尊本、内閣本、考證本同，古逸本校改爲“二月十五日”。

⑥ 寔，内閣本、古逸本、考證本作“寔”。

⑦ 大，尊本、内閣本、古逸本作“火”，“火食”於意不安，今從考證本據《齊民要術》校改。今按，《齊民要術》卷三《種薑》引崔寔曰：“至四月立夏後，蠶大食，牙生，可種之。”考證本據此又補“芽生”二字。

⑧ 鮦，尊本、内閣本作“鰹”，古逸本、考證本作“鮦”。今按，《爾雅·釋魚》作“鰹，大鮦，小者鮵”。據改。下同。

⑨ 劉歆，各本同。今按，《漢書》中《劉向傳》及《藝文志》均載劉向撰《列女傳》，劉向、劉歆爲父子，然抄本《玉燭寶典》卷二、卷十二中均謂“劉歆《女傳》”，很可能是作者杜臺卿之誤，故不改，只於書名中補“列”字。

‘食我以鯛魚’，公及大夫莫能知之。人有言臧孫母者，世家子也，於是召[①]而語之。母曰：‘鯛魚者，其文[②]錯。錯者所以治鋸，鋸者所以治木也。是有木治，繫於獄矣。’”曹大家注云：“魚鱗有錯文。”蚕入蔟，時雨降，可種黍禾，謂之上時，及大小豆、胡麻。是月四日，可作醢。簟[③]既入，趣繰，剖綿，具機杼，敬經(絡[④])。收蕪菁及芥、亭歷、冬葵、莨菪子。布穀鳴，收小蒜[⑤]。草始茂，可燒灰。是月也，可作棗糒，今案《蒼頡篇》：“糒，糇也，音備也。”以御賓客，可糴𪎊及大麦，弊絮。别小蒜。”大麦之無皮毛者曰𪎊也。

正説曰：

夜明星隕，《春秋》上書為異，圖讖及言齊侯小白將霸之徵[⑥]，又云恒星息曜隕雨，慎于翼，虫禍出。注云：“當慎羽翼之臣死後禍成”，至於虫流出户，此則儒家所載，善悪不離齊恒。

内典記録别證仏生之始，廣加推驗，信有由緣。《涅槃經》云：“所有種種異論、咒術、言語、文字，皆是佛説，非外道説。”計儒、玄二教，本無彼此之殊。《華嚴》云：“將下閻浮，先遣衆聖明

① 召，尊本、内閣本、古逸本作“名”，考證本作“召”。今按，《古列女傳》卷三《魯臧孫母》作“召”，據改。

② 文，尊本、内閣本、古逸本作“父”，今據考證本改。今按，據後文曹大家注及《古列女傳》卷三《魯臧孫母》作“文”是。

③ 醢簟，尊本、内閣本作“醢爾”，古逸本作“醢醬”，考證本作“醢簟”。今按，醢乃“醢”的異體字。《齊民要術》卷三〇《雜説》引崔寔曰“繭既入蔟”，繭、簟爲異體字，考證本校“爾”爲“簟”是。

④ 絡，尊本、内閣本、考證本脱，考證本補“絡”字。今按，《齊民要術》卷三〇《雜説》引崔寔正作“敬經絡”，據補。

⑤ 收小蒜，尊本、内閣本作“枚小菻”，古逸本作“收小菻”，考證本作“收小蒜”。今按，《齊民要術》卷三《種蒜》引崔寔曰：“布穀鳴，收小蒜。”據校正。

⑥ 徵，尊本、内閣本作“微”，據古逸本、考證本改。

日，古帝王皆仏之所先遣。"《天地經》云："寳應聲菩薩、吉祥菩薩，練七寳，造日月星辰。應聲号稱伏羲，吉祥即是女媧。"《易巛霊圖》云："至德之萠，五星若連璧[1]。"《是類謀》云"提含珠"，《尚書考靁曜》云："日月如合璧，五星若編珠。"《論語陰嬉讖》[2]云："聖人用機之數順七寳。"注云："七寳，北斗七星，珠璧兼有寳名，得成練寳之義。"

《清浄法行經》："天竺東北真丹人民多未[3]信罪，吾今先遣弟子三聖，悉是菩薩，往彼示現。摩訶迦葉，彼稱老子；光浄童子，彼名仲尼；月明儒童，彼号顏渕。孔顏師諮，講論五經，詩傳禮典，威儀法則，以漸誘化，然後仏[4]經當往彼所。"《法没盡經》："真丹國老子、關子、大項菩薩等，皆宣我法，其土人成，生煞好祠。迦葉菩薩，載《道德經》，化以仩路，老子是也；尋古來今，刪正同異，孔子是也；幼而叡悟，大項是也。然後仏經乃生信耳。"《道元皇曆》云："吾聞天道太上正真出於自然，是謂為仏，无為之君。又竺乹國竺乹，天竺異名。有古皇先生，善泥洹，不始不終，永存綿綿。吾受學於仏，自然得道。"《關令内傳》："老子語罽賓[5]國王，吾師号為仏，仏，覺[6]一切民者也。先生，教者之稱。"又云："吾師泥洹，即是涅盤，兼言得道。"還攄老君教迹弟子，於

① 至，尊本、古逸本作"巠"，内閣本作"坐"，誤。按，《太平御覽》卷八七二《休徵部·星》引《易坤靈圖》曰："至德之萌，五星若連珠。"

② 陰嬉讖，尊本、内閣本、古逸本作"隆嬉效"，今從考證本校改爲"陰嬉讖"。

③ 未，尊本、内閣本作"木"，今從古逸本、考證本校作"未"。

④ 仏，内閣本、古逸本、考證本作"佛"，下同。

⑤ 賓，尊本、内閣本作"寳"，據古逸本、考證本改。

⑥ 覺，尊本、内閣本、古逸本、考證本作"學"。今按，唐釋法林撰《辯正論》卷五《釋李師資篇第四》："《關令傳》云，老子曰：吾師號佛，覺一切民也。"唐釋彦琮《護法沙門法琳别傳》卷下云："《尹喜内傳》云：老子曰，王欲出家。吾師號佛，覺一切人也。"據改。

驗闕、孔，語聲訛謬，終是仲尼，大項、顏渊，非無小舛，俱曰聖童，或可互出。顏氏好學，簞瓢[①]志道，設稱天喪，寔元師諮。其大項，唯《史記》甘羅云“大項槖七歲為孔子師”，《論語》“達巷黨人者”鄭注“達巷，黨名”，董仲舒《對冊》云“良玉[②]不瑑，無異於大巷黨人不學而自知”[③]，注云“大項槖”也。嵇康《高士傳》乃言“大項槖与孔子俱學於老子。俄而大項為童子，推蒲車而戲，孔子候之，遇而不識，問大項‘居何在?’曰‘萬流屋是’。到家而知向是項子也。友之，與之談。”除此五經家語，更無出家，故指陳幼叡，以懋其美。

案《宿命本起經》：“四月七日夫人出游，過流民樹[④]衆花開化，明星出時夫人攀樹枝，便從[⑤]右脇生。天地大動，三千大千刹土莫不大明。龍王兄弟左雨温水，右雨冷[⑥]泉。還宮，天降瑞應，風霽雲除，空中清明，天為四面細雨澤香，日月星辰皆住不行，沸星下見侍太子生。其刹土大明，空中清明。”並与《春秋左氏》夜明義合，其冷泉温水及四面澤香之，又是“星隕而雨，與雨偕也”。凡夫薄福，唯見其雨，安知得温冷之異，不覺本是澤香。其星出

---

① 簞，尊本、内閣本、古逸本作“蕇”，據考證本改。今按，《説文解字・艸部》：“蕇，亭歷也。从艸單聲。”《爾雅・釋草》：“蕇，亭歷。”則“蕇”是一種草本植物。雖然古書中從艹、從⺮之字多爲異體字，但蕇、簞不可混同。“簞瓢”出自《論語・雍也》：“一簞食一瓢飲，在陋巷，人不堪其憂，回也不改其樂。”

② 玉，尊本、内閣本作“王”，據古逸本、考證本改。今按，《漢書》卷五六《董仲舒傳》載董仲舒對册，其中有云：“臣聞良玉不瑑，資質潤美，不待刻瑑，此亡異於達巷黨人不學而自知也。”

③ 《漢書》卷五六《董仲舒傳》載董仲舒對策，其中有云：“臣聞良玉不瑑，資質潤美，不待刻瑑，此亡異於達巷黨人不學而自知也。”

④ 樹，内閣本、古逸本作“樹”，考證本同尊本，樹、樹，異體字。

⑤ 從，尊本、内閣本作“徒”，據古逸本、考證本改。

⑥ 冷，尊本、内閣本、古逸本作“泠”，考證本作“冷”。今按，《修行本起經》卷一作“冷”，據正。後文“冷泉”“温冷”同。

時，即與《穀梁》“日入至於星出”理同，其沸星下見，又與《公羊》雨星相似。梁時特進沈[①]約難言：“既不知外國曆法，何用知魯荘之四月是外國之四月？若用周正，則辛卯《長曆》是五日，了非八日；用殷正也，周之四月，殷之三月；用夏正也，周之四月，夏之二月，都不与仏家四月八日同也。”杜預《春秋注》云：“辛卯四月五日月光尚微，盖時無雲，日光不以昬[②]没。”約引《長曆》即杜所造，至如賈、服所用，法更[③]不同。文元年“閏三月，非禮”，襄廿七年“十有二月乙亥日蝕”，傳云“十一月辰在申，司曆過，再失[④]閏矣”。《春秋》十二公中史失非一，盈縮動過旬晦[⑤]，豈直五日八日之閏？且《菩薩處胎經》“二月八日成仏，二月八日轉法輪，二月八日降魔，二月八日入般涅槃”，《過去現在𡇼果經》“夫人往毗藍尼園，二月八日日初出時，見无憂花，舉右手擿，從右脇生”，《佛所行讃經》“二月八日時，清和（氣調[⑥]）適，齊戒

① 沈，尊本、内閣本作“流”，古逸本作“沉”，據考證本改。今按，按此所謂沈約難，爲沈約寫《均勝論》後與華陽陶隱居之間的論難，載《廣弘明集》卷五《南齊沈休文均勝並難及解》。

② 昬，尊本、内閣本作“民”，古逸本、考證本作“昬”。今按，《左傳・莊公七年》杜預注作“昬”，據改。

③ 更，内閣本、古逸本作“叜”。《説文・攴部》：“更，改也。从攴丙聲。”《玉篇・攴部》：“叜，代也，歷也，復也。今作更。”

④ 申、失，尊本、内閣本、古逸本分别作“甲”“先”，考證本改作“申”“失”。今按，《左傳・襄公二十七年》正文分别作“申”“失”，據改。

⑤ 過，尊本、内閣本作“逕”；晦，尊本作“脢”，并據古逸本、考證本校改。

⑥ 氣調，尊本、内閣本、古逸本、考證本脱。今按，曇無讖所譯漢文佛經《佛所行讃》是一篇著名的佛教敘事文學作品，全篇採用五言詩的形式。考《佛所行讃》卷一云：“時四月八日，清和氣調適，齋戒修浄德，菩薩右脇生。”據補。

脩淨德，菩薩右脇生”。《灌佛經》[1] 云：“十方諸佛皆用四月八日夜半明星出時生，四月八日夜半明星出時出家，四月八日夜半明星出時得道，四月八日夜半明星出時般涅槃。”《灌佛經》云：“如來初生、得道、泥洹，皆四月八日者何？春夏之際，殃罪[2]悉畢，万物並生，毒氣未行，時莭和適。”《善見律》云“拎拘[3]尸那末羅王林，二月十五日入无餘涅槃”，《涅槃經》云“二月十五日臨涅槃時”，後品二月為破常心、世間樂故，“十五日月[4]無虧盈”。諸經自多舛駁，非唯三代而已。其衆花開花，似當周之四月，但經中自道“百億日月、百億閻浮”[5] “此方見半，餘方見滿”[6]，么可百億辛卯、百億夜明，神力不可思議，未足徵以文字。

其尼父立教，多會慈悲。《論語》云：“子在齊聞《韶》，三月不知宍[7]味。”《樂動聲儀》云：“《韶》之為樂，穆穆蕩蕩，温潤以

---

① 灌佛經，尊本、内閣本、古逸本、考證本均作“灌頂經”。今按，東晉帛尸梨蜜多羅譯《灌頂經》中無此内容，而西晉釋法炬譯《灌佛經》有相似記載：“十方諸佛，皆用四月八日夜半時生；十方諸佛，皆用四月八日夜半時，去家入山學道；十方諸佛，皆用四月八日夜半時得佛道；十方諸佛，皆用四月八日夜半時般泥洹。”據改。

② 殃罪，尊本、内閣本、考證本作“殃羅”，不辭，古逸本作“殃罪”。今按，釋法炬譯《灌佛經》正作“殃罪”，據正。

③ 拘，尊本作“狗”，内閣本、古逸本、考證本作“物”，誤。據僧伽跋陀羅譯《善見律毗婆沙》卷一改。

④ 尊本、内閣本、古逸本、考證本重兩“日”字。今按，北涼曇無讖《涅槃經》卷三〇：“師子吼言：‘如來初生、出家、成道、轉妙法輪，皆以八日，何故涅槃獨十五日？’佛言：‘善哉，善哉！善男子！如十五日月無虧盈，諸佛如來亦復如是，入大涅槃無有虧盈。以是義故，以十五日入般涅槃。’”據删一“日”字。

⑤ 北涼曇無讖譯《大般涅槃經》卷四《如來性品》：“我已久住是大涅槃，種種示現神通變化，於此三千大千世界百億日月、百億閻浮提種種示現。”

⑥ 北涼曇無讖譯《大般涅槃經》卷九《月喻品》：“如此滿月，餘方見半；此方半月，餘方見滿。”

⑦ 宍，尊本、内閣本、古逸本作“完”，考證本作“肉”。今按，《玉燭寶典》底本中，肉又作“宍”，與“完”字形相近，據文意校改。下同。

和，似南風之至，万物牡長。”《古文尚書大傳》大禹曰“好生之德，洽[①]於民心”。此據舜樂生養，故孔忘宍味，鄭云思之染者，理則未弫。《論語》又云“釣而不經[②]，弋不射宿”，《大戴[③]禮》云“見其生不食其死，聞其聲不甞其宍，遠庖廚，所以长恩，且明有仁也”，雖未及遠，蓋其漸法。

《寺塔[④]記》云：“佛四月八日夜生，尒夕沸星下侍，《春秋》書‘恒星不見’，佛出世矣。”三藏道人云：“彼之沸[⑤]星，此之恒星也。”佛涅洹後，阿育王起八万四千塔，應是周敬王時立，春秋昭十七年“有星第於大辰”，服注：“有星，彗星也，其形第第，故曰第。”《易巛靈圖》云“黄星第于北斗”，是則經中“沸”字，即外書之“第”也。大都當後四月辛卯佛出為定，但衆生葉力機感万殊，宜於夏時見者便言孟夏，宜以君[⑥]春中見者便言仲春，若未堪奉持[⑦]，唯覩光明之相，或已能敬信，即聞微妙之音。後人每二月八日巡城圍繞，四月八日行像供養，並其遺化，無癈兩存。

《雜鬼恠志》云：“漢武帝鑿昆明池，悉是灰墨。問東方朔，曰：‘非臣所知，可訪西域[⑧]胡人。’”漢成帝時劉向删《列仙傳》，

---

① 洽，尊本、内閣本作“泠”，據古逸本、考證本改。今按，《尚書·大禹謨》作“洽”。

② 經，尊本、内閣本、古逸本作“羿”，誤，考證本作“綱”。今按，今本《論語·述而》亦作“綱”，然與“羿”字形相差較大，頗疑此處當寫“綱”的俗字“經”，據改。

③ 戴，尊本、内閣本、古逸本作“載”，據考證本改。

④ 塔，尊本、内閣本作“搭”，據古逸本、考證本改。

⑤ 沸，尊本、内閣本、古逸本作“佛”，考證本校云“‘佛’疑當作‘沸’”，是，今據前後文改。

⑥ 君，各本同，尊本、内閣本字旁均有小字“如本”。考證本校云：“君字恐衍。”

⑦ 持，尊本、内閣本作“特”，據古逸本、考證本改。

⑧ 域，尊本、内閣本作“城”，據古逸本、考證本改。

得一百卌六人，其七十四人已見佛經，餘七十二為《列仙傳》。《抱朴子》云："劉向博學[①]，則究微極妙，經深妙遠，思理則足以清澄真偽，研覈有無。其所撰[②]，仙人七十有餘，誠無其事，其妄造何為乎？"又云："向撰《列仙傳》，自刪秦大史阮倉書中出之，或所親見，然後記之，非妄造也。"《卌二章經序》云："漢明帝夢見神人，身體金色，項有日光，飛在殿前。有通人傳毅而釋夢曰：'天笁有得道者，其名為佛，輕舉能飛，體真金色，將其神也。'帝即遣，至大月支寫此經荨。"《秦記》云："遣使至西域，使還，云天笁有仙。"山謙（之）《丹陽記》[③] 云："即《山海經》所言北海之隅天毒國也。"初漢武鑿昆明池極深，悉是灰墨，無土，當時恠惋，以問東方朔。朔曰："臣不足以知之，可試問西域胡。"帝以朔且不知，不復覈訪。至是有憶朔語者以問胡沙門，沙門據經劫燒秊荅之，乃驗朔言有旨焉。《牟子》云："洛陽城西雍門外起白馬寺，壁上作朝廷千乘万騎遶塔，又南宮清涼臺上及開陽門所造陵，名顯莭，悉於上畫[④]作仏像。"沙門釋法顯所記，考其年則佛生於殷末[⑤]，道行於周初，泥洹已來一千五百廿八年，則宜是周成王十二月也。泥洹後三百許年至平王時，經律始還新頭。新頭河，張騫所不至也。又八百許年而漢明帝夢見大人，白是一家，但內外無據。若如《法顯傳》師子國擊[⑥]皷唱言"仏般泥洹以來一千四百九

① 學，尊本、內閣本、古逸本作"舉"，博舉不辭，考證本據《抱朴子》校改爲"學"。今按，《抱朴子內篇》卷二《論仙》作"博學"，據改。

② 考證本據《抱朴子》補"列仙傳"三字。

③ 陽，尊本作"楊"，內閣本、古逸本作"揚"，考證本作"陽"。今按，《丹陽記》爲南朝劉宋時山謙之編纂的一部地志，故據校補。

④ 畫，尊本、內閣本、古逸本作"盡"，據考證本改。

⑤ 末，尊本、內閣本作"未"，據古逸本、考證本改。

⑥ 擊，尊本、內閣本作"繫"，據《法顯傳》校改。

十七年”勘校，仏出乃至殷武乙七年。案《世本》《史記》，武乙生父丁，父丁生帝乙，於紂為曾祖，但懸承彼國之言，推其年歲，更無據引質正，頗所致疑。或以仏出周時，經教即應流布，踰秦越漢，過為淹久。盖仏法興顯，始於西域，隣王及民尚未委審，摩竭稱為帝釋，蓱沙問[①]是何神？須達長者家在舍衛，初聞仏名，身毛皆竪[②]，尋復問言何等名仏。況王間[③]葱嶺，遠隔華戎，身熱頭痛，載離難險，自非甘露法雨、香山善根，何能廣拔沙塵，遥示州渚？半月漸開，方期轉深之論；優花難值，終獲圓滿之功。《牟子》又云“佛者，号謚也，猶若三皇五帝”，就俗而談，夊有斯理。内經多言“稽首仏足”，《春秋》“知武子云：‘天子在，而君辱稽首。’”佛為天中之尊，天子人之中尊，當以至敬無父，同歸化極。染衣振錫，不窺洙泗之典；縫掖函丈，靡罔菴椂之説。道家異學，拘執尤甚，遂使人懷物我，扃向未融。故内外斨[④]簡，惣明甚要，優而柔之，是知津矣。

玉燭寶典卷第四　四月[⑤]

---

① 問，尊本、内閣本、古逸本、考證本作“門”，涉前而誤。今按，《修行本起經》卷二載：“（萍沙）遥見太子光相殊妙，便問太子：‘是何神乎？’”據改。萍沙，佛陀時代摩竭陀國的國王。

② 竪，尊本、内閣本作“堅”，古逸本、考證本作“豎”。今按，《賢愚經·須達起精舍品》載：“於時須達聞佛僧名，忽然毛竪如有所得。”“竪”爲“豎”的俗字，據改。

③ 間，尊本、内閣本、古逸本、考證本作“問”，據文意改。

④ 斨，内閣本、古逸本、考證本作“断”。

⑤ 尊本、内閣本、古逸本同。

玉燭寶典卷第五[①]

五月仲夏第五

《禮·月令》曰："仲夏之月，日在東井，昏亢[②]中，旦危中。鄭玄曰："仲夏者，日月會於鶉首，而斗建午之辰。"[③] 律[④]中蕤賓，仲夏氣至，則蕤賓之律應。高誘曰："是月陰氣萎蕤在下，象主人；陽氣在上，象賓客。"小暑至，堂蜋生，鵙始鳴，反[⑤]舌無聲。堂蜋，螵蛸母也。鵙，伯勞也[⑥]。反舌，百舌鳥也。高誘曰："螳蜋，

---

① 尊本卷首背和内閣本卷首作"寶典第五"，此據古逸本、考證本。

② 亢，尊本、内閣本作"元"，據古逸本、考證本改。

③ 午，尊本、内閣本作"于"，古逸本、考證本作"午"。今按，尊本、内閣本"辰"字後有大字"建"和小字"午之辰"，此四字乃涉前而衍，古逸本、考證本删，今從之。但據此可證明此處當作"午"字。《禮記·月令》鄭玄注正作"午"，據正。

④ 律，尊本、内閣本作"健"，據古逸本、考證本改。

⑤ 反，尊本、内閣本作"万"，古逸本、考證本作"反"，據後文當作"反"。

⑥ 也，尊本、内閣本作"匜"，據古逸本、考證本改。

世謂之天馬[①]，一名齗疣[②]，兖、豫謂之巨斧。是月陰作於下，陽散於上。伯勞[③]夏至後應陰而殺虵，磔[④]之棘上而始鳴也。反舌，百舌也，變易其聲，効百鳥之鳴，故謂之百舌也。”天子居（明[⑤]）堂大廟，養牡佼[⑥]，助長氣也。命樂師脩鞀[⑦]、鞞、鼓，均琴、瑟、管、簫，執干、戚、戈、羽，調竽、笙、箎、簧，飾鐘、磬、柷[⑧]、敔。為將大雩帝習樂也。脩、均、執、調、飾者，治其器物，習其事之言也。今案《蒼頡篇》曰：“鼙，馬上鼓也。”鞞、鼙字兩[⑨]通也。命有司[⑩]為民祈祀山川百源，大雩帝，用盛樂。乃命百縣雩祀百辟[⑪]卿士有益於民者，以祈穀實。陽氣盛而恒旱。山川

---

① 馬，尊本、内閣本作“鳥”，今從古逸本、考證本校改爲“馬”。楊劄曰：“今本作‘馬’。”考證本校云：“舊‘馬’作‘鳥’，今依《吕覽》《淮南子》注改。”今按，《初學記》卷三《歲時部·夏》引高誘注作“天馬”。

② 疣，尊本、内閣本、古逸本作“瘧”，今依考證本據《吕覽注》改。今按，《初學記》卷三《歲時部·夏》引高誘注作“齗疣”。

③ 勞，尊本、内閣本作“謗”，古逸本、考證本校改作“勞”，考證本校云：“舊‘勞’作‘謗’，今依《吕覽》注改。”今按，《初學記》卷三《歲時部·夏》引高誘注作“伯勞”，據改。

④ 磔，尊本、内閣本作“蝶”，涉前而誤，據古逸本、考證本改。今按，《初學記》卷三《歲時部·夏》引高誘注作“磔”。

⑤ 明，尊本、内閣本脱，今依古逸本、考證本據《禮記·月令》補。

⑥ 牡佼，尊本、内閣本作“牡使”，今依古逸本、考證本據《禮記·月令》校改。

⑦ 鞀，尊本、内閣本作“靴”，古逸本、考證本校改作“鞀”，當是據今本《禮記·月令》而改。今按，陸德明《釋文》曰：“鞀，大刀反。本亦作鞉。”蓋鞉、靴形近而訛，故以此校改爲“鞉”，下文同。

⑧ 磬柷，尊本作“毄祝”，内閣本作“穀稅”，今從古逸本、考證本校改作“磬柷”。下文“柷”字同。

⑨ 兩，尊本、内閣本作“而”，古逸本、考證本校改爲“兩”，極是，據改。

⑩ 尊本、内閣本“有司”後原有“馬”字，古逸本、考證本删，是。考證本校云：“舊‘司’下有‘馬’字，今删。”

⑪ 辟，尊本、内閣本作“群”，古逸本、考證本校改爲“辟”。今按，《禮記·月令》作“辟”，據改。

百源，能興雲雨者也，衆水所始出為百原，必先祭其本，乃雩，吁嗟[①]求雨之祭也。雩帝謂為壇南郊之旁[②]，雩五精之帝，配以先帝也。自鞉鞞至柷敔皆作曰盛樂。雩者，天子於上帝，諸侯以下於上公[③]。周冬及春夏[④]，雖旱，礼有禱無雩也。農乃登黍[⑤]。登，進也。是月也，天子乃以雏甞黍。羞以含桃，先薦寢廟。此甞雏[⑥]也，而云以甞黍，不以牲[⑦]主穀也。必以黍者，黍，火穀，氣之主也。含桃，今謂之櫻桃。高誘曰："含桃，鸎桃也。鸎鳥所含食，故言含桃。"顧氏問："登麦登穀，皆新孰也，仲夏黍未孰，何以登之乎？若以甞雏起者，下更言'是月'，非共言也。櫻桃，若是朱櫻，將不太晚？"庾[⑧]蔚之曰："蔡邕、王肅皆云'仲夏所登，謂

---

① 吁嗟，尊本作"妤差"，内閣本作"件差"，古逸本、考證本校改作"吁嗟"。今按，《禮記·月令》鄭玄注："雩，吁嗟求雨之祭也。"據改。

② 南郊之旁，尊本、内閣本作"南效之南"，今依古逸本、考證本據《禮記·月令》鄭玄校正。

③ 上公，尊本、内閣本作"公上"，今依古逸本、考證本乙正。

④ 此句，尊本、内閣本、古逸本作"周公冬及今夏"，考證本據注疏本《禮記》删改作"周冬及春夏"。今按，《禮記·月令》鄭玄注曰："天子雩上帝，諸侯以下雩上公。周冬及春夏雖旱，礼有禱無雩也。"

⑤ 黍，内閣本作"黍"，異體字。下同。

⑥ 雏，尊本、内閣本作"雉"，古逸本、考證本據《禮記·月令》鄭玄注校改作"雛"。今按，據上下文，"雛"應當寫作俗簡字"雏"。

⑦ 牲，尊本、内閣本作"牡"，今從古逸本、考證本據《禮記·月令》鄭玄注校改。

⑧ 庾，尊本、内閣本作"庚"，誤，據古逸本、考證本改。庾蔚之，南朝劉宋時期著名的禮學家，《宋書》《南史》無傳，《宋書·臧燾徐廣傅隆傳》載："潁川庾蔚之、雁門周野王、汝南周王子、河内向琰、會稽賀道養，皆托志經書，見稱於後學。蔚之略解《禮記》並注賀循《喪服》行於世云。"《隋書·經籍志》著録庾蔚之禮學著作如《禮記略解》《禮答問》等多部，唐時孔穎達《禮記正義》和杜佑《通典》中屢屢徵引庾蔚之的禮學著述，唐以後其著作逐漸散佚。

之蟬鳴黍’，今猶有之。鄭云‘此當雛[①]’，非也。朱櫻，據今櫻桃殊為太晚，主[②]氣所産，或不必同。今案《史記》‘漢惠帝春出游離宫’，叔孫生曰：‘古者有春嘗菓，方今櫻桃孰，可獻，顧因取櫻桃獻宗廟。上許之。’左思[③]《蜀都賦》亦云‘朱櫻春就’，計其初孰者，唯似夏前，但惠帝出遊而獻，乃非正禮。此為雛黍之羞，或以盛以盛時兼廌[④]之者也。”令民毋刈藍以染，為傷長氣也。此月藍始可別也。毋燒灰，為傷火氣也。火之氣扵是為盛，火[⑤]之滅者為灰也。毋暴布，不以陰功[⑥]于太陽之事之者也。門閭無閇[⑦]，關市無索。順陽縱[⑧]，不難物。挺重囚，益其食。挺猶寬也。游牝別羣，孕[⑨]任之類，欲止之也。則執騰駒，為其牡[⑩]氣有餘，相蹄齧者也。班馬政。馬政，謂養馬之政教。

“日長至，陰陽爭，死生分。爭者，陽方盛，陰欲起。分猶半也。君子齊戒，處必掩身，無躁，掩猶隐翳，躁猶動也。止[⑪]聲色，

① 雛，尊本、内閣本作“雞”，據古逸本、考證本改。

② 主，尊本、内閣本作“立”，據古逸本、考證本改。

③ 思，尊本、内閣本作“惠”，據古逸本、考證本校改。考證本校云：“舊‘思’作‘惠’，今改。”

④ 兼廌，尊本、古逸本同，内閣本、考證本作“眾廟”。此句中“以盛”重出，疑衍其一。

⑤ 火，尊本、内閣本作“大”，據古逸本、考證本校改。

⑥ 功，尊本、内閣本作“切”，據古逸本、考證本校改。

⑦ 閇，尊本、内閣本同，古逸本、考證本作“閉”。

⑧ 考證本據《禮記》注疏本在“陽”字後增“鋪”字。

⑨ 孕，尊本殘存“孕”字上半，内閣本徑作“乃”，據《禮記・月令》鄭玄注校改。

⑩ 牡，尊本、内閣本同，古逸本作“壯”，考證本校云：“注疏本‘牡’作‘牝’，《考文》云‘古本作壯’，宋板、足利本同‘牡’，亦‘壯’字之訛。”今按，宋本《禮記・月令》鄭玄注正作“牡”。

⑪ 止，尊本、内閣本作“上”，據古逸本、考證本改。

毋或進。進謂（御[①]）見也，聲謂樂也。《春秋説》云，夏至，人主與群臣從八能之士作樂五日，今止之，非其道。薄滋味，毋致和，為其氣暴[②]，此時傷人也。節嗜欲，定心氣。微陰扶精，不可散也。百官靜，事無刑，今《月令》"刑"為"徑"也。以定晏陰之所成。晏，安也。陰稱安。鹿角解，蟬始鳴，半夏生，木堇榮也。又記時候也。半夏，藥草也。木堇，王蒸[③]也。今案《尒雅》"椴[④]，木堇。櫬，木堇。"劉歆注："主別三名，其樹如李，其華朝生暮落。"《詩草（木[⑤]）疏》曰："舜華，一名木堇，一名日及。齊魯[⑥]謂之王蒸，今朝生暮落是。五月始生華，至暮輙落，明日一復生，如此至八月，乃為子。子如葵子大。華可蒸鬻為茹，滑美如堇，亦可苦酒淹食麋子。"《朝華賦》曰"朝華麗木"也，即《詩》所謂"舜英"者也。《尒雅》曰木堇，《月令》中夏"木堇榮"，論時則同此木也。《尒雅》在《釋草篇》，以此為疑，樊光以為（與[⑦]）草同氣，故同之於釋草。成公綏《日及賦》曰："礼紀時於木堇，詩詠色於舜英，且事美而難究，故□[⑧]稱而繁名"也。毋用

---

① 御，尊本、内閣本在"謂"和"見"之間留空一字，古逸本、考證本補"御"字，當是據《禮記·月令》鄭玄注補，可從。

② 暴，尊本、内閣本、古逸本同，考證本據《禮記注疏》校改作"異"。

③ 蒸，尊本、内閣本作"蒹"，古逸本作"烝"，考證本作"蒸"。今按，《禮記·月令》鄭玄注作"蒸"，據改，下同。

④ 椴，尊本、内閣本、古逸本作"葭"，考證本作"椴"。今按，《爾雅·釋草》有"葭，華""葭，蘆"二條，俱指蘆葦；《爾雅·釋草》另有"椴，木槿"，據改。

⑤ 木，尊本、内閣本脱，據古逸本、考證本補。

⑥ 魯，尊本、内閣本作"曽"，據古逸本、考證本改。

⑦ 與，尊本、内閣本、古逸本無，考證本據《詩經》《爾雅》注疏補"與"字，可從。今按，《毛詩·鄭風·有女同車》"顔如舜華"孔穎達疏曰："樊光曰：別二名也，其樹如李，其華朝生暮落，與草同氣，故在草中。"邢昺《爾雅疏》卷八引"某氏曰：'別三名也，其樹如李，其華朝生暮落，與艸同氣，故在草中。'"

⑧ 考證本校云："'故'下疑有脱字。"據文意，當脱一字。

火南方，陽氣盛，又用火於其方，害微陰也。可以居高明，可以遠望，可以升山陵，可以處臺榭。順陽在上也。高明，謂樓觀也，其有室者謂之臺，有木謂之榭。今案《倉頡篇》曰："榭，今當堂皇也。"仲夏行冬令，則雹凍①傷穀，子之氣乘之。陽為雨，陰起脅之，凝為雹②也。道路不通，暴兵來至。盜賊攻劫③，亦雹之類。行春令，則五穀晚熟，卯之氣乘之，生④日長也。百螣時起，其國乃飢。螣，蝗之屬，言⑤百者，明衆類⑥並為害也。行秋令，則草木零落，酉之氣乘之。八月宿值昴畢，昴為獄，主煞之者。菓實蚤成，生日短也。民殃於疫。"大陵之氣來為害也。

蔡雍《仲夏章句》曰："'小暑至。'暑者，煖氣之著者也。於小⑦，季夏之暑。螳⑧蜋，虫名也，食蟬，煞虫也。是月升⑨陰始，煞虫應而生也。'鶪始鳴。'鶪，伯勞鳥，一名曰伯趙，應陰而鳴，為陰候者也。常以夏至鳴，冬至止，故傳曰'伯趙氏司至'也。'反舌無聲。'反舌，虫名，黿之属也，今謂之蝦蟇。其舌本前著

① 凍，尊本作"涑"，據内閣本、古逸本、考證本改。

② 雹，尊本作"電"，據内閣本、古逸本、考證本改。

③ 賊攻劫，尊本、内閣本作"賦次却"，古逸本作"賊攻劫"，今從考證本據《禮記·月令》鄭玄注校改。

④ 生，尊本、内閣本作"主"，古逸本作"主"，今依考證本據《禮記·月令》鄭玄注校正。

⑤ 尊本、内閣本重出"言"字，今依古逸本、考證本删。

⑥ 衆類，尊本、内閣本作"類衆"，據古逸本、考證本乙正。今按，《禮記·月令》鄭玄注作"衆類"。

⑦ 於小，尊本、内閣本、考證本同，古逸本二字乙轉。考證本校云："'於小'疑當乙轉。"

⑧ 螳，尊本、内閣本作"蛵"，疑誤，據古逸本、考證本改。考證本校云："'螳'上當有'螳蜋生'三字。"

⑨ 升，尊本、内閣本、考證本同，古逸本作"少"，考證本校云："案'升'當在'始'下。"

口側而末内鄉，故謂之反舌。‘天子居明堂大廟。’大廟，午上（之[①]）堂。鞀，小鼓，有柄；鞞，大鞞也。‘祈祀山川丘源。’源，水首也。雩，遠也，遠求之意。‘農乃升黍。’中夏而熟，黍之先成者，謂之蟬鳴黍。‘是月也，天子以雛嘗黍。’雛，稺雞也。‘遊牝別群，則縶孕駒，頒馬正。’縶，絆。頒，賦。馬正，馬官之長也。季春遊于牧，至此積三月，孕任者足以定，定則別之扵羣，絆而授馬長，所以全其駒。‘日長至。’日，晝[②]也；長者，漏刻之數長也；至者，極也。夏至五月之中，其晝漏六十五刻。先之四日，後之四日，漏六十四刻有分，唯是日及先後各三日獨全五刻，故曰日長至。‘薄滋味。’薑、椒、桂[③]、蘭之属曰滋，甘、酸、魚、宍之属曰味。‘莭嗜欲，定心氣。’口曰耆，心曰欲。心，四藏之主氣，所以實志。‘百官靜，事無徑。’徑[④]，易也，言諸官皆靜皆重，慎不輕易也。‘鹿角解。’鹿，獸名也。角，兵象也。解，墮[⑤]也。凡角皆葯，而鹿角獨骨，兵象之剛者也。夏日至，陰始微起，氣弱，不可以動兵行武，故天示[⑥]其象，鹿角應而墮，為時候。‘半夏生。’半夏，藥草名[⑦]，當夏半而生，曰以為名。”

右《章句》為釋《月令》。

---

① 之，尊本、内閣本無，今依古逸本、考證本補。

② 晝，尊本、内閣本、古逸本作“盡”，考證本校改作“晝”，是。下同。

③ 桂，尊本、内閣本作“柱”，據古逸本、考證本改。

④ 徑徑，尊本作“傜役”，内閣本、考證本作“徭役”，古逸本校改爲“徑徑”。今按，《禮記・月令》作“事無刑”，鄭玄注謂“今《月令》‘刑’為‘徑’也”，《淮南子・時則訓》正作“事無徑”。各本中“傜役”“徭役”，蓋為“徑徑”之訛。

⑤ 墮，尊本、内閣本作“隨”，古逸本、考證本校改作“墮”，是。下文同。

⑥ 示，尊本、内閣本作“不”，古逸本、考證本校改作“示”，是。

⑦ 藥草名，尊本、内閣本、考證本作“草名藥”，考證本校云：“‘藥’字疑當在草上”，考證本將“藥”字移至“草名”前。

《詩・豳[1]風》曰："五月鳴蜩"，毛傳曰："蜩，螗也[2]。"又曰："五月斯螽動股。"斯螽，蚣蝑。《尚書・堯典》曰："申[3]命羲叔，宅南交，孔安國曰："申，重也。南交，言夏与春交也。"王肅注："本作郊也。"平秩南偽，五和反。偽，化也。掌夏之礼官，平序南方化育之事也。日永星火，以正中夏。永，長，謂夏至之日。火，倉龍之中星，舉中則七星見可知也。鳥獸希革。"時毛羽希少改易。革，改也。《尚書・堯典》曰："五月南巡守，至于南岳，如岱禮。"孔安國曰："南岳[4]，衡山"之也。《周官・地官上》曰："大司徒之職，掌土圭之法，測土深，正日景，求地中，日至景尺有五寸謂之地中。"鄭司農云："土圭長尺五寸，以夏至日立八尺表，其景適与土圭等，謂之地中，潁[5]川陽城為然"之者也。《周官・地（官[6]）下》曰："山虞，掌[7]仲夏斬陰木。"鄭司農云："陰木，秋冬生者，松栢之属。"鄭玄曰："陰木生山北。"《（周官[8]）・春官下》曰："大司樂以靈鼓靈鼗[9]，孫竹之管，空桑之琴瑟，咸池之舞。夏日至扵澤中之方丘，奏之八變，則地祇出，可得

---

① 豳，尊本、内閣本作"幽"，據古逸本、考證本改。

② 傳，尊本、内閣本、古逸本作"詩"，考證本校改爲"傳"，極是；蜩螗，尊本、内閣本作"綢蟾"，古逸本、考證本校改作"蜩螗"。考證本校云："舊'傳'作'詩'，'蜩螗'作'綢蟾'，今改。"今按，《詩經・豳風・七月》毛傳作："蜩，螗也"。

③ 申，尊本、内閣本作"中"，誤，據古逸本、考證本改。今按，後文孔安國注中"申"字不誤。

④ 岳，尊本、内閣本作"丘"，據古逸本、考證本校。

⑤ 潁，尊本作"頮"，内閣本作"頭"，據古逸本、考證本校改。

⑥ 官，尊本、内閣本、古逸本脱，考證本補，是。今按，據《玉燭寶典》引《周禮》文例，當補"官"字。

⑦ 掌，尊本、内閣本作"常"，古逸本、考證本校改作"掌"，是。

⑧ 周官，尊本、内閣本、古逸本脱，考證本補，是。據文例當補。

⑨ 鼗，尊本、内閣本、古逸本誤寫作"兆鼓"二字，據考證本改。

而禮。”鄭玄曰：“地祇，主崐崘之神也。靈鼓靈（鼗[①]），六面。孫竹，竹枝根之末生者。空桑，山名[②]。”《周官·春官下》曰：“凡以神仕者，掌以夏日至致地祇物魅。”鄭玄曰：“地物，陰也，陰氣升而祭地祇。致物魅於墠壇，盖祭天地之明日也。”《周官·夏官上》曰：“大司馬掌中夏，教茇舍，如振旅之陳。羣吏撰車徒，讀書契，辨號名之用，百官各象其事，以辦軍之夜事。鄭玄曰：“茇舍，草止也，軍有草止之法。撰，讀曰算[③]。車徒，謂數擇[④]之。夜事，戒（夜）守之事也[⑤]。草止者，慎於夜之。”遂以苗田，如蒐之法，車弊，獻禽以享礿。”夏田為苗，擇取不孕任者，若治苗去不秀實者。車弊，駈獸之車止。夏田主用車，示所取（物希）[⑥]，皆煞而車止。礿，宗廟之夏祭。冬夏田主祭宗廟者，陰陽始起，象神之在內之。《周官·秋官下》曰：“柞[⑦]祖格反也。氏掌攻草木及林麓，夏日至令刊陽木而火之。”鄭玄曰：“木生山南為陽木也。”《周官·秋官下》曰：“薙遲計反，又聽帝（反[⑧]）。氏掌煞

① 鼗，尊本、内閣本脱，古逸本、考證本補，是。

② 名，尊本、内閣本作“石”，據古逸本、考證本改。今按，《周禮·春官·大司樂》鄭玄注作“山名”。

③ 讀曰算，尊本作“讃曰算”，内閣本作“頡日尊”，古逸本校作“讀曰筭”，考證本校作“讀曰算”，今從之。

④ 擇，尊本、内閣本作“釋”，古逸本、考證本校作“擇”，是。

⑤ 夜事，尊本、内閣本作“衣事”，據古逸本、考證本校改。又古逸本、考證本據《周禮·夏官·大司馬》鄭玄注在“守”字前補“夜”字，可從。

⑥ 物希，尊本、内閣本、古逸本無，考證本據《周禮·夏官·大司馬》鄭玄注補“物希”，可從。

⑦ 柞，尊本、内閣本、古逸本作“祚”，古逸本校改作“柞”。今按，《周禮·秋官》有“柞氏”。

⑧ 反，尊本、内閣本、古逸本無，今據考證本補。

草。春始生而萌之，夏日至而夷之。"杜子春云："謂耕反其萌牙。"[①] 鄭玄曰："萌[②]之者，以茲基斫其生者，夷之以鉤鐮，迫地芟之，若今[③]取茭矣。"

《禮·王制》曰："五月南巡守，至于南岳，如東巡守之禮。"《韓詩章句》曰："七月鳴鶪，夏之五月陰氣始動扵下，鳴鶪，破物扵上，應陰氣而煞也。"《周書·時訓》曰："芒種之日，螳蜋生；又五日，鶪始鳴；又五日，反舌無聲。螳蜋不生，是謂陰息；鶪不始鳴，號令壅偪；反舌有聲，佞人在側。夏至之日，鹿角解；（又五日，蜩始鳴[④]）；又五日，半夏生。鹿角不解，兵革不息；蜩（不[⑤]）始鳴，貴臣放逸；半夏不生，民多厲疾。"《禮·夏小正》曰："五月叅則見，浮游有殷。殷殷，衆也。浮游者，渠略也，朝生而暮死。今案《禮·（易）本命》[⑥] 曰："蜉蝣[⑦]不飲不食。"《淮

---

① 杜，尊本、内閣本作"莊"，據古逸本、考證本改；反，尊本、内閣本、古逸本作"及"，考證本校作"反"。今按，《周禮·秋官·薙氏》鄭玄注引"杜子春曰：薨當為萌，謂耕反其萌牙。"據改。杜子春，即杜預。

② 萌，尊本、内閣本作"前"，據古逸本、考證本改。

③ 今，尊本、内閣本作"令"，據古逸本、考證本改。《周禮·秋官·薙氏》鄭玄注正作"今"。

④ 又五日蜩始鳴，尊本、内閣本脱，古逸本、考證本據《逸周書·時訓解》補，是。

⑤ 不，尊本、内閣本脱，古逸本將此句校改爲"蜩不鳴"，考證本據《逸周書·時訓解》補"不"字。今按，今本《逸周書·時訓解》曰："鹿角不解，兵革不息；蜩不鳴，貴臣放逸；半夏不生，民多厲疾。"其中"蜩不鳴"與其他四字句不同，當作"蜩不始鳴"，則前後句式整齊如一。

⑥ 案禮易本命，尊本、内閣本作"安禮本尒"，古逸本作"按礼本尒"；考證本作"案禮本尓"，并校云："案，此《大戴禮·易本命篇》之言，而脱'易'字，'尓'乃'命'字之訛。"極是，故從考證本補"易"字。今按，《玉燭寶典》中，凡是杜臺卿自己所加的案語，均寫作"案"，故據本書文例改作"案"字。

⑦ 按，尊本、内閣本、古逸本此處"蜉蝣"作"蜉〻"。

南子》曰："蜉蝣不（過[①]）三日。"虫旁字亦通。時有養日。養，長也。乃瓜。瓜者，急之辭，始食瓜也[②]。良蜩鳴。良蜩者，五采具。啓灌藍蓼。啓者，别也，陶而疏之也。灌者，聚生也。鳩為鷹。唐蜩鳴。唐蜩鳴者，匽也。今案《方言》有"匽蚻"，音偃也。初昏大火中。大火者，心也。心中，種黍、菽[③]、糜時。今案《倉頡篇》曰："糜，穄也。"《字林》音亡[④]皮反。煮梅[⑤]，為豆實。蓄蘭，為沐浴。"

《易通卦驗》曰："夏日至，如冬日至之禮。儛八樂，皆以[⑥]肅敬為戒。"鄭玄曰："八樂，雲門、五英、六莖、大卷、大韶、大夏、大護、大武。"[⑦]《易通卦驗》曰："夏日至成地理，鄭玄曰：

① 過，尊本"不"字和"三"字之間留有一空，内閣本、古逸本無，考證本據《淮南子》補"過"字。今按，《淮南子·詮言訓》曰："龜三千歲，蜉蝣不過三日。"據補。

② 此句，尊本、内閣本同，古逸本校作"乃者，急之辞，始食瓜也"，考證本據《大戴禮記·夏小正》校補作："乃者，急瓜之辭也。瓜也者，始食瓜也。"

③ 菽，尊本、内閣本、古逸本作"叔"，考證本校改作"菽"，是。

④ 亡，尊本、古逸本同，内閣本、考證本作"已"。

⑤ 煮梅，尊本、内閣本作"渚悔"，古逸本作"渚梅"，今從考證本據《大戴禮記·夏小正》校改爲"煮梅"。

⑥ 尊本、内閣本"以"下原有一重文符號，據文意第二個"以"字衍，今從古逸本、考證本删。

⑦ 雲門、六莖、大韶，尊本、内閣本分别作"堂門""六之莖""六歆"，據古逸本、考證本校改。"大護"，尊本、内閣本、古逸本同，考證本校改爲"大濩"。考證本校云："舊'雲'作'堂'，'六'下有'之'字，'大韶'作'六歆'，濩作'護'，'武'作'成'，今據《七緯》訂正。"今按，《太平御覽》卷五六五《樂部三·雅樂下》引《春秋感精符》注曰："八樂者，雲門、五英、大莖、大卷、大韶、大夏、大護、大武也。"故"大護"不改。又尊本、古逸本實作"大武"，内閣本訛作"大成"，考證本乃據内閣本而校。

"地理者，五土也。以生[①]万物，養人民。夏至而功定，扵是時祭[②]而成之，所以報也。"皷用牛皮，皷負偟五尺七寸。瑟用桑，長五尺七寸。間音[③]以蕭補，蕭長尺四寸。"皷必用牛皮者，夏至，離氣也，離為黄牛。瑟用桑，柳槐[④]條，取其垂，象氣下。《易通卦驗》曰："離，南方也，主夏至。日中，赤氣出，直離，此正氣也。氣出右，萬物半死；氣出左，赤地千里。"鄭玄曰："夏至之右，芒種之地；左[⑤]，小暑之地也。芒種之時，可稼澤地。離者熯物，而見於芒種之地，則澤稼[⑥]獨生，陵陸死矣。赤地千里，言旱[⑦]甚，且廣千里，穿井乃得泉也。"《易通卦驗》曰："芒種，丘蚓出。晷長二尺四寸（四）分[⑧]，長陽雲出，雜赤如𥁞𥁞。鄭玄曰："芒種扵震值上六。上六，辰在巳，又得巽氣，故雜赤不純。巽又為長，故𥁞也。"夏至，景風至，暑且濕。蟬鳴，螳蜋生，鹿角解，木堇榮。景風，長大万[⑨]物之風。晷長尺[⑩]四寸八分，少陰雲出，如水波崇崇。"夏至，離始用事，位值初九。初九，辰在子，故如水波

---

① 生，尊本、内閣本作"虫"，古逸本、考證本校改爲"生"，極是。

② 祭，尊本、内閣本作"參"，古逸本作"祭"，考證本據《七緯》校改作"祭"。今據古逸本、考證本改。

③ 音，尊本、内閣本作"者"，古逸本作"音"，考證本據《七緯》校改作"音"。今據古逸本、考證本改。

④ 槐，尊本、内閣本作"醜"，古逸本作"槐"，考證本據《七緯》校改作"音"。今據古逸本、考證本改。

⑤ 左，尊本作"右"，據内閣本、古逸本、考證本改。

⑥ 稼，尊本、内閣本作"嫁"，據古逸本、考證本改。

⑦ 旱，尊本、内閣本作"早"，據古逸本、考證本改。

⑧ 四，尊本、内閣本脱，古逸本、考證本補"四"字，楊劄云："據《後漢書》改"，考證本校云："舊'分'上無'四'字，今依《續志》注增。"今按，所謂"《續志》注"，乃是《後漢書·律曆志下》注引《易緯》。

⑨ 万，尊本、内閣本作"方"，據古逸本、考證本改。

⑩ 考證本"尺"前補"一"字，校云："舊無'一'字，今依《續志》補。"楊劄云："今本無'尺'字。"

崇崇，微輪出也。

《詩紀歷樞[①]》曰："午，仵也，陽氣極拎上，陰氣起拎下，陰為政，時有武，故其立字十在人下為午。"宋均曰："午，仵也，適也，皆相敵之言也。"《尚書考靈曜》曰："夏至日，日[②]在東井廿三度有九十六分之九十三。求昬中者，取十二頃[③]，加三旁蠡順[④]除之。"求明中者，取十二頃，加旁蠡却除之[⑤]。鄭玄曰："長日晝[⑥]行廿四頃，中止南分[⑦]之，左十二頃也，通十二頃三旁，得百四十二度有四百分之二百八十三也。此日昬明，時上當四表之刻，与正南中相去教也。"《音義》曰："蠡，羅列耳也。"《尚書考靈曜》曰："夏仲一日，日出於寅，入拎戌，心星五度中而昬，營室十度中而明。"《尚書考靈曜》曰："長日出於寅，行廿四頃，入于戌，行十二頃。"鄭玄曰："長日，夏至時也，夏至之日出入天正東西中

---

① 尊本、内閣本作"樞歷"，古逸本、考證本乙正，是。

② 日，尊本、内閣本作"曰"，據古逸本、考證本改。

③ 頃，尊本、内閣本作"須"，古逸本、考證本作"頃"。今按，《隋書·天文志上》有"依《尚書考靈曜》晝夜三十六頃之數"，恰與《玉燭寶典》本卷及卷一一引《尚書考靈曜》相合，據改。下文中"頃"字同。然"頃"字在其他傳世文獻中亦常寫錯，如《周髀算經》卷下注引《尚書考靈曜》作"頭"，《文選·陸佐公〈石闕銘〉》李善注引《尚書考靈耀》作"項"，均誤。

④ 順，尊本、内閣本作"頃"，古逸本、考證本校改作"順"，考證本校云："舊'順'作'頃'，今依《文選》注改。"楊劄云："《文選·陸佐公〈刻漏銘〉》注引《考靈曜》冬至作'順除之'。"今按，《文選·陸佐公〈刻漏銘〉》李善注實無引《尚書考靈曜》，此段實見於陸佐公《石闕銘》李善注，李注作："《尚書考靈耀》曰：冬至，日月在牽牛一度，求昬中者，取六項，加三旁蠡順除之。鄭玄曰：盡行十二項，中正而分之，左右各六項也。蠡，猶羅也。昬中在日前，故言順數也。明中在日後，故言却也。"

⑤ 此二句，尊本、内閣本、古逸本在注文中，考證本據文意校改爲正文。

⑥ 晝，尊本、内閣本、古逸本均作"盡"，考證本校改作"晝"，極是，今據改。下文"日出晝所行"同。《文選·陸佐公〈石闕銘〉》李善注引《尚書考靈耀》作"盡"，亦誤。

⑦ 中止南分，各本同。今按，《文選·陸佐公〈石闕銘〉》李善注引《尚書考靈曜》鄭玄注作"中正而分"，疑《玉燭寶典》各本"止南"爲"正而"之訛。

之北廿四度，天地入北六度，於四表凡卅度也。左右各三頃，并南北十八頃，為二十四頃，日出晝所行也，其北十二頃，日入夜所行也。"《尚書考霊曜》曰："主夏者，心星。昏中，可種半夏、黍菽[①]矣。"《春秋元命苞》曰："夏至百八十日，秋冬相援。"宋均曰："陰起於夏至用事，如陽月數而終也。或言爰丘成相也。"《春秋元命苞》曰："盛於午。午者，物滿長，宋均曰："午，五也。五陽所立，故應而謂満長也。"律中蕤賓。蕤賓者，委賓。"委猶予也，賓，見歸予也。此陽用事而謂之賓者，時陰在下，為主尊奉之，故變陽云賓，南方為礼，万物相見，立賓主以相承事，取此義之。《春秋考異郵》曰："日夏至，水泉躍。"[②] 宋均曰："日夏至，陰氣起，故泉水躍以應之，流濕之義。"《春秋漢含孳》曰："仲夏，陰作綿綿，更起威盛相。"宋均曰："作，起也。綿綿，微意爍消也。言陰集陽有漸，亦綿綿微如暑，曰時稍起用事，至放相消滅也。"《春秋説題辝[③]》曰："黍者，緒也，若仲夏物並長，故縱酒，人衆聚，厥象也。"宋均曰："緒當作序，言使人尊卑有次序。黍稷散布而相牽連，此又衆集會，有次序列居之象也。"《孝經援神契》曰："夏至，陰始動也。"《孝經援神契》曰："仲夏，火星中。

---

① 此句，尊本、内閣本作"昏如中，可種半夏之叔"，古逸本、考證本校改作"昏中，可種半夏黍菽"，考證本校云："舊作'昏如中，可種半夏之升矣'，今依《齊民要術》《禮疏》訂正。"今按，《齊民要術》卷二引作"火星昏中，可種黍菽"。今從古逸本、考證本校改。

② 楊劄曰："《御覽》引作'夏至，井水躍'。"

③ 辝，内閣本、古逸本作"辞"。

布穀降，野穫麦，鉏[①]穖，别苗秀，蝅任絲，戴絍[②]下，蠒[③]始出，作婦女。”宋均曰：“戴絍，戴勝也。下謂伏息。《月令》孟夏‘蝅事畢’，今仲夏甫言蠒出，舉四仲為候，以苞一時也。”

《尒雅》：“五月為睪[④]。”李巡曰：“五月万物盛壯，故曰睪。睪，大也。”孫炎曰：“睪，物長之貌。”《管子》曰：“春日至[⑤]始，數九十二日謂之夏至，夏而麦熟，天子祀於大宗，其盛以麦。麦者，穀之始也。宗者，族之始也。”《吕氏春秋[⑥]》曰：“夏至日行近道，乃絫于上，當樞之下無晝[⑦]夜。”高誘曰：“近道，内道也。乃絫倍于上，夏日高也。當施樞之下，不明不寘，曜（統[⑧]）一也，故曰無晝夜也。”《尚書[⑨]大傳》曰：“中祀大交霍山，貢兩伯[⑩]之樂焉。鄭玄曰：“中，仲也，古字（通[⑪]）。春為元，夏為仲。五

---

① 鉏，尊本、内閣本作“祖”，據古逸本、考證本改。

② 絍，尊本、内閣本、古逸本作“維”，考證本據《御覽》改作“絍”，是。注下同。楊剳曰：“《御覽》九百二十三載‘維’下二句。”今按，《御覽》卷九二三《羽族部一〇·戴勝》引《孝經援神契》曰：“戴絍降，蠶始生。”

③ 蠒，尊經閣、内閣本作“爾”，誤，據古逸本、考證本改。下同。考證本校云：“《御覽》作‘蠶始生’，《七緯》引《荊楚歲時記》同此。”

④ 宋本《尒雅·釋天》作“五月为臯”。

⑤ 春日至，尊本、内閣本、古逸本作“冬至”，今從考證本據《管子》校改作“春日至”。今按，《管子·輕重己第八十五》載：“以冬日至始，數九十二日，謂之春至。……以春日至始，數九十二日，謂之夏至。”

⑥ 吕氏春秋，尊本、内閣本、古逸本作“春秋吕氏”，據文意校改。

⑦ 晝，尊經閣、内閣本、古逸本作“盡”，今從古逸本校改作“晝”。注下同。今按，引文見《吕氏春秋·有始覽》，作“晝”。

⑧ 統，尊本、内閣本、古逸本無，今從考證本據《吕氏春秋》高誘注補。今按，《吕氏春秋·有始覽》高誘注作：“當極之下，分明不寘，曜統一也，故曰‘無晝夜’。”

⑨ 書，尊本作“盡”，據内閣本、古逸本、考證本改。

⑩ 兩，尊本、内閣本作“雨”，據古逸本、考證本改。“兩伯”即後文的“夏伯、儀伯”。

⑪ 通，尊本、内閣本、古逸本脱，今從考證本據《尚書大傳》補。今按，《儀禮經傳通解續》卷二六引《尚書大傳》作“古字通”。

月南巡守，仲祭大交氣[1]於霍山也。南（交[2]）稱大交，《書》曰'宅[3]南交'也。"夏伯之樂，舞《謾彧[4]》，其歌聲比中謡[5]，名曰《初雷[6]》。夏伯，夏官司馬，棄掌之。謾猶蔓也。彧，長貌[7]，言象物之孳蔓彧然。初雷，陽上極，陰始謀之也。儀伯[8]之樂，舞《將陽》，其歌聲比大謡，名曰《朱竽》。"儀伯，羲叔之後。舞《將陽》，言象物之秀實動揺也。竽，大。《尚書大傳》曰："撞[9]蕤賓之鐘，左五鐘皆應。鄭玄曰："蕤賓在陰，東五鐘在陽，君將入，故以静告動，動者則亦皆和[10]也。"蕤賓有聲，狗吠彘鳴，及倮[11]介之蟲，皆莫不近頸聽蕤賓。皆守物及陰之類也。在内者皆玉色，在外者皆金聲。"玉色，反[12]其正性也；金聲，其事煞[13]矣也。《史

---

① 祭大交氣，尊本作"蔡交之立"，内閣本作"蔡交之然"，古逸本、考證本校改作"祭大交氣"。今按，《儀禮經傳通解續》卷二六引《尚書大傳》作"仲祭大交氣於霍山"，據改。

② 交，尊本、内閣本、古逸本脱，今依考證本據《尚書大傳》補。

③ 宅，尊本、内閣本、古逸本作"度"，今依考證本據《尚書大傳》改。

④ 彧，尊本、内閣本、古逸本作"或"，今依考證本據《尚書大傳》改。注文中"彧"字同。

⑤ 謡，尊本、内閣本誤作"謡"，據古逸本、考證本改。

⑥ 初雷，尊本、内閣本、古逸本二字互乙，考證本據《尚書大傳》校改爲"初慮"。今按，尊本、内閣本、古逸本注文中正作"初雷"。

⑦ 貌，尊本、内閣本作"根"，今從古逸本、考證本據《尚書大傳》校改。

⑧ 儀伯，尊本、内閣本、古逸本同，考證本據《尚書大傳》校改作"羲"。今按，《尚書大傳》"儀伯之樂，舞《饕哉》"注釋曰："儀當為羲伯，羲仲之後。"《玉燭寶典》卷二引《尚書大傳》同，故此處作"儀伯"可不改。

⑨ 撞，尊本、内閣本作"種"，今從古逸本、考證本據《尚書大傳》改。

⑩ 和，尊本、内閣本作"知"，今從古逸本、考證本據《尚書大傳》改。

⑪ 倮，尊本、内閣本作"睬"，據古逸本、考證本改。

⑫ 反，尊本、内閣本作"及"，今從古逸本、考證本據《尚書大傳》改。

⑬ 煞，尊本、内閣本作"然"，今從古逸本、考證本據《尚書大傳》改。

記·律書》曰："蕤賓者，陰氣幼少，故曰蕤；痿[①]陽不用事，故曰賓。午者，陰陽交，故曰午。"

《淮南子·時則》曰："仲夏之月，招摇指午，五月官相，其樹楡。"高誘曰："是月陽氣長養，故官相佐也。楡，説未聞之也。"《淮南子·天文》曰："夏至則斗[②]南中繩，陽氣極，陰氣萌，故曰夏至為刑。陽氣極，則南至南極，上至朱天，故不可以夷丘上屋。"許慎曰："夷，平也。"又曰："夏至流黄澤，石精出，高誘曰："流黄，土之精也。陰氣作下，故流澤而出。石精，五石之精。"蟬始鳴，半夏生。与《月令》同。蝨蚉不食駒犢，鷙鳥不搏黄口。五月微陰，在下未成，駒犢黄口，肌脆弱未成，故蝨蚉、鷙鳥應陰不食不搏之也。八尺之柱[③]，脩尺五寸。柱脩即陰氣勝，揎即陽氣勝。陰氣勝即為水，陽氣勝即為旱。"又曰："五月小刑，薺麦、亭歷冬生，草木畢死。"

《京房占》曰："夏至離王，景風用事，人君當爵有德，封有功，正在南方。"《白虎通》曰："五月律謂之蕤賓何？蕤者下也[④]，賓者敬也，言陽氣上極，陰氣始起，故賓敬之。"《鄭記》[⑤]曰："《禮》注云'反舌，百舌鳥。'糜信難曰：'案《易説》：反舌，蝦

① 痿，尊本作"痠"，内閣本、古逸本作"賓"，今從考證本據《尚書大傳》改"賓"爲"痿"。今按，痠乃"痿"之俗字。

② 斗，尊本、内閣本作"升"，據古逸本、考證本改。

③ 考證本校云："本書'柱'作'景'，下'柱脩'同。"楊劄云："今本'柱'作'景'，下同。"

④ 蕤者下也，尊本、内閣本、古逸本作"蕤者也下"，據《白虎通·五行》乙正"下也"二字。

⑤ 《隋書·經籍志一》經部論語類著録"《鄭記》六卷，鄭玄弟子撰"，但《太平御覽》卷九二三《羽族部一〇·百舌》引此段，出自"鄭注禮記"。

蟆也。昔於長安与諸生共至城北水中，取蝦蟆剥[1]視之，其舌成反向。’蟜夙荅曰：‘蝦蟆五月中始得水，當聒人耳，何云無聲？是知蝦蟆非反舌鳥。春始鳴，至五月稍止，為時候。’”今案《易通卦驗》玄曰[2]：“反舌者，反鳥也，能反覆其舌，隨百鳥之音。”《風土記》曰：“祝鳩[3]，反舌也。”據此及舌明别是鳥名。且蝦蟇無聲，乃小暑節後。《易説》与《月令》時候自多不同，無妨各為一事。《淮南子》曰：“人有多言者，猶百舌之聲也。”許慎曰：“百[4]舌，鳥名，能變易其舌，効百鳥之聲，故曰百舌。”《春秋保乹啚》曰：“江充之害，其前交喙，反舌鳥入殿。”宋均注云：“交喙、反舌，百舌鳥也。”《孔子明鏡》曰：“國臣謀（反），反舌鳥入官也[5]。”陳思王《令禽恶鳥論》曰：“伯勞以五月（鳴[6]），應陰氣之動，陽為仁養，陰為殘賊。伯勞，蓋賊害[7]之鳥也。屈原云，‘恐

---

① 剥，尊本、内閣本作“利”，《太平御覽》卷九二三《羽族部一〇·百舌》引作“取蝦蟆剥視之”，《禮記·月令》孔穎達正義引作“取蝦蟆屠割視之”，據《太平御覽》改。

② 玄曰，尊本、内閣本作“玄口”，古逸本改作“玄曰”，考證本校云：“‘驗’下疑脱‘注’字。舊‘曰’作‘口’，今改。案此蓋《通卦驗》鄭玄注文也。而《藝文類聚》引此文，也不爲注語。”疑有誤，據文例改。

③ 祝鳩，尊本、内閣本、古逸本作“税煩”，考證本據《藝文類聚》校改作“祝鳩”。今按，《藝文類聚》卷九二《鳥部下·反舌》、《太平御覽》卷九二三《羽族部一〇·百舌》并引《風土記》曰：“祝鳩，反舌也。”據改。

④ 百，尊本、内閣本作“白”，據古逸本、考證本改。

⑤ 反，尊本、内閣本、古逸本只有一“反”字，考證本校云：“疑當重‘反’字。”今按，《太平御覽》卷九二三《羽族部一〇·百舌》引《孔子明鏡》作“國臣謀反，有反舌鳥入官”，據補“反”字。

⑥ 勞，尊本、内閣本、古逸本作“謗”，考證本校改作“勞”，考證本又據《爾雅疏》補“鳴”字，可從。今按，《太平御覽》卷九二三《羽族部一〇·百舌》引陳思王植《貪惡鳥論》作“伯勞以五月鳴”，據改。

⑦ 害，尊本、内閣本、古逸本作“完”，考證本據《爾雅疏》校改作“害”字。今按，《太平御覽》卷九二三《羽族部一〇·百舌》引陳思王植《貪惡鳥論》作“賊害”，據改。

題鴂之先鳴'，其聲鵙，故以音自名。"

《風土記》曰："仲夏端五，方伯協極，烹鶩角黍①，龜鱗順德。"注云："端，始也，謂五月初五也。四仲為方伯。俗重五月五日，与夏至同。鳧春孚雏，到夏至月皆任啖也。先此二節一日，又以菰葉裹黏米，雜以粟，以淳濃灰汁煑之令熟，二節日所尚啖也。又煑肥龜，令極熟，擘擇去骨，加塩豉、苦酒、蘇蓼，名為葅龜。并以薤蒪用為朝食，所以應節氣。裹黏米一名糉②，子弄反也。一名角黍，盖取陰陽尚相苞裹未分散之象也。龜骨表宍裹，外陽内陰之形。鮔魚又夏出冬蟄，皆所以依像而放，將氣養和輔、賛③時節者也。"黍、葅龜、蒸鮔，南方妨食水族耳，非内地所行。鳧与鴨、鮔與鱓字並通。

崔寔《四（民）④月令》曰："五月，芒種莭後，陽氣始虧⑤，陰慝將前，慝，悪也。陰主殺，故謂之慝。夏至姤⑥卦用事，陰起於初，濕氣升而靈虫生矣。煖氣始盛，虫蠹並興，乃施角弓弩，解

① 烹鶩，尊本、内閣本、古逸本作"享驚用"，考證本校改爲"烹鶩"，校記云："舊'烹鶩'作'享驚'，今依《初學記》《藝文類聚》《資暇集》改正。《初學記》《藝文類聚》《資暇集》無'用'字，《白六帖》《兩漢刊誤補遺》作'進'。案，此因'角'字形近而誤重。"今按，《藝文類聚》卷四《歲時中・五月五日》、《初學記》卷四《歲時部下・五月五日》引《風土記》作"仲夏端五，烹鶩角黍"。據删"用"字。

② 糉，尊本、内閣本、古逸本作"糉"，考證本校改作"糉"，校記云："舊'糉'作'糉'，今依《齊民要術》《初學記》《事類賦》改。"

③ 賛，尊本、内閣本、古逸本作"替"，今從考證本據《事類賦》校改爲"賛"。

④ 寔，内閣本、古逸本、考證本作"寔"。又尊本、内閣本均無"民"字，據古逸本、考證本補。

⑤ 虧，尊本、古逸本同，内閣本作"歔"。按，虧爲"虧"的異體字。

⑥ 姤，尊本、内閣本、古逸本誤作"始"，考證本校改爲"姤"。今按，本卷卷末引《風俗通》云"五月純陽，姤卦用事"，據改。

其徽弦[①]，張竹木弓，施弦，以灰藏旃裘毛毳之物及箭羽。竿挂[②]油衣，勿襞蔵。為得暑濕[③]黏相著也。是月五日，可作醢，合止利黄連丸、霍亂丸、采葸耳[④]，取蟾諸，蟾諸，京師謂之蝦蟇，北州謂之去角，或謂苕就，可以合悪疽創藥也。可[⑤]合創藥，及東行螻蛄。螻蛄去刺，治産婦難、兒衣不出。夏至之日，薦麦魚于祖禰。厥明，祠。前期一日，饌具、齊、掃、滌，如薦韭卵。時雨降，可種胡麻，先後日（至）各五日[⑥]，可種禾及牡麻；牡麻，有卜氣，無氣實。先後各二日，可種黍。是月也，可别稻及藍。至後廿日，可菑麦田、刈英芻。麦既入，多作糒，以供入出之粮。淋雨將降，儲米糓、薪炭，以俻道路陷淖今案《春秋・成十六年傳》："晉楚過於鄢陵，有淖於前。"服虔注云："淖，下澤汚涅也。音從較反，又乃孝（反）[⑦]。"不通。是月也，陰陽争，血氣散，先後日至各五日，寝别外内，陰氣入，藏腹中塞，不能化膩。先後日至各十日，

---

① 徽弦，尊本作"微弦"，内閣本作"徽兹"，據古逸本、考證本改。

② 竿挂，尊本、古逸本作"芋桂"，内閣本、考證本作"芋佳"，均誤。今按，《齊民要術》卷三《雜説》引《四民月令》作"竿挂"，據正。

③ 暑濕，尊本、内閣本、古逸本、考證本均作"責溫"，文意不通，考證本校云："'責'疑'暑'字。"今按，《齊民要術》卷三《雜説》引《四民月令》作"暑濕相著也"，據正。

④ 葸耳，尊本、内閣本、古逸本、考證本作"葸耳"。今按，《齊民要術》卷三引作"葸耳"，據改。

⑤ 可，尊本、内閣本、古逸本作"廿"，今從考證本據《藝文類聚》校改爲"可"。今按，《藝文類聚》卷四《歲時部中・五月五日》引《四民月令》作"可合惡疽創"，《齊民要術》卷三《雜説》引《四民月令》作"以"。又本卷附説部分引崔寔云："此日取蟾諸以合瘡藥。"

⑥ 至，尊本、内閣本、古逸本、考證本無，今按下文有"先後日至各五日""先後日至各十日"之語，句式正同；又《齊民要術》卷三《種麻》引崔寔曰："夏至先後各五日，可種牧麻"，故據文例及《齊民要術》引補"至"字。

⑦ 乃，尊本、内閣本、古逸本作"巧"，今從考證本據《經典釋文》校改作"乃"，又補文意補"反"字。

薄滋味[①]，毋多食肥醲。距立秋，毋食煑餅及水溲餅。夏日飲水時，此二餅得水即強罜不消，不幸便為宿食，作傷寒矣。誠以此餅置水中，即見驗，唯酒溲餅，入水闌[②]之也。是月也，可作醬醬及醢醬，糶[③]大小豆、胡麻，糴𪎮、大小麦，收弊絮及布。日至後可糴𪎊䴬，暴乾[④]，置甖[⑤]中，密封塗之，則不生虫，至冬可以養馬。”𪎊音敷，䴬音𤐀。

《考霊曜》曰：“仲夏一日，日出扵寅，入扵戌，心星五度中而昏，營室十度中而明。”[⑥]

附説曰：

此月夏至及五日，俗法𠍴擬甚多。案《禮》有“織紝組紃”[⑦]，《詩・鄭風》稱“執轡[⑧]如組”，鄭牋云“如織組之為”，《鄘[⑨]風》

---

① 味，尊本、内閣本作“未”，據古逸本、考證本改。今按，《齊民要術》卷三《雜説》引《四民月令》作“味”。

② 闌，尊本、内閣本、考證本作“蘭”，古逸本校改作“爛”。今按，《太平御覽》卷八六〇《飲食部十八・餅》引崔寔《四民月令》作“闌”，據正。

③ 糶，尊本、古逸本作“糴”，誤，據考證本改。

④ 乾，尊本作“乹”，内閣本作“乾”，二字意同。

⑤ 甖，尊本、内閣本、古逸本、考證本誤作“皃”，今據《齊民要術》卷三《雜説》引《四民月令》校正。

⑥ 各本有此段二十九字，考證本以爲此段複出而删，近是。今按，按照《玉燭寶典》文例，引用緯書的内容在徵引《大戴禮・夏小正》之後、《爾雅》《管子》之前，不當在《四民月令》之後出現單獨一條。

⑦ 紝，尊本、内閣本作“維”，據古逸本、考證本改。按，《禮記・内則》云：“執麻枲，治絲繭，織紝組紃，學女事，以共衣服。”

⑧ 轡，内閣本作“電”，古逸本、考證本作“轡”。今按，《毛詩・鄭風・大叔于田》作“執轡如組”。《龍龕手鑑・絲部》收有“轡”字，是“轡”之俗字。《字彙補・絲部》：“轡，同轡。”《碑別字新編・二十二畫・轡字》引《魏郭顯墓誌》作“轡”。

⑨ 鄘，尊本、内閣本作“獻”，據古逸本、考證本改。今按，“素絲紕之”語出《毛詩・鄘風・干旄》。

"素絲紕之"毛傳云："紕所以織組。惣紕扵此，成文扵彼。"《尒雅》[1]"綸以綸，組似組，東海有之"，明織組之興，其來尚矣。四月蠶事畢，五月方可治絲，故《孝經援神契》曰："仲夏璽始出，作婦女，練染既成，咸有作務。"

《風俗通》云："夏至五月五日，五采辟兵，題'野鬼遊光'。俗説五采以厭五兵。遊光，厲鬼，知[2]其名，令人不病疫温。"《續漢・禮儀志》云："夏至陰氣萌作，恐物不楙[3]。其禮：以朱索[4]連葷菜[5]，鍾以桃印，長六寸，方三寸，以施門户，代以所尚為餝，漢並用之，故以五月五日朱索五色印，為門户餝，以難止惡氣。"裴玄《新言》云："五色繒謂之辟兵。服君云：'襞方以綴腹前，示養蠶之功也。又織麦莦，同日俱成，以懸扵門，彰收麦也。謂為辟兵，聲之誤。'"董勛《問禮俗》云："夏至，上長命縷[6]。"陸翽《鄴中記》云："俗人以介子推五月五日燒死，世人甚忌，故不舉火食，非也。北方五月自作飲食祠神廟，及五色縷、五色花相問遺，不為子推也。"《荊楚記》云："民斬新竹荀為筒糉，練葉插頭[7]，

---

① 見《尒雅・釋草》。

② "知"上尊本、内閣本、古逸本原有"光"字，考證本校改爲"也"字。今按，據《太平御覽》卷二三《時序部二三・夏至》、卷八一四《布帛部一・綵》引《風俗通義》知"光"爲衍文，删。

③ 楙，尊本、内閣本只存"木"旁，據古逸本、考證本改。今按，《續漢書・禮儀志》正作"楙"。

④ 索，尊本、内閣本、古逸本作"素"，今從考證本據《續漢書・禮儀志》改。下文同。

⑤ 考證本校云："本書'菜'下有'彌牟朴蠱'四字，'鍾'作'鍾'。"楊劄云："本書'菜'下有'彌牟朴蠱鍾'五字，無'鍾'。"

⑥ 長命縷，尊本、内閣本、古逸本作"命長縷"，今從考證本據文意改。

⑦ 練葉插頭，尊本、内閣本作"凍葉搥頭"，古逸本作"練葉搥頭"，考證本據《荆楚歲時記》校改爲"楝葉插頭"。今按，宋羅願《爾雅翼》卷九《釋木・楝》引作"楝葉插頭"，但據《玉燭寶典》後文引《續齊諧記》，作"練葉"亦通，故不煩改。

五采縷投江，以為辟火厄。士女或取練葉插頭，綵絲繫臂[①]，謂為長命縷。”沈約《宋書》云：“元嘉四年，楚斷夏至日五絲、長命縷之屬。”即止來五日者。吴歌云：“朱絲係腕繩，腕如白雪凝”，皆口女功而起，廣其名目。《續齊諧》云：“屈原五月五日自投汨羅而死，楚人哀之，每至此日，輒以竹筒貯米，投水祭之。漢建武年，長沙嘔廻忽見士人自稱三閭大夫，謂廻‘見祭甚善，但恒蛟龍所竊，可以練葉塞上，以綵絲縛[②]之，二物蛟龍所畏[③]’，廻依其言[④]。世又五日作粽，并帶練葉五綵，皆汨羅之遺風。”吴歌云：“五月節，菰生四五尺，縛作九子糭。”或作糭，亦作粽，今古字並通。計止南方之事，遂復遠流北土。

又有為日月者，或至文綃、金縷、帖畫[⑤]，貢獻所尊。案《尚書》古人之象日月星辰，乃據衣服，除此更無出處。意謂此日建午。《詩紀歷樞》云：“午者，仵也。”宋均注云：“午，仵也，適也，皆相對敵[⑥]之稱。”《春秋元命苞》曰：“盛於午。午者，物滿長。”注云：“午，五也，五陽所立，故應而滿。”《史記·律書》

---

① 臂，尊經閣、内閣本作“辟”，據古逸本、考證本改。

② 縛，尊本、内閣本、古逸本作“練”，今從考證本校改，考證本校云：“舊‘縛’作‘練’，今依《初學記》《藝文類聚》《史記正義》《事類賦》改。”《太平御覽》卷三一《時序部一六·五月五日》作“約”。

③ 畏，尊本作“晨”，據内閣本、古逸本、考證本改。今按，《藝文類聚》卷四《歲時部·五月五日》、《太平御覽》卷三一《時序部一六·五月五日》引作“憚”。憚、畏意同。

④ 廻依其言，尊本、内閣本、古逸本作“廻言依二日”，文意不通，今從考證本據《藝文類聚》《史記正義》校改。今按，《藝文類聚》卷四《歲時部·五月五日》引《續齊諧記》作“回依其言”，《太平御覽》卷三一《時序部一六·五月五日》引作“回依言，後乃復見，感之”。

⑤ 帖畫，尊本、内閣本、古逸本作“怗盡”，今從考證本據《初學記》引改。

⑥ 敵，尊本、内閣本、古逸本作“歒”，據考證本改。

曰："午者，陰陽交，故曰午。"《援神㓞音義[①]》云："五者，亦數之一極，日、月並當極數，名為二五。"《帰蔵易》云："離處彼南方，与日月同鄉。"張衡《逍遥賦》云"以日月為嚮牖"，摯虞《思遊》云"日月燒炫晃而𥉐映盖"[②]，《聖賢冢墓記》[③] 云"天體如車有盖，日月懸著焉"，故曰此莭，摸成合璧之像。劉臻妻陳《五時畫[④]扇頌》云"炎后飛軌，引曜丹逵，蕤賓應律，融精協曦"[⑤]，明是五月，下云"日月澄暉，仙僮來儀，永錫難考，与時推移"，抑亦其義，欲人如日之升，如月之恒[⑥]。近代又加咒文，其願無尉威。

《荊楚》："四民並蹋[⑦]百草，採艾以為（人[⑧]），懸門户之上，以振毒氣。"師曠云："歲多病，則艾草先生。"吴歌云："陽春二三

---

① 考證本校云："'音義'二字疑衍，不然則'援神契'字有訛。"

② 《晉書》卷五一《摯虞傳》引作"日月炫晃而映蓋"。

③ 《太平御覽》卷二《天部》引《皇覽·冢墓記》曰："好道者言黄帝乘龍升雲，登朝霞，上至列闕，倒影。天體如車有蓋，有日月懸著，何有可上哉?"

④ 畫，尊本、内閣本、古逸本作"盡"，今從考證本據《古詩類苑》改。下同。

⑤ 后、逵、曦，尊本、内閣本、古逸本分别作"古""遠""義"，考證本據《古詩類苑》改。今按，據《藝文類聚》卷六九《服飾部上·扇》引晉劉臻妻《五時畫扇頌》曰："炎后飛軌，引曜丹逵。蕤賓應律，融精協曦。五象列位，品物以垂。兑降素獸，震升青螭。日月澄暉，仙章來儀。仰憇翠岩，俯映蘭池。靈柯幽藹，神卉參差。如山之壽，如松之猗。永錫難老，與時推移。"據改。

⑥ 恒，尊本、内閣本作"絙"，今從古逸本、考證本改。今按，《詩經·小雅·天保》："如月之恒，如日之升。"《經典釋文·毛詩音義》："恒，本亦作'縆'，同，古鄧反。沈古桓反，弦也。"

⑦ 蹋，尊本、古逸本、内閣本作"蹹"，今依考證本據《荊楚歲時記》校改。今按，《藝文類聚》卷四《歲時部·五月五日》、《初學記》卷五《歲時部下·五月五日》、《太平御覽》卷三一《時序部一六·五月五日》引《荊楚歲時記》均作"蹋"。下文"蹋"字同。

⑧ 人，尊本、古逸本、内閣本脱，今依考證本據《荊楚歲時記》校補。

月，相將蹋百草，人人駐步看，揚聲皆言好。”[①] 于時草淺，客出騁望，此月草深多露，非復遊行人之時，正應為採艾耳。又取蘭草以脩滌浴。習鑿齒《与褚常侍[②]書》云：“家舅見迎，南達夏口，白故府渚下。想往日[③]与足下及江州五月五日共滌浴戲處，感想平生，追尋宿眷，髣髴[④]玉儀，心實悲矣。”《夏小正》云“五月蓄蘭為沐浴”，《離騷》亦云“浴蘭湯兮沐芳”[⑤]，非無往事。又云以百種草合擣為汁，石灰和之，曝燥，塗瘡即愈。又燒繁縷菜為灰，以治疥癬。《尒雅·釋草》云：“蔽[⑥]，薚縷。”郭璞注云：“今繁縷，或名雞腸。”[⑦]《本草經》作“繁蔞，味酸，平，無毒，主積年瘡悪不愈。五月五日中採子用之”。注云：“此菜，人以作羹，五日採，曝乹，燒作屑，治雞瘡有效。亦雜百草取之，不必一種。”

崔寔云：“此日取蟾諸以合瘡藥。”《文子》則云：“蟾蜍辟兵，壽在五月望。”《淮南萬畢術》云：“五月十五日取蟾蜍剥之，以血塗新布，方負一尺，向東半，以布蒙頭，百鬼牛羊虗狼皆來，坐視

---

① 歌、步看，尊本、内閣本、古逸本、考證本作“歆”“出者”；又尊本、内閣本、古逸本、考證本“二”與“三月”有一“月”字，衍文。今據《樂府詩集》卷四九《清商曲辭·西曲歌下》引《江陵樂》其三改。

② 褚常侍，尊本、内閣本作“揺常待”，據古逸本、考證本改。今按，《太平御覽》卷三一《時序部一六·五月五日》引習鑿齒《與褚常侍書》曰：“想往日與足下及江州五月五日共澡浴戲處，追尋宿眷，髣髴玉儀，心實悲矣。”

③ 想往日，尊本、内閣本、古逸本作“見法日”，據《太平御覽》卷三一《時序部一六·五月五日》引習鑿齒《與褚常侍書》改。

④ 髣髴，尊本、内閣本、古逸本、考證本作“髮髴”，形近而訛，據《太平御覽》卷三一《時序部一六·五月五日》引習鑿齒《與褚常侍書》改。

⑤ 兮，尊本、内閣本作“子”，據古逸本、考證本改。今按，此句出自《楚辭·九歌·雲中君》，非出自《離騷》。

⑥ 蔽，尊本、内閣本、古逸本作“蕠”，今從考證本據《爾雅》改。

⑦ 腸，尊本、内閣本作“腹”，據古逸本、考證本改。今按，《爾雅·釋草》云：“蔽，薚蔞。”郭注：“今繁縷也。或曰雞腸草。”

之勿動，須臾皆去[①]，非止五日也。"《抱朴子》云："蟾蜍万歲者，頭上有角，頷下有丹畫八字再重，五月五日中時取之，陰（乾[②]）百日，以其足畫地，即為流水。"《玄[③]中記》云："千歲蟾蜍頭生角，得食[④]之，壽千歲。"《淮南術》亦云："五月五日取蝦蟆喉下有八字者反縛，陰乾百日，兢作屑，五綵囊盛，著頭上，縛則自解。"蟾諸、蟾蜍，聲相近，兩通，即蝦蟆。

南方民又競渡，世謂屈（原投[⑤]）汨羅之日，並檝拯[⑥]之，在北舳艫既少，罕有此事。《月令》"仲夏可以居高明，可以遠望"，《春秋考異郵》云"夏至水泉躍"，或因開懷娛目，乘水臨風，為一時下[⑦]之賞，非必拯溺。董勛《問禮俗》云："五月望，禮有乘高為良日，即其義也。世稱悪月者，《月令》'仲夏陰陽爭、死生分，君子齊戒，止聲色、節嗜欲。'"案《異苑》："新野庾寔家常以五月曝薦，忽見一小兒死於席上，俄失所在，其後寔女子遂亡，故相傳於[⑧]以為忌，多六齊放生。"齊竟陵王蕭子良《後湖放生詩》云："釋焚曾林下，解細平湖邊。迅翮摶清漢，輕鱗浮紫渕。"

---

① 去，尊本、内閣本、古逸本作"云"，考證本校改爲"去"，是。

② 乾，尊本、内閣本、古逸本脱，考證本據《抱朴子》增。今按，《藝文類聚》卷四《歲時部中·五月五日》、《太平御覽》卷九四九《蟲豸部六·蟾蜍》引《抱朴子》均有"乾"字，當補。

③ 玄，尊本、内閣本作"立"，古逸本、考證本校改爲"玄"。今按，《太平御覽》卷九四九《蟲豸部六·蟾蜍》引此正出自《玄中記》，據正。

④ 食，尊本、内閣本誤作"倉"，據古逸本、考證本改。

⑤ 原投，尊本、内閣本脱，古逸本"屈"後校補"沉"字，考證本據《荊楚歲時記》注補"原投"二字，如此則文意通曉，可從。

⑥ 拯，尊本、内閣本作"極"，據古逸本、考證本改。下"拯溺"同。

⑦ "下"字後各本有"為"字，疑衍，今删。

⑧ 於，内閣本作"於"，古逸本、考證本作"稱"，均誤。今按，《初學記》卷五《歲時部下·五月五日》引《異苑》作"彌"，而"於"爲"彌"的俗寫字。

《異苑》云："五月五日剪鴝鵒舌，亦能學人語。"案《周(禮[1]）·考工記》："鸜鵒不踰濟，貉踰汶則死。此地氣然乎？"鄭司農云："不踰濟耳，無妨中國有之。"《春秋·昭[2]廿五年》"有鸜鵒來巢"，《左氏傳》曰"書所無也"，《公羊傳》曰："何以書？記異也。非中國之禽也，宜穴又巢。"何休注云："鸜鵒猶[3]權鵒，此權臣欲自下居上之徵。"《山海經》作"鸖鵒"，宋均注《禮稽命徵》云："孔子謂子夏曰：'鸜鵒至，非中國之禽也。'"宋均[4]注云："穴處之鳥而來巢，去安就危，俞昭公將去國周流也。"此与《公羊》同説。今則處處皆有。《淮南萬畢術》云："寒睾斷舌，可[5]使語言。"注云："取寒睾，一名雊欲。"[6]今世字多作"雊"，王逸《九思》云"鴝鵒鳴兮聒余[7]"。王浮鐮夫人四言詩云"雊鵒戴飛"之也。

有得斲[8]木鳥，以此月貨之，云治齒痛。關内号"鴷鳥"，《尒雅》云："鴷，斲木。"劉歆注："斲音中木反，啄樹蠹而食之。"郭璞注云："舌如錐，長數寸，好斲樹食中虫[9]，曰名云。"《音義》曰："今斲木亦有兩三種，在山中者大而有赤毛冠。"范汪《治淋

---

① 禮，尊本、内閣本、古逸本無，今從考證本補。

② 昭，尊本、内閣本作"照"，據古逸本、考證本改。

③ 猶，尊本、内閣本作"由"，據古逸本、考證本改。

④ 宋均，尊本、内閣本誤作"宗故"，據古逸本、考證本改。

⑤ 可，内閣本、古逸本作"耳"，考證本"依《御覽》改"爲"可"字。楊劄曰："此書'皐'皆作'睾'，《御覽》引無'耳'字。"今按，《太平御覽》卷九二三《羽族部十·鸜鵒》引《淮南萬畢術》正作"可"，蓋尊本將"可"字誤書作"耳"。

⑥ 楊劄曰："《御覽》引注'取寒皐，斷其舌，即語矣。寒皐一名鸜鵒'，此脱八字。"

⑦ 鴝鵒鳴兮聒余，尊本作"雊欲鳴予聡余"，内閣本、古逸本作"雊鳴予聽余"，今從考證本據《九思》校改。

⑧ 斲，尊本作"鄧"，據内閣本、古逸本、考證本改。

⑨ 食中虫，尊本、内閣本同，古逸本、考證本删"中"字。

方》云："灰赤斲木鳥，食之一頓令盡，不過數枚便愈"，是則别有赤色者，又治淋病。《古異傳》云"本是雷公採藥吏，化為鳥"，《淮南子》云"啁木愈齲"，《抱朴子》云"啄木之護齲齒"，其義則同。古樂府云："啄木高飛乍低仰，搏拊[①]林藪著榆柰。低足頭啄劚如斸[②]，飛鳴相驟聲如篁。"《字林》云："斸，斫也，竹足反。"斸、斲，字兩通，雖書本字異，終是一鳥。案《詩・小雅》："黄鳥黄鳥，無啄我粟""交交桑扈，率場啄粟"，皆作啄字。今斲或啁[③]者，異室所傳。《字林》云"啁，啄，亦作竺适反"之也。

《風俗通》云："俗説五月盖屋，令人父頭秃。謹案《易》《月令》，五月純陽，姤卦用事，薺[④]麦始死。夫政趣民收穫，如冦[⑤]盜之至，与時競也。"又云："除桒稷，三豆當下，農功最務。"間不容息，何得晏然除覆盖室寓乎？令天下諸郭皆諱秃，豈復家家五月盖屋耶？俗化擾擾，動成訛謬，戹父猶云從衆，難復縷陳之也。

玉燭寶典卷第五[⑥]

---

① 拊，内閣本、古逸本作"樹"。

② 劚如斸，尊本、内閣本同作"劚如劚"，古逸本校改爲"斸如斸"，考證本校云："下'劇'疑當作'斸'。"據文意，此處"如"字前後二字當不相同。今按，後文引《字林》釋"斸"字，而"斸"字不見於上文，故頗疑第二個"劚"字乃"斸"字之誤，形近而訛，據文意校改。

③ 啁，尊本、内閣本、考證本作"蜀"，古逸本作"啁"。今按，據前後文當作"啁"。

④ 薺，尊本、内閣本、古逸本作"齊"，考證本校改爲"薺"。考證本校云："《淮南子》云：'薺麥冬生而夏死。'《抱朴子》云：'薺麥、大蒜仲夏而枯。'"

⑤ 冦，尊本、内閣本作"冠"，據古逸本、考證本改。

⑥ 本卷末，尊本、内閣本、古逸本均有抄寫題記一行："嘉保三年六月七日書寫，並校畢。"

玉燭寶典卷苐六[①]

六月季夏苐六[②]

《禮·月令》曰："季夏之月，日在柳，昏火中，旦奎中。鄭玄曰："季夏者，日月會於鶉火，而斗建未之辰。"律中林鍾。季夏氣至，則林鍾之律應也。温風始至，蟋蟀居壁，今案《尒雅》曰："蛬，蟋蟀。"[③] 劉歆注云："謂蜻蛩也。"[④] 孫炎云："梁国謂之曰

① 尊本卷首背面有"貞和三年十一月日"題記，鄰行寫"寶典卷六"；内閣本本卷首行寫"玉燭寶典記卷苐六"，第二三行記抄寫時間"貞和三年/十一月"，此據古逸本、考證本。

② 六，尊本脱，内閣本無"六月季夏苐六"五字，此據古逸本、考證本。

③ 考證本校云："今本《爾雅》作'蟋蟀，蛬。'案《詩疏》引李巡注云'蛬，一名蟋蟀'，然則古作'蛬，蟋蟀'可知。"

④ 考證本校云："《初學記》引劉劭注云'謂蛚蜻也'。案《釋文》有'劉歆《爾雅注》三卷'，劉劭注無所見，其誤可知也。而'蛚蜻'亦係誤倒。"

蛬。”郭璞云：“今趍[①]織也。”曰蛬音功[②]。《音義》云：“或作蛬。”《方言》曰：“蜻蛩，楚謂之蟋蟀，或謂之蛬。南楚之間謂之王孫。”《詩魚虫疏》云：“蟋蟀，或似[③]蝗而小，正黑，有光澤，如漆[④]，有角翅[⑤]。一名蛬，一名蜻蛚，幽州人謂之趣織，趣謂督促之言。里語曰‘趣織鳴，嬾婦驚’也。”鷹乃學習，腐草為熒，鷹學習，謂攫搏也。熒，飛虫熒火。今案《尒雅》“熒火，即炤”，犍為舍人注云：“熒火，名即炤，夜飛有火虫也。”李巡云：“熒火，夜飛，腹下如火，故曰即炤。”《毛詩傳》[⑥] 云：“耀，燐。燐，熒火也。”[⑦] 潘岳《熒火賦》曰“熠熠耀耀，若丹英之始葩[⑧]；飄飄熲（熲[⑨]），若流金之在沙”矣也。天子居明堂右个。明堂右个，南堂西偏。命

---

① 趍，内閣本、古逸本、考證本作“趣”，宋本《爾雅》亦作“趣”。今按，趍、趣，異體字。

② 功，尊本、内閣本、古逸本、考證本同，考證本校云：“‘功’恐當作‘邛’。”

③ 似，尊本、内閣本作“以”，據古逸本、考證本改。考證本校云：“舊‘蟀’下有‘或’字，本書並《詩疏》無，‘似’作‘以’，今删改。”

④ 漆，尊本作“津”，内閣本作“律”，今從古逸本、考證本校改。今按，《藝文類聚》卷九七《蟲豸部·蟋蟀》引《詩義疏》作“漆”。

⑤ 角翅，尊本、内閣本、古逸本作“翅角”，今據考證本乙正。今按，《藝文類聚》卷九七《蟲豸部·蟋蟀》引《詩義疏》、《太平御覽》卷九四九《蟲豸部六·蟋蟀》引《毛詩疏義》均作“有角翅”。

⑥ 尊本、内閣本、考證本“傳”字後有“詩”字，當爲衍文，古逸本徑删，今從之。

⑦ 此句，宋本《毛詩·豳風·東山》“熠耀宵行”毛傳云：“熠耀，燐也。燐，螢火也。”

⑧ 丹英，尊本、内閣本、古逸本作“升英”，考證本據《賦彙》校改爲“丹”。今按，《藝文類聚》卷九七《蟲豸部·螢火》、《初學記》卷三〇《蟲部·螢》引潘岳《螢火賦》均作“丹英之照葩”，《太平御覽》卷九四五《蟲豸部二·螢》引潘岳《螢火賦》作“若丹蕊之初葩”，作“丹”是。又不從考證本校“始”爲“照”。

⑨ 熲熲，尊本、内閣本、古逸本只有一“頻”字，考證本據《賦彙》校改爲“熲熲”。今按，《藝文類聚》卷九七《蟲豸部·螢火》、《初學記》卷三〇《蟲部·螢》引潘岳《螢火賦》并作“飄飄熲熲，若流金之在沙”，《太平御覽》卷九四五《蟲豸部二·螢》引潘岳《螢火賦》作“彯熲若流金之在沙”，今據《藝文類聚》校補。

漁師伐蛟，取鼉，登龜，取黿。四者甲類也，秋乃勁[①]成。《周礼》曰“秋獻龜魚”，又曰“凡取龜，用秋時”，是夏之秋也，作《月令》者以為此秋，據周之時也。周之八月，夏之六月也，曰書於此，誤也。蛟言伐者，以其有兵衛也。龜言登者，尊之也。鼉、黿言取，羞物賤也。鼉皮可以冒鼓。王肅曰：“蛟大而難制，故曰伐；龜靈而給[②]尊，故曰升；鼉皮可以為鼓，黿肉[③]可食，得之易，故曰取。”官“秋獻龜”，於秋當獻，故於末夏而命。命澤人納材葦。蒲葦之屬，此時柔刃[④]，可取作器物也。命四監大合百縣之秩蒭，以養犧牲，令民不咸出其力。四監，主山林川澤之官也。百縣，鄉遂之屬地，有山林川澤者也。秩，常也，百縣給國養犧牲[⑤]之蒭。今[⑥]《月令》“四”為“田”也。以供皇天上帝、名山大川、四方之神，以祀宗廟社稷之靈，以為人祈福。皇天，北辰耀魄寶，冬至所祭於圜丘也。上帝，大微五帝[⑦]也。命婦官染采，黼黻文章，必以法故，毋或差忒。婦官，染人也。采，五色也。黑黄倉赤，莫不質良，毋敢詐為，質，正；良，善。以給郊廟祭祀之服，以為旗

---

① 勁，内閣本作“劫”，古逸本作“劲”，考證本校改爲“堅”。今按，《禮記·月令》鄭玄注作“堅”。

② 給，内閣本、古逸本、考證本作“洽”，考證本校云：“‘洽’字疑有訛。”今按，下文“給國養”“給郊廟”之“給”字形與此相同，故知此處作“給”是。

③ 肉，尊本、内閣本作“内”，據古逸本、考證本改。

④ 刃，尊本字殘存右半，内閣本作“内”，今從古逸本、考證本據《禮記·月令》鄭玄注改。

⑤ 尊本此卷第一紙至此結束，之後依次粘貼原屬於屬本卷第三紙至第九紙的内容，而將原本屬於第二紙的内容粘貼在第九紙後，發生嚴重錯簡。内閣本完全照抄，至此剛好抄完本卷第二頁，錯誤亦同。故知尊本此卷錯簡出現時間較早。考證本校云：“‘今月令’至‘丘隰水潦’注‘成之氣乘’，錯出下文‘精明’注‘宫以之菊’下，今移正。”古逸本不誤，當是已校正次序，故此據古逸本、考證本校正。

⑥ 蒭今，尊本、内閣本作“菊令”，形近而誤，據古逸本改。

⑦ 帝，尊本、内閣本作“常”，據古逸本、考證本改。

章，以別貴賤等級之度。樹木方盛，乃命虞人入山行木，毋有斬伐，為其未勁刃[①]也。不可以興土[②]功，不可以合諸侯，不可以起兵動衆。土將用事，氣欲靜。毋舉大事，以摇養氣，大事，興徭[③]役以有為。毋發令而待，以妨神農之事。發令而待，謂出徭[④]役之以豫驚民也，驚則心動，是害土[⑤]神之氣也。土神稱曰神農者，以其主於稼穡。水潦盛昌，神農將持[⑥]功，舉大事則有天殃。言土以受天雨澤，安靜養物為功，動之則致災害。土潤辱暑，潤辱，謂塗濕[⑦]也。大雨時行。燒薙行水，利以煞草，如以熱湯，薙謂迫地芟草。此謂欲稼菜地，薙其草，草乾燒之，至此月大雨，流水潦，畜於其中，則草死不復生，而（地[⑧]）美可稼之也。可以糞田疇，可以美土強。土潤辱，膏澤易行也。糞、美，互文[⑨]耳。土彊[⑩]，強剄之地。季夏行春令，則槃實鮮落，國多風災，辰之氣乘之也。未

① 勁刃，尊本、内閣本、考證本同，古逸本作"勁紉"。考證本校云："注疏本'勁'作'堅'。此蓋因隋諱而改。"

② 土，尊本、内閣本作"士"，據古逸本、考證本校改。下面注文"土將用事"同。

③ 徭，尊本作"淫"，内閣本作"婬"，據古逸本、考證本改。

④ 徭，尊本、内閣本作"媱"，據古逸本、考證本改。

⑤ 土，尊本、内閣本作"左"，今從古逸本、考證本據《禮記・月令》鄭玄注校改。

⑥ 持，尊本、内閣本作"特"，今從古逸本、考證本據《禮記・月令》校改。

⑦ 濕，尊本、内閣本作"溫"，今從古逸本、考證本據《禮記・月令》鄭玄注改。

⑧ 地，尊本、内閣本無，今從古逸本、考證本據《禮記・月令》鄭玄注補。

⑨ 互文，尊本、内閣本誤作"身久"，今從古逸本、考證本據《禮記・月令》鄭玄注校改。

⑩ 彊，尊本"彊"字殘存下半，内閣本此處作缺一字標識，古逸本作"強"，考證本作"彊"。今按，尊本此字與下文"強"字形不同，而《禮記・月令》正文及鄭玄注均作"彊"，據改。

屬巽，辰又在巽[①]位，二氣相亂為害。民乃遷徒。象風移物。行秋令，則丘隰水潦。戌之氣乗[②]之也。九月宿直奎，奎為溝瀆，溝瀆与此月大雨并，而高下皆水。禾稼不熟，傷於水也。乃多女災。含任之類敗也。行冬令，則風寒不時，丑[③]之氣乗也，風寒也。鷹隼蚤鷙，得疾厲之氣也。今案《詩·小雅》曰："鴥彼飛隼。"《鳥獸疏》云："隼，鷂[④]也，齊人謂之擊正，或謂題肩，或謂爵鷹，春化為布穀，此之屬數種皆為隼也。"《韓詩章句》曰："隼，鷹也。"《孝經援神契》曰："立秋，鷹擊雀。"舊説即雀是鷹。又案《周易》"射隼高墉"，似非小鳥。《國語·魯語》曰"有隼集[⑤]于陳候之庭而死"，韋昭注云："隼，擊鳥，今之鶚也。"《漢書》"鄒陽諫吴王曰：'鷙鳥累百，不如一鶚。'"孟康注："鶚，大鵰也。"左思《蜀都賦》曰"鵰鶚鴥其陰"，注云"鶚，形如鵰"。《韻集》曰："鶚，鵰也。"《尒雅》："鷹隼醜，其飛也翬。"諸家注皆云"翬，疾也"，不釋隼是何鳥。應[⑥]瑒《西狩賦》曰"倉隼熲翼而懸"，據是亦以鷹為隼。傅玄《鷹菟[⑦]賦》云："我之二兄，長曰元鶚，次曰仲鵰，吾曰叔鷹，亦好斯武。"古樂府云"鷹即鷂之兄"，然則鷙鳥同有隼

① 巽，尊本、内閣本誤作"選"，今從古逸本、考證本據《禮記·月令》鄭玄注校改。

② 從"之藭今月令"至"戌之氣乘"爲尊本此卷原屬第二紙的内容。

③ 丑，尊本、内閣本作"田"，古逸本、考證本校改爲"申"。今按，《禮記·月令》鄭玄注作"丑"，據正。

④ 鷂，尊本、内閣本作"鷄"，今從古逸本、考證本校改作"鷂"。今按，《藝文類聚》卷九一《鳥部中·鷂》引《詩義疏》曰："隼，鷂也。"《周易·解卦》"公用射隼于高墉之上"，陸德明《經典釋文》引《毛詩草木鳥獸疏》云"隼，鷂"。此段注文中"鷂"字同。

⑤ 隼集，尊本、内閣本作"隼々"，今據古逸本、考證本改。

⑥ 應，尊本、内閣本作"鷹"，涉前而誤，據古逸本、考證本改。

⑦ 菟，内閣本作"亮"，誤；古逸本、考證本作"兔"。

名，《詩疏》所論，還據鷄等數種，惣而為語，足兼小大。韓本或作隼旁鳥，亦通。四鄙入保。”象鳥爵之走竄。

蔡雍《季夏章句》曰：“今歷季夏小暑莭日在柳三度，昬明中星[①]，去日百一千七度、尾一度中而昬，奎二度中而明。‘温風至。’溫者，氣之在風者也[②]，小暑之候。‘蟋蟀居壁。’蟋蟀，虫名，斯螽、莎雞之類，世謂之蜻[③]蛚。壁者，嬔乳之處也。其類乳扵（土）中，深埋其卵[④]。是月嬔者始壯，羽成，尚居其室壁而未出也，不言穴，母不居，獨以藏子。《詩》云：‘五月斯螽動股，六月莎雞振羽。七月在野，八月在宇，九月在户，十月蟋蟀入我床下’，言五月始能動足，六月羽翼成，七月乃出壁在野，八月避寒近人在屋霤，九月就户，十月蟋蟀入我床下而遂蟄，以漸即温之意也。‘鷹乃學習。’鷹以中春化為鳩，中夏陰氣起而復為鷹，文不見變而之不仁，故不記也。學習者，鷹鷙擊也。扵是罝羅之物，出者不禁。‘腐草為蛙。’[⑤] 蛙，虫名也，世謂之馬蛙，盛暑所蒸，陰氣所化，故朽腐之物變而成虫也。不言化，不復為腐草也。‘天子居明堂右个。’右个，未上（之[⑥]）堂也。‘命婦官染采。’絲帛之功

---

① 星，經閣本、內閣本作“旦”，據古逸本、考證本改。

② 楊劄曰：“《施注蘇詩》引‘氣’作‘暑’。”

③ 蜻，尊本、內閣本、古逸本作“精”，考證本據《藝文類聚》《御覽》校改爲“蜻”。今按，《藝文類聚》卷九七《蟲豸部·蟋蟀》、《太平御覽》卷九四九《蟲豸部六·蟋蟀》引蔡邕《月令章句》均作“蜻”，據改。

④ 尊本、內閣本、古逸本脱“土”字，又“卵”字均誤作“耶”，考證本據《毛詩名物解》增改，是。

⑤ 考證本校云：“案‘蛙’與‘蚈’同，《吕覽》《淮南》俱作‘蚈’，高誘注《淮南》云：‘蚈，馬蚿也，一曰螢火。’《說文》引《明堂月令》作‘蠲’，許解亦云‘蠲，馬蠲’，與此正合。古‘幵’‘圭’聲相近，故字旁假借耳，猶《五行大義》所云‘蟾或為鼃，鼃字復作蟬’是也。其非鼃黽，杜臺卿已詳辯之矣。”

⑥ 之，尊本、內閣本無，古逸本、考證本補入，可從。

既訖，藍蒨之属亦成，故以染色也。”

右《章句》為釋《月令》。

《詩・豳風》曰：“六月沙雞振羽。”毛傳曰：“沙雞羽成，振訊[①]之。”今案《魚虫疏》云：“莎雞如蝗而班色，翅數重，下翅正赤，或謂之天雞。六月中飛而振羽，索索作聲。幽州人（謂之[②]）蒲錯。”《韓詩章句》曰：“莎雞，昆鷄也。”沙、莎[③]聲相近，故二字並存也。又曰：“六月食欝及薁。”欝，棣属；薁，蘡薁。今案《尒雅》：“唐棣，栘[④]。”甞來反，又甞犁（反）[⑤]。郭璞注云：“今白栘也，似白楊樹。江東呼為夫栘。”又曰“常棣，棣”，郭云：“今關西有棣樹，子似櫻桃可啖。”《蒼頡篇》：“欝，車下李也。”別有棣、栘二字，令[⑥]似異木。《詩・邵南》：“何彼穠矣，唐棣之華。”毛傳云“唐棣，栘也”，《詩・小雅・常棣[⑦]》“常棣之華，鄂不韡韡。”毛傳亦云“常棣，栘也”。《詩草木疏》云：“唐棣，馬季長[⑧]云奥李也，一名欝[⑨]椹，今人或謂之欝。《豳詩》云‘食欝及

---

① 訊，尊經閣、内閣本作“説”，今從古逸本、考證本據《詩經・豳風・七月》毛傳校改。

② 謂之，尊本、内閣本脱，古逸本、考證本補入。今按，《太平御覽》卷九四六《蟲豸部三・莎雞》引《毛詩疏義》作“幽州人謂之蒲錯”，當補。

③ 沙莎，尊本、内閣本作“沙々”，據古逸本、考證本改。

④ 栘，尊本、内閣本、古逸本作“移”，考證本校改爲“栘”。今按，《爾雅・釋木》曰：“唐棣，栘。”據正。後面注文中“栘”字同。

⑤ 犁，内閣本、古逸本、考證本作“梨”。又尊本、内閣本、古逸本無“反”字，考證本增，可從。

⑥ 令，考證本校云：“‘令’疑‘全’。”

⑦ 尊本、内閣本、古逸本“常棣”之後又“之華”二字，當爲衍文，今從考證本删。

⑧ 季長，尊本、内閣本作“李長”，據古逸本、考證本改。今按，東漢著名經學家馬融，字季長。楊劄曰：“今本脱‘馬季長’三字。”楊守敬意爲今本《毛詩鳥獸草木蟲魚疏》此段無“馬季長”三字。

⑨ 欝，尊本作“爵”，據内閣本、古逸本、考證本改。

奥’，或謂之車下李，所在山澤皆有，其華有赤有白，高者不過四尺，子六月中熟，大如小李，正赤，有恬有酢，率多澁，少有美者。”復似一類，名有不同，或當家薗及山澤所生，小異耳之也。《詩·小雅·出車》曰：“昔我徃矣，黍稷方華。”鄭牋云：“黍稷方華，朔方之地，六月時云。”《詩·小雅·四月》曰：“六月徂暑。”毛傳云：“徂[①]，徃也。六月火星中，暑盛而徃矣也。”

《周書·時訓》曰：“小暑之日，温風至；又五日，蟋蟀居壁；又五日，鷹乃學習。温風不至，國無完[②]教；蟋蟀不居壁，急恒[③]之暴；鷹不學習，不俻戎盜。大暑之日，腐草為蛀[④]；又五日，土潤辱暑；又五日，大雨時行。草不為蛀，穀實鮮落；土潤不暑[⑤]，急應之罰[⑥]；雨不時行，國無恩澤。”《禮·夏小正》曰：“六月，初昬，斗枋正在上。煮桃。桃也者，杝[⑦]桃。杝（桃[⑧]）也者，山桃也。煮以為豆實。鷹始鷙而言之何？諱煞之辤。”

《易通卦驗》曰：“小暑，雲五色出，伯勞鳴，蝦蟆無聲。鄭玄

---

① 尊本、内閣本、古逸本“徂”前有“且”字，衍文，今從考證本删。

② 考證本、楊箚並云今本《逸周書·時訓解》“‘完’作‘寬’”。

③ 急恒，内閣本、古逸本、考證本作“急垣”。考證本校云：“本書‘急垣’作‘急迫’，《御覽》引作‘恒急’。”楊箚曰：“今本作‘急迫’，《御覽》引作‘急恒’。”今按，《太平御覽》卷二二《時序部七·夏中》引《周書·時訓》曰：“六月節，温風至。温風不至，即時無緩政。蟋蟀居壁，若不居壁，即恒急之暴。”

④ 考證本校云：“本書‘草’下有‘化’字，‘蛀’作‘螢’。下同。”楊箚曰：“今本作‘為螢’，下同。據蔡氏同。今作‘蛀’是。”

⑤ 暑，尊本、内閣本作“著”，據古逸本、考證本改。

⑥ 楊箚曰：“今本作‘不溽暑，物不應罰’，《御覽》作‘急應’，與此合。”今按，《太平御覽》卷二二《時序部七·夏中》引《周書·時訓》曰：“若不溽暑，即急應之罰。”

⑦ 杝，内閣本、古逸本均作“把”，考證本據《夏小正》校改爲“杝”。今按，《大戴礼记·夏小正》此處作“杝”，又有“（正月）梅杏杝桃則華。杝桃，山桃也。”據改。

⑧ 桃，尊本、内閣本、古逸本脱，今從考證本據《大戴禮記·夏小正》補。

曰："雲五色出，盖象雉。"晷[①]長二尺四寸四分，黑陰雲出，南黄北黑。小暑扵離值六二。六二，離爻也，為南黄。互[②]體巽，巽為黑，故北黑也。大暑，暑雨而温，半夏生。晷長三尺四寸，陰雲出，南赤北倉。"大暑扵離在九三。九三，辰在辰，巽氣。離為火，故南赤；巽木，故北倉。《詩紀歷樞》曰："未者昧也，昧者盛也。"宋均曰："昧者昧昧，事衆多之類，故曰盛也。"《尚書考霊曜》曰："氣在季夏，其紀填星，是謂大静，無立兵。立兵命曰犯命，奪人一畆，償以千里，煞人不當，償以長子。鄭玄曰："用兵所奪土地，所煞民人也。"不可起土功，是謂觸天犯地之常，滅德之光。可以居正殿安處，舉有道之人，與之慮國家，以順式時利[③]，以布大德，脩礼義。不可以行武事，可以大赦罪人。其禮衣黄，是謂順陰陽，奉天之常，而主德中央。而是則填星得度，地無灾，近者視，遠者來矣。"《春秋元命苞》曰："衰扵未，未者昧也。宋均曰："昧，朦昧，明少貌[④]也。"律中林鍾。林鍾者，引入陰。"林猶禁也，禁林而肉[⑤]之也。

《尒雅》曰："六月為且。"李巡曰："六月陰氣將盛，万物將衰，故曰且，將也。"孫炎曰："且之言麄，物麄大。"《鄒子》曰："季夏取桒拓之火。"中央土既寄王四季，又位在未下，故附此月，

① 晷，尊本、内閣本作"暑"，今從古逸本、考證本校改。下文"晷"字不誤。

② 互，尊本、内閣本作"身"，今從古逸本、考證本校改。考證本校云："舊'互'作'身'，今依《七緯》改。"

③ 式時，尊本、内閣本、古逸本作"盛時時"，今從考證本校改作"式時"，考證本校云："舊'式'作'盛'，重'時'字，今依《占經》改删。"楊劄曰："《御覽》引作'式'。"今按，《開元占經》卷三八《填星占》引《尚書緯》作"以順式時利"。

④ 貌，尊本、内閣本、考證本作"狠"，今從古逸本校改。

⑤ 肉，尊本、内閣本、古逸本、考證本同，疑爲"内"字之訛。

以季夏受名，韋萶[①]一時之首也。《史記・律書》曰："林鍾，言万物就死，氣林林[②]然。"又曰："未者，言万物皆成，有滋味也。"《淮南子・時則》曰："季夏之月，招摇指未。天子衣菀[③]黄，中宫御女，黄色，衣黄采，其兵劒，高誘曰："季夏，中央也。劒有兩刃，喻無所主。一曰喻無所不主，皆主人。"其畜牛。六月官少内，其樹梓[④]。"六月稼穡成埶，故官少内也。梓，説未聞。《白虎通》曰："六月律謂之林鍾何？林者衆也，万物成熟，種類衆多。"《風土記》曰："濯枝[⑤]盪川，長風扇暑。"注云："時斗建未，到月莭常有大雨，名為濯枝。又東南常風，風六日止，俗名曰黄雀長風。於是時海魚變為黄雀鳥也。"

崔[⑥]寔《四民月令》曰："六月初伏，薦麦、瓜于祖禰，齊饌掃滌，如薦麦、魚。是月也，趣秐[⑦]耡，毋失時，命女紅[⑧]織縑縳。《詩》"八月載績"，織也。云周八月，今六月也。縳音升絹反，紗縠之属也。今案《礼》曰"賄用束紡"，鄭注云："紡，紡絲為之，

---

① 韋萶，各本同，字恐有訛。

② 林林，尊本、内閣本原作"林ㄑ林"，當衍一"林"字，據古逸本、考證本改。

③ 菀，内閣本、古逸本、考證本作"苑"，異體字。

④ 梓，内閣本、古逸本作"榫"，考證本據《淮南子》改作"梓"。注文同。今按，《淮南子・時則訓》作"梓"。

⑤ 枝，尊本、内閣本、古逸本同作"林"，考證本依《初學記》校改作"枝"。下文注釋中正作"枝"，不誤。今按，本卷卷末有"《風土記》云濯枝雨"語，又《初學記》卷二《天部下・雨》、《太平御覽》卷一〇《天部十・雨》并引周處《風土記》曰："六月有大雨，名濯枝雨。"

⑥ 崔，尊本、内閣本誤作"雀"，據古逸本、考證本改。

⑦ 秐，尊本、内閣本作"私"，古逸本、考證本均作"私"，"私"爲"私"的異體字。今按，據文意，此處當作"秐"，"秐"同"耘"。

⑧ 女紅，尊本、内閣本、古逸本作"紅女"，考證本將二字互乙。今按，"女紅"爲常見詞彙，當乙正。

今之縳。"《説文[①]》曰："縳，白鮮支也，從絲專聲也。"[②] 是月六日可種葵，中伏後可種冬葵，可種蕪菁、冬藍、小蒜，别大葱，可燒灰，染青、紺古闇[③]反。今案《論語·鄉黨》曰："君子不以紺緅餝，紅紫不以為褻服。"鄭注云："紺、緅、紫者，玄類，紅者纁類。紺緅石染，紅紫草染。"《説文》曰："紺，帛染[④]青楊赤色，從絲甘聲也。"諸雜色。大暑中後，可畜瓠、藏瓜，收[⑤]芥子，盡七月。是月廿日，可擣擇小麦磑。今案《方言》曰："磑謂之硙。"郭璞注云："即摩也。硙音錯碓[⑥]反。"《字菀》曰："硙，磨也，魯班作。五鎧反也。"之至廿八日，溲寑臥之。至七月七日，當以作麯，起六反。凡卧寑之下，日不能十日，六日、七日亦可。必[⑦]躬親潔静，以供禋祀。禋，潔。一歲之用，隨家豊約，多少無常。可糶大豆，糴穬、小麦，收縑縳。"

中央土。《禮·月令》曰："中央土，鄭玄曰："火休[⑧]而盛德在土。"其日戊己，戊之言茂也，己之言起也。日之行四時之閒，

---

① 文，尊本、内閣本作"又"，據古逸本、考證本改。

② 《説文·糸部》："縳，白鮮色也"，段玉裁改作"白鮮卮也"。

③ 闇，尊本、内閣本作"門"，古逸本校作"暗"，考證本校作"闇"。今按，《廣韻》雖作"古暗切"，但"暗"與"門"字形相差較大，故以"闇"近是。

④ 楊劄曰："今本'染'作'深'，此與《文選·籍日（田）賦》注、《一切經音義》六合。"大徐本《説文解字·系部》："紺，帛深青揚赤色，从絲甘聲。"

⑤ 收，尊本、内閣本均作"牧"，古逸本作"收"，是。據正。下同。

⑥ 碓，尊本、内閣本作"雄"，古逸本、考證本校改作"碓"。今按，《方言》卷五："磑，或謂之硙。"郭璞注："即磨也。錯碓反。"據改。

⑦ 必，尊本、内閣本、古逸本、考證本均作"名"，文意不通。今按，《玉燭寶典》卷一引《四民月令》云："命典饋釀春酒，必躬親絜敬以供。"與此處文意近似，故校改爲"必"。

⑧ 烋，尊本、内閣本、古逸本均作"然"，考證本校改作"休"。今按，今本《禮記·月令》鄭玄注作"休"，然《玉燭寶典》中"休"字多寫作"烋"，而"烋"與"然"形近，據改。

從黄道，月為之佐。至此萬物皆枝葉茂盛，其含秀者，抑[①]屈而起也。其帝黄帝，其神后土。此黄精之君，土官之臣。黄帝，軒轅氏；后土，亦顓頊氏之子，曰藜，為土官。其蟲倮，象物露見，不隱[②]蔵也。虎豹[③]属，恒淺毛者也。其音宫，聲始於宫，宫數八十一，属土者，以其寂濁，君之象也。律中黄鍾之宫，黄鍾之宫，律最[④]長者也。十二律轉相生，五聲具，則終於十二焉。季夏之氣至，則黄鍾之律應[⑤]也。其數五，土生數五，成數十，而言五者，土以生為大。其味甘，其臭香，其祀中霤，祭先心。中霤猶中室也。土主中央而神在室，古者複穴，是以名室為霤。云祀之先祭心者，五蔵之次，心次肺，至此心為尊也。天子居大廟大室，乘大路，駕黄駵，載黄旍，衣黄衣，服黄玉，食稷與牛，其器圜以閎。"大廟大室，中央室也。大路，殷路也，車如殷路之制，而飾之以黄。稷，五穀之長；牛，土畜也。器圜者象士周帀於四時也。閎讀如紘，紘謂中寬，象土含物也。

蔡雍[⑥]《中央章句》曰："'中央土。'央者，方也，外曰方，内曰央。土者純陰之體，五行别名也。水、火、金、木，各主一時，而統四方；土行之主，位在中央，而寄四季。春，木用事，終土，以穀雨前三月受之於辰。季夏之日，火、土交際之時也，火生

① 抑，尊本、内閣本作"柳"，古逸本、考證本作"抑"。今按，《禮記·月令》鄭玄注作"抑"，據正。

② 隱，尊本、内閣本作"德"，古逸本、考證本作"隱"。今按，《禮記·月令》鄭玄注作"隱"，據正。

③ 豹，尊本、内閣本作"物"，古逸本、考證本作"豹"。今按，《禮記·月令》鄭玄注作"豹"，據正。

④ 最，尊本、内閣本作"暑"，今據古逸本、考證本改。

⑤ 律應，尊本、内閣本作"應律"，今從古逸本、考證本乙正。

⑥ 雍，尊本誤作"維"，據内閣本、古逸本、考證本改。

土，土生金，季夏之末在金、火之間，土之正位，故土令次季夏也。'其虫倮。' 天地之性，人為貴，故不與鱗羽列於五方也。今案《礼本命》曰："倮之虫三百六十，而聖人為之長也。" 天文中官大角[①]、軒轅，皆土精，故大角生麒，軒轅生麟，是以天（官[②]）五獸，麒麟在中，然則麒麟與人合德，獸之尊者也。黄鍾之宮，清宮也，土音也。黄鍾主十一月土，在林鍾、夷則之間，各有分主，不可假借，故引黄鍾之清宮以為土律，其鍾半黄鍾之大，其管半黄鍾之（管[③]），長四寸五分。'天子居大廟大室。' 大廟者明堂，総[④]名大室，九室之大者也，位在正中，其大与四方堂同。'食麦稷與牛。' 麦以秋種夏熟，歷四時，脩陰陽，穀之貴者。'器圜以奔[⑤]。' 應規曰圜，小口曰奔。土位在中，稟受八方，無所親疏，方則有近有遠，故圜也。厚德載物，容受苞藏，故奔也。不言物類草木昆虫之候，事在四季之月也。政令所行亦如之，不言迎之於郊，無立節，故又[⑥]不見其礼。迎於赤[⑦]郊，去邑五里，以禮黄帝、后土

① 角，尊本、内閣本作"用"，據古逸本、考證本改。今按，下文作"大角"，不誤。

② 官，尊本、内閣本、古逸本無，考證本據《五行大義》《御覽》增，可從。今按，《太平御覽》卷六《天部六・星》引蔡邕《月令章句》曰："天官五獸之於五事也，左有蒼龍、大辰之貌，右有白虎、大梁之文，前有朱雀、鶉火之體，後有玄武、龜蛇之質，中有大角、軒轅、麒麟之信。"

③ 管，尊本、内閣本、古逸本脱，《太平御覽》卷二一《時序部六・夏上》引《禮記》注曰："引黄鐘之清宮為土律，其管半黄鐘之管，長四寸五分。"據補。考證本據《禮疏》增補爲"其管半黄鍾九寸之數，管長四寸五分"。

④ 総，内閣本、古逸本、考證本作"總"，同。

⑤ 奔，尊本、内閣本、古逸本同，考證本校改爲"宏"。

⑥ 又，尊本、内閣本作"父"，文意不通，古逸本作"又"，考證本作"文"。據正。

⑦ 赤，尊本、内閣本同，古逸本作"中"，考證本校改作"南"。今按，《後漢書・祭祀志》曰："先立秋十八日，迎黄靈於中兆，祭黄帝后土。"李賢注引《月令章句》曰："去邑五里，因土數也。"

之神，玉用黄琮。《周官·大宗伯》職曰“以黄琮禮地”，注云[①]“琮方象地”，音徂冬反也。性弊，各放其色。”

《詩推度災》曰：“戊己，正居魁中，為黄地。”宋均曰：“為黄地者，著中央為土立[②]也。”《詩紀歷樞》曰：“戊者貿也，陰貿陽，柔變剛也。宋均曰：“貿，易[③]也。”己者紀也，陰陽造化，臣子成道。”紀，綜[④]。《詩含神誇》曰：“其中黄帝坐，神名含樞紐。”宋均曰：“含樞機之經紐也。”《詩含神誇》曰：“鄭、代，己之地也，位在中宫而治四方，叅[⑤]連相錯，八風氣通。”《樂稽曜嘉》曰：“用聲和樂扵中郊，為黄帝之氣、后土之音。歌《黄裳從容》，致和散靈。”宋均曰：“《黄裳從容》，樂篇也。散靈，使暢扵四水。”《樂叶啚徵》曰：“土所以無位在扵四季者，地之别名，土扵五行最尊，故不自居部。”《春秋元命苞》曰：“土無位而道在，大一不興[⑥]化，人主不任部也。”《春秋元命苞》曰：“其日戊者茂也，己者抑詘而起。宋均曰：“此陽物盡盛，抑詘者猶起，故曰以為日名焉。”其音宫，宫者中也，精明。宫以[⑦]八十一系為音，故取著明之也。其味甘，甘者食甞。”土吐万物不以為勞，性甘安之，故其味甘。《白

---

① 云，尊本、内閣本、古逸本均作“去”，考證本校改爲“云”，極是。

② 立，内閣本、古逸本、考證本作“交”。

③ 易，尊本、内閣本、古逸本、考證本作“男”，考證本校云“‘男’恐‘易’字之訛”，極是，據文意改。

④ 綜，尊本、内閣本、古逸本、考證本作“琮”，考證本校云“‘琮’恐‘綜’字之訛”，極是，據文意改。

⑤ 叅，内閣本、考證本作“泰”，同。古逸本作“条”。

⑥ 興，尊本、内閣本、古逸本作“與”，考證本據《白虎通》《藝文類聚》改。今按，《太平御覽》卷三五《地部一·地》引《春秋元命苞》曰：“土無位而道在，故太一不興化，人主不任部。”

⑦ 尊本、内閣本“宫以”之後錯粘原本屬於第二紙的内容，今已據古逸本校正原文次序。

虙通》曰："土味所以甘何？中央者和也，故甘，由五味以甘為主。其臭香何？中央者土，主養，故其臭香。"

正説曰：

案《尒雅》"蜫，馬蝬"，《音義》云："蜫音閑[①]，蝬音棧[②]"，郭璞注云："馬蠲也，俗呼馬蠛[③]。"又案《莊子》"蚿謂蛇曰：'吾以衆足行而不及子之無足，何也？'"又曰"夔怜蚿"，司馬彪注云"馬蚿也"，皆取足多之義。《説文》曰："蠲也，從虫從目益聲"，仍引《月令》曰"腐草為蠲"。《易説》"腐草化為熒嗌"[④]，鄭注："舊説草為蝎，今言嗌，其物異名。"《穀梁傳》云"嗌不容粒"，注云"嗌，喉嗌"，《方言》音悪介反，《字林》音一鬲反，《韻集》曰"嗌，咽也"，並從咽而解，恐非虫類，似取益聲，還為蠲之別體。《方言》云："馬蚿，音弦，北燕謂之蛆蝶，其大者謂之馬蚰，音逐[⑤]。"郭注："今關西云。"《博物志》："馬蚿一名百足，中断，頭尾各異行而去。"[⑥]《字林》："蜫[⑦]，馬蝬，音閑；蠲，馬蠲，工玄反；蚿，馬蚿，下千反。"是則蜫、蚿、蠲、蠲，惣是一虫，隨

① 閑，尊本、内閣本作"用"，古逸本、考證本校改爲"閑"。今按，陸德明《經典釋文·爾雅音義》："蜫音閑。"

② 尊本、内閣本"棧"後原有"閣"字，衍文，古逸本、考證本删。今按，《爾雅注疏》正作"蝬音棧"。

③ 内閣本、古逸本、考證本作"蠼"，異體字。

④ 考證本校云："此《易通卦驗》之文也，而無'化'字'熒'字。"古逸本删"熒"字。

⑤ 蚰、逐，尊本、内閣本分别作"袖" "遂"，古逸本、考證本校改作"蚰""逐"。今按，《方言》卷十一曰："其大者謂之馬蚰。"郭璞注曰："音逐。今關西云。"

⑥ 而去，尊本、内閣本、古逸本均作"而而志"，考證本校改爲"而去"。今按《太平御覽》卷九四八《蟲豸部五·馬蚿》引張茂先《博物志》作"馬蚿一名百足，中断，則頭尾各異行而去"。蓋抄本衍一"而"字，又誤將"去"字寫成"志"。據改。

⑦ 蜫，尊本、内閣本、古逸本作"蜋"，今從考證本據《爾雅·釋蟲》改。

其鄉俗所名，或曰語聲訛謬，故為異字。《月令》本皆作“腐草為熒”[①]，即今之熒火。《吕氏春秋》《淮南子・時則》並云“腐草為蚈”，高誘注云：“蚈，馬蚿也，幽冀謂之秦渠。”《尒雅》“蛂皇[②]，蚈，音瓶”，郭注云：“甲虫也，如虎豆，緑色，今江東呼黄蚈”，又非蚿矣。誘云“馬蚿”者，當别有所據。《周書・時訓》及蔡雍《章句》乃作“腐草為蛙”，蔡云：“蛙，虫名，世謂之馬蛙，盛暑所蒸，陰氣所化，故朽腐之物變而成虫。”即上來所稱蜫、蚿也。其水虫者，正體應為鼃字，俗呼青蛙，或與此同字，故《字詁》云“鼃，今蛙”，注“蟈也”，然理不相關，當是鼃與熒、蚿、蜫等言聲相近，亦可古字假借為蛙。今世久雨，爛草濕地多生馬蚿虫，即古化腐之驗。熒以六月始出，亦言腐草所為，《易説》既兼熒、嗌兩字，或乃二虫俱尒。束晳[③]《發曚記》又云“腐木為熒火”，注云“熒火生爛木”，草木雖異，腐義則同。

附説曰：

《史記》“秦德公始為伏祠”，孟[④]康注云“六月伏日”是也。《漢書》：“東方朔為郎，武帝嘗以伏日詔賜諸郎宍[⑤]，朔獨拔釼[⑥]割宍，謂其同官‘伏日當早歸，遺細君’，即懷宍去。上問朔，曰：‘歸遺細君，又[⑦]何仁也？’”陳思王《大暑賦序》云“季夏三伏”，

① 楊劄曰：“今本‘熒’作‘螢’，誤也。《爾雅》仍作‘熒’。”

② 楊劄曰：“今《爾雅》作‘蛂蝗’。”

③ 束晳，尊本、内閣本作“東晳”，古逸本作“束哲”，據考證本改。今按，《隋書・經籍志一》著録“《發蒙記》一卷，晉著作郎束晳撰”。

④ 孟，尊本、内閣本作“益”，據古逸本、考證本改。

⑤ 宍，尊本、内閣本、古逸本均作“完”，考證本作“肉”。今按，此處當作“肉”的俗寫字“宍”。下文“宍”同。

⑥ 釼，内閣本、古逸本、考證本作“劔”，異體字。

⑦ 又，尊本、内閣本作“人”，古逸本、考證本校改爲“又”。今按，《漢書・東方朔傳》作“又”，據改。

潘岳[1]詩云"初伏啓新莭",盖言初伏、中伏、後伏為(三伏[2])。案《曆忌釋》云:"伏者何也?金氣伏藏之日也。四時代謝,皆以相生。立春木代水,水生木;立夏,火代木,木生火;立冬,水代金,金生水。至扵立秋,以金代火,金畏扵火,故至庚日必伏。庚者金故也。"程曉詩云:"平生三伏時,道路無行車。閇門避暑卧,出入不相過。"復似不許遊歷。《老子》云"静勝暑",當為此不行,更無餘忌。張良家每伏臈祠黄石公,《漢書》楊惲亦言"歳時伏臈",則以為莭矣。《世説》:"郗[3]嘉賔三伏之月[4]詣謝公,雖復當風交扇,猶汗流離。謝著故絹裘,進熱白粥。"又其事也。《荊楚記》云:"伏日並作湯餅,名為辟悪。"案束晳《餅賦》云:"玄冬猛寒,清晨之[5]會,涕凍鼻中,霜成口[6]外。充虚解戰,湯餅為最。"然則此非其時。當以麦熟甞新,㠯言辟悪耳。今世人多下水内,别取椒、薑末,和酢而食之,名為冷餅。

---

① 岳,尊本、内閣本作"兵",據古逸本、考證本改。今按,《藝文類聚》卷五《歲時部下·伏》引晉潘岳《懷縣詩》有"初伏啟新節"句。

② 三伏,尊本、内閣本無,古逸本補入,考證本校云:"疑脱'三伏'二字。"今據古逸本補。

③ 郗,尊本、内閣本、古逸本作"部",考證本校改爲"郗",是。郗嘉賓,即東晉郗超。

④ 三伏之月,尊本、内閣本、古逸本均作"公伏之日",考證本校改爲"三伏之月"。今按,《藝文類聚》卷五《歲時部下·伏》、《初學記》卷三《歲時部·夏》、《太平御覽》卷二一《時序部六·夏上》引《世説》均作"三伏之月",據正。

⑤ 之,尊本、内閣本作"云",古逸本、考證本作"之"。今按,《初學記》卷二六《器物部·餅》、《太平御覽》卷八六〇《飲食部·餅》引束晳《餅賦》均作"之",據改。

⑥ 口,尊本、内閣本、古逸本作"中",考證本據《賦匯》校改作"口"。今按,《初學記》卷二六《器物部·餅》、《太平御覽》卷八六〇《飲食部·餅》引束晳《餅賦》均作"口",據改。

此月熱盛，古禮則有頒冰。《周官》凌人職云：“春始治鑑，凡[①]内外饗之膳鑑焉。祭祀供冰鑒。”鄭玄注云：“鑑如甀[②]，大口，以盛氷[③]，置食物于中，以禦温氣。鑑音胡監反。”干寶注云：“鑑，金器，盛[④]飲食物，以置冰室，使不汝[⑤]餧也。”案《尚[⑥]書・禹貢》“楊州貢金三[⑦]品”，孔安國注云：“金、銀、銅也。”《春秋傳》：“鄭伯始朝于楚，楚子賜之金，既而悔之，与之盟曰：‘無以鑄兵。’”服虔注云：“楚金利，故不欲令以鑄兵”，又曰：“故以鑄三鍾”，注云：“古者以銅為兵。”《荊楚記》“或沉[⑧]飲食于井，亦謂之鑑”，户監反也。魏文帝《与吴質書》云：“浮甘苽於清泉，沉朱李於寒水。”亦有水内加冰者，又有陰冷自受冰名。劉公幹《大暑賦》曰：“賓冰漿於玉醆。”庚儵《冰井賦》曰：“仰瞻重構，俯臨陰穴，餘寒嚴悴，淒若霜雪。”孫楚《井賦》云：“沉黄李，浮朱柰。”夏侯湛《梁田賦》曰：“入菓林，造瓜田，落蔕離母之漬寒

---

① 凡，尊本、内閣本、古逸本作“几”，據考證本改。今按，《周禮・天官・凌人》正作“凡”。

② 甀，尊本、内閣本、古逸本作“虮”，考證本校改作“甀”。今按，《周禮・天官・凌人》鄭玄注作“甀”，據改。

③ 氷，尊本、内閣本、古逸本作“水”，考證本及《周禮・天官・凌人》鄭玄注作“冰”。然根據書寫習慣，此處當作“氷”。

④ 盛，尊本、内閣本、考證本作“成”，據古逸本改。

⑤ 疑“汝”當作“茹”。餧爲“食物腐爛變質”之義，“茹”亦有“腐爛”之義，如《吕氏春秋・功名》：“以茹魚去蠅，蠅愈至，不可禁。”

⑥ 尚，尊本、内閣本作“金”，涉前行“金器”而誤，據古逸本、考證本改。

⑦ 三，尊本、内閣本作“之”，據古逸本、考證本改。

⑧ 沉，内閣本、古逸本、考證本作“沈”，同。下同。

泉。”[①] 古樂府云：“後園鑿井銀作床，金瓶[②]素綆汲寒漿。”吴歌云：“六月節，三伏熱如火，銅瓶盛蜜漿。”[③] 非無據驗。此月之時，必有時雨，《穀梁傳》云“六月雨，憘雨也”，《月令》云“大雨時行”，《風土記》云“濯枝雨”，猶是一義。

玉燭寶典卷第六　六月[④]

---

① 《太平御覽》卷九七八《菜茹部三・瓜》引夏侯孝若《梁田賦》曰：“入果林，造瓜田，摘虎掌，拾黄斑，落蔕離母，漬于寒泉。”宋潘自牧《記纂淵海》卷九十二《果食部・瓜部》引夏侯孝若賦：“摘虎掌，拾黄斑，落蔕離母，漬以寒泉。”

② 瓶，尊本、内閣本誤作“缾”，古逸本、考證本作“瓶”。今按，《宋書》卷二二《樂志四》、《晉書》卷二三《樂志下》引《淮南王篇》并曰：“後園鑿井銀作牀，金瓶素綆汲寒漿。”據正。

③ 《樂府詩集》卷四九《清商曲辭六・西曲歌下》收《月節折楊柳歌》，其中六月歌云：“三伏熱如火，籠窗開北牖。與郎對榻坐。折楊柳，銅塸貯蜜漿，不用水洗溴。”

④ 本卷末尊本有題記一行“貞和四年八月八日書寫畢”，内閣本、古逸本作“貞和四年八月八日”，考證本無題記。

玉燭寶典卷第七[①]

七月孟秋第七[②]

《禮·月令》曰："孟[③]秋之月，日在翼[④]，昏建星中，旦畢中。鄭玄曰："孟秋者，日月會於鶉尾，而斗建申之辰也。"其日庚辛，庚之言更也，辛之言新也。日之行，秋西從白道，成熟萬物[⑤]，月為之佐，萬物皆肅然改[⑥]更，秀實新成。其帝少皡[⑦]，其神蓐收，此白精之君，金官之臣。少皡，金天氏也；蓐收，少皡氏之子，

---

① 尊本卷首背題"寶典第七"，内閣本作"玉燭寶典記卷弟七"，此據古逸本、考證本。

② 内閣本只有"七月"二字。

③ 孟，尊本作"益"，内閣本作"盖"，均誤，據古逸本、考證本改。下同。

④ 尊本、内閣本"翼"前有"羽"字，衍文，據古逸本、考證本删。

⑤ 尊本"物"後有"之"字，衍文，據内閣本、古逸本、考證本删。

⑥ 改，尊本、内閣本作"故"，古逸本、考證本校改作"改"。今按，《禮記·月令》鄭玄注作"改"，據改。

⑦ 《龍龕手鑑》卷四《日部》："皡，胡老反。明也，旰也，光也，曜也。又姓，亦太皡。"

曰該[①]，為金官者也。其蟲毛，象物應涼氣孤而備寒，狐狢之屬生旃毛也。其音商，三分徵益一以生商，商數七十二，屬金者，以其濁次宫，臣之象也。律中夷則，孟秋氣至，則夷則之律應。高誘曰："太陽氣衰，大陰氣發，萬物雕傷，應法成性也。"其數九，金生數四，成數九，但言九者，亦舉其成也。其味辛，其臭腥，金之味臭也，凡[②]辛腥者皆屬焉。其祀門，祭先肝。秋，陰氣出，祀之於門外，陰也。祀先祭肝者，秋為陰中，於藏直肝，肝為尊之也。祀門之礼，北面設主于門左樞，乃制肝及肺心為俎，奠[③]于主南。又設祭[④]于俎東，其他皆如祭竈之礼。涼風至，白露降，寒蟬鳴，鷹乃祭鳥，用始行戮。寒蟬，寒蜩，謂蜺也。鷹祭鳥者，將食之，示有先也。既祭之後，其煞鳥不必盡食，若人君行刑[⑤]戮之而已。今案《介疋》"蜺，寒蜩"，郭璞注云："寒螿也，似蟬，小而青赤。"《方言》曰："蟈謂之寒蜩。寒蜩，闇蜩也。"郭璞云："案《介疋》以蜺為寒蜩，《月令》亦曰'寒蟬鳴'，知寒非闇也。此謂蟬名，通出《介疋》，而多駁錯，未可詳據。蟈音應。"陸雲《蟬賦》曰："昔人稱雞有五德，而作者賦焉，至於寒蟬，才齊其美。頭上有蕤，則其文也；含氣飲露，則其清也；黍稷不享，則其廉也；處不巢居，則其儉也；應候守常，則其信也。"[⑥] 其賦曰"雕

---

① 該，尊本、内閣本作"説"，古逸本、考證本校改作"該"。今按，《禮記·月令》鄭玄注作"該"，據改。

② 凡，尊本、内閣本作"九"，古逸本作"几"，考證本作"凡"。今按，《禮記·月令》鄭玄注作"凡"，據正。

③ 奠，尊本、内閣本作"尊"，古逸本、考證本校改作"奠"。今按，《禮記·月令》鄭玄注作"奠"，據改。

④ 祭，尊本、内閣本、古逸本、考證本作"祭"，《禮記·月令》鄭玄注作"盛"。

⑤ 刑，尊本、内閣本、古逸本作"戒"，今從考證本據《禮記·月令》鄭玄注改。

⑥ 楊劄曰："原書有'加以冠冕則其容也'八字，似不可删。"

以金采，圖我嘉容[①]”，又曰“綴以玄冕，增成首餝”之也[②]。天子居揔章左个，乘戎路，駕白駱，載白旂[③]，衣白衣，服白玉，食麻與犬，其器廉以深。揔章左个，太寢西堂南偏也。戎[④]路，兵車也，制如周之革路[⑤]，而飾之以白。白馬黑鬣[⑥]曰駱。麻實有文理，屬金。犬，金畜也。器廉以深，象金傷害物入藏也。高誘曰：“西方緫成萬物，章明之，故曰揔章”之也。

“是月也以立秋。先立秋三日，太史謁之天子曰：‘其日立秋，盛德在金。’天子乃齊。立秋之日，天子親帥三公、九卿、諸侯、大夫以迎秋扵西郊。還反，賞軍帥武人扵朝。迎秋者，祭白帝招拒扵西郊之兆[⑦]也。軍帥，諸將也，武人謂環人之屬，有勇力也。天子乃命將帥，選士厲兵，簡練桀俊，専任有功，以征不義，征之言正，伐也。詰誅暴慢，以明好恶，順彼遠方。詰謂問其罪，窮治之也。順猶服也。命有司脩法制，繕囹圄，具桎梏，禁止姦，慎

① 嘉容，尊本、内閣本作“卜客”，古逸本、考證本校改作“嘉容”，考證本校云：“舊‘嘉容’作‘卜客’，今依《百名家集》改。”今按，《陸雲集・寒蟬賦》作“嘉容”，據正。

② 楊劄曰：“此亦有‘之也’二字，足見此爲日本古時增加，非隋唐之舊。”

③ 旂，尊本、内閣本同，古逸本、考證本作“旍”，異體字。

④ 戎，尊本、内閣本作“我”，據古逸本、考證本改。

⑤ 革，尊本、内閣本作“草”，據古逸本、考證本改。今按，《禮記・月令》鄭玄注作“革”。而《周禮・春官・巾車》：“革路，龍勒，條纓五就，建大白，以即戎，以封四衛。”鄭玄注：“革路，鞔之以革而漆之，無他飾。”

⑥ 鬣，尊本、内閣本、古逸本均作“㲋尾”，考證本據《禮記・月令》鄭玄注校改作“鬣”。今按，陸德明《經典釋文・禮記音義第一》“黑鬣”下注：“音獵，本亦作髦，音毛。又一本作旄，尾也。”《爾雅・釋畜》：“白馬黑鬣，駱。”《玉篇・馬部》亦曰：“駱，白馬黑鬣。”據改。

⑦ 兆，尊本、内閣本作“非”，今依古逸本、考證本據《禮記・月令》鄭玄注校改。

(罪)[①] 邪，務搏執。順[②]秋氣，政尚嚴者也。命大理瞻傷、察創、視折、理，治獄官也。有虞氏曰士，夏曰（大理，周曰）[③] 大司寇。創之淺者曰傷之也。審断，決獄訟，必端平。端猶正也。戮有罪，嚴断刑，天地始肅，不可以贏[④]。肅，嚴急之言也。贏猶解[⑤]也。農乃登槩，天子嘗新，先薦寢廟。黍稷之屬於是始熟。命百官始收[⑥]斂，順秋氣，收斂物。完隄防，謹壅塞[⑦]，以備水潦，備者，備八月也。八月宿直畢，畢[⑧]好雨也。脩宫室，坏薄來反也。土墉[⑨]垣，補城郭。象秋收斂，物當蔵也。毋以封諸侯、立大官，毋以割地、行大使、出大弊。古者於嘗[⑩]出田邑，此其月也。而禁封諸侯割地，失其義矣。《淮南子·時則》此下云“行是令，涼風至三旬[⑪]”也。

---

① 罪，尊本、内閣本脱，今依古逸本、考證本據《禮記·月令》補。

② 順，尊本、内閣本、古逸本作“慎”，今從考證本據《禮記·月令》鄭玄注校改。

③ 尊本、内閣本、古逸本無“大理周曰”，考證本據《禮記·月令》鄭玄注校補，可從。

④ 贏，尊本、内閣本、古逸本作“羸”，今從考證本據《禮記·月令》鄭玄注校改。注文中“羸”同。

⑤ 解，尊本作“鮮”，據内閣本、古逸本、考證本改。

⑥ 收，尊本、内閣本作“牧”，古逸本、考證本作“收”。今按，《禮記·月令》鄭玄注作“收”，據改。下文同。

⑦ 塞，尊本、内閣本作“寒”，據古逸本、考證本改。

⑧ 畢畢，尊本、内閣本作“畢之”，古逸本“畢”字後作重文符號，考證本據《禮記·月令》鄭玄注校改爲“畢畢”。今按，尊本、内閣本中的“之”字，當爲重文符號之誤寫。

⑨ 墉，内閣本、古逸本、考證本作“墻”，同。

⑩ 嘗，尊本、内閣本作“堂”，今從古逸本、考證本據《禮記·月令》鄭玄注校改。

⑪ 旬，尊本、内閣本作“勾”，古逸本、考證本作“旬”。今按，《淮南子·時則訓》高誘注作“行是月令，涼風至三旬”，據改。

“孟秋行冬令，則陰氣大勝，亥[①]之氣乘之也。介蟲敗㮚，介，甲也，甲蟲屬冬。敗㮚者，稻蟹之屬也。今案《國語·越語》曰：“稻蟹不遺種，其可乎?”韋照注云：“蟹食稻”耳也。戎兵乃來。十月宿值營室，營室之氣為害也。營室，主武事[②]也。行春令，則其國乃旱，寅之氣乘之也。雲雨以風除也。陽氣復還，五㮚無實。陽氣能生，不能成也[③]。行夏令，則國多大災，巳之氣乘之也。寒熱不節，民多瘧疾。”瘧疾，寒熱所為也。今《月令》“瘧疾”為“瘧疾”。

蔡雍《孟秋章句》曰：“今歷孟秋立秋莭日，在張十二度，昬中星，去日百一十三度，箕九度中而昬，胃九度中而明。‘其數九。’《洪範[④]經》曰：‘四曰西方，有金之四，有土之五，故其數九。’‘白露降。’(露)者，陰液也[⑤]，醳為露，凝為霜，春夏清，冬濁而白。‘天子居総章左个[⑥]。’西曰総章。(総)[⑦]，合也；章，商也。和金氣之意也。左个，申上室。‘命理瞻傷、察創、視折、審断決。’[⑧] 皮曰傷，宍曰創，骨曰折，骨宍皆絶曰断，言民鬬辦

① 亥，尊本、内閣本作“未”，今從古逸本、考證本據《禮記·月令》鄭玄注校改作。

② 武事，尊本、内閣本作“武王”，今從古逸本、考證本據《禮記·月令》鄭玄注校改作。

③ 尊本、内閣本“生”“成”二字原互易，今從古逸本、考證本據《禮記·月令》鄭玄注移正。

④ 範，尊本、内閣本、古逸本作“灋”，乃類化增加偏旁字。

⑤ 尊本、内閣本、古逸本“露”字原脱，“陰”字原作“降”，考證本引《御覽》《事類賦》校正。今按，《太平御覽》卷一二《時序部·露》、《事類賦注》卷三《天部三·露》引蔡邕《月令章句》均曰：“露者，陰液也，釋為露，凝為霜。”據校補。

⑥ 个，尊本、内閣本、古逸本均作“介”，當爲“个”之誤，據考證本改。注文中“个”字三本均不誤。

⑦ 総，尊本、内閣本、古逸本無，考證本據補“総”字，可從。

⑧ 楊劄曰：“此仍以‘決’字絶句，與蔡氏輯本以‘斷’字絶句異。”

而不死者，當以傷創折斷深淺大小，正其罪之輕重。‘戮有罪’者，刑而辱之也，鞭朴以上皆戮。《傳》[①] 曰：‘夷之蒐，賈季戮臾駢。其後臾駢之人欲報賈氏，駢曰不可。’漢律：吏歐人斂錢曰戮辱，賦强[②]，然則戮生文[③]者。‘民多疫厲。’厲，恶鬼也。氣病曰疫，鬼病曰厲，五行之性，以所畏為鬼。《傳》曰：‘鬼有所歸，乃不為厲。’”

右《章句》為釋《月令》。

《禮·鄉飲酒義》曰：“西方者秋，秋之為言愁，愁之以時察，守義者。”鄭玄曰：“愁讀為揫[④]，愁，斂。察猶察察，嚴殺之者。”《春秋元命苞》曰：“秋，愁也，物愁[⑤]。”《春秋繁露》曰：“秋之為言猶湫也。湫者，憂悲之狀也。”《尸子》曰：“秋，肅也，万物莫不肅敬。”《前漢書》曰：“秋，䲡[⑥]也。如淳曰：“䲡音涿郡遒縣也。”物䲡斂，迺[⑦]成熟也。”《説文》曰：“（天[⑧]）地反物為秋。從

---

① 《左傳·文公六年》：“夷之蒐，賈季戮臾駢。臾駢之人欲盡殺賈氏以報焉，臾駢曰：‘不可，吾聞前志有之曰：敵惠敵怨，不在後嗣，忠之道也。’”

② 《晉書·刑法志》引張斐律表云：“即不求自與為受求，所監求而後取為盜贓，輸入呵受為留難，斂人財物積藏於官為擅賦，加歐擊之為戮辱。”

③ 文，疑有訛誤，待攷。

④ 愁讀為揫，尊本、内閣本作“秋讀為愁”，今依古逸本、考證本據《禮·鄉飲酒義》鄭玄注改。

⑤ 考證本校云：“疑有訛脱。”楊劄曰：“‘物愁’上下有訛字。”古逸本“物愁”後增“而入也”三字。

⑥ 䲡，尊本、内閣本作“雛”，古逸本、考證本作“𪓐”。今按，《漢書·律曆志》：“秋，𪓐也，物𪓐斂，乃成熟。”古逸本、考證本當是據此而改。然《太平御覽》卷二四《歲時部九·秋上》引《漢書》作“秋，䲡也。物䲡斂，乃成熟也”。引如淳注曰：“䲡音樵也。”故不煩改字。

⑦ 迺，尊本、内閣本、古逸本均作“西”，當爲“迺”字之誤。

⑧ 天，尊本、内閣本、古逸本均無，考證本據《太平御覽》補，是。今按，《太平御覽》卷二四《時序部九·秋》引《説文》作：“天地反物為秋。從禾𪚺省聲也。”

禾火聲也。"《釋名》曰:"秋,緧也[①],緧迫品物,使時成也。"

右惣釋[②]秋名。

《皇覽·逸禮》曰:"秋則衣(白衣[③]),佩白玉,乘白路,駕白駱,載白旗,以迎迎秋于西郊。其祭先稷與拘,居明堂右廟,啓西户。"《詩紀歷樞》曰:"庚者更也,陰代陽也;辛者新也,万物成孰,始甞新也。"宋均曰:"新既辛螫,且兼物新成者也。"《詩含神務》曰:"其西白帝坐,神名招拒[④]。"宋均曰:"為招舉也。拒,法也。西方[⑤]義舉法理也。"《尚書考靈[⑥]曜》曰:"氣在扵秋,其紀太白,是謂大武[⑦]。用時治兵,是謂得功,非時治兵,其令不昌。鄭玄曰:"出曰治兵,入曰振旅也。"禁民無得毀消金銅,是謂犯陰之則。當秋之時,使太白不明。秋以起土功,与氣俱彊,煞猛獸,事欲急。猛獸,熊羆之属者也。以順秋金,衣白之時,而是則太白出入,當五㮚成孰,民人昌矣。"《春秋元命苞》曰:"其日庚辛者,物色更,辛者陰治成。宋均曰:"扵是物更而成,故因以

---

① 秋緧也,尊本、内閣本作"社猶也",古逸本作"秋,猶也",考證本校改爲"緧"。今按,《釋名·釋天》、《太平御覽》卷二四《歲時部九·秋上》引《釋名》均作"秋,緧也。"據改。

② 釋,尊本、内閣本、古逸本作"积",考證本作"釋"。今按,"积"爲"釋"日本簡體字,據《玉燭實典》用字習慣改。

③ 白衣,尊本、内閣本脱,古逸本、考證本補"白衣"二字。楊劄曰:"據《藝文類聚》引補。"考證本校曰:"舊無'白衣'二字,今依《藝文類聚》增。"今按,《藝文類聚》卷三引《皇覽·逸禮》作"衣白衣",據補。

④ 名招拒,尊本、内閣本、古逸本、考證本作"右柘柜"。楊劄曰:"'拓'疑'招'誤。"今按,《太平御覽》卷二《天部下》引《五經通義》"其佐曰五帝"注曰:"東方青帝靈威仰,南方赤帝赤熛怒,西方白帝白招拒,北方黑帝汁光紀,中央黃帝含樞紐。"據改。後文"招"字同。

⑤ 方,尊本、内閣本、古逸本作"万",今從考證本改。

⑥ 靈,尊本、内閣本作"露",據古逸本、考證本改。

⑦ 楊劄曰:"輯本無此,唯《北堂書鈔》引此'謂大武'三句。"

為日名”之也。時為秋。秋者物愁。愁猶遒也，物至此而遒揫。名為西方。西方者遷，方者旁也。物已成揫可遷移方者，言物雖遷，不離其旁側也。其帝少皞者，少斂。物至此不斂者少，故以號其帝明之也。其神蓐收者，紉收也。物结紉而彊也，彊故七十二系以次宫也。其味辛，辛者陰，螫人持度自辛以固精。”陽主生，陰煞戮，必[①]施毒，故其尚為味也，尚行毒法以自辛，則人无敢犯之者，志得辛，故所行既槩且精審者也。《山海經·（海[②]）外西經》曰：“西方辱收，左耳有虵，乘兩龍。”郭璞曰：“金神也，人面，執鉞，虎爪，白毛，見外傳”[③]之也。《尒雅》曰：“秋為旻天，李巡曰：“秋万物成熟，皆有文章。旻，文也。”孫炎曰：“秋天成物，使有文，以故曰旻天。”郭璞曰：“旻猶愍（也，愍）[④]万物彫落。”《音義》曰：“詩敘[⑤]云‘旻，閔也’”，即其義者耳也。秋為白藏，孫炎曰：“秋氣白而收藏也。”秋為收成。”《尚書大傳》曰：“西方者何也？鮮方。或曰鮮方者，訮訮之方[⑥]也。訮訮者，始入之貌[⑦]。始入，則何以謂之秋？秋者愁也，愁者也，物方愁而入也[⑧]，故曰西方者秋也。”鄭玄曰：“秋，收斂者之。”《白虎通》

---

① 尊本、内閣本、古逸本原作“必ㄑ”，今據考證本删一字。

② 海，尊本、内閣本無，今從古逸本、考證本校補。

③ 此句，考證本據《山海經·海外西經》校改爲“人面虎爪，白毛執鉞”。

④ 愍，尊本、内閣本、古逸本原只作一“愍”字，考證本據《爾雅注疏》補“也愍”，可從。

⑤ 曰詩敘，尊本、内閣本作“四詩敘”，古逸本校作“曰詩傳”，考證本校改作“四詩敘曰旻”，今據文意改。

⑥ 訮訮之方，尊本、内閣本、古逸本同，考證本校改爲“訊之方”，楊劄曰：“今本‘訮’作‘訊’，不疊字。”

⑦ 始入之貌，尊本、内閣本作“始人之狠”，古逸本校改作“始入之狠”，考證本校改作“始入之貌”。今按，《太平御覽》卷二四《歲時部九·秋上》引《尚書大傳》作“始入之貌”，據正。

⑧ 楊劄曰：“《御覽》引《大傳》作‘萬物愁而入也’。今本與此同。”

曰："其音商，商者彊。"《白虎通》曰："金味所以辛何？西方者煞成万物，辛者所以煞傷之，猶五味乃萎地死。其臰腥何？西方金也，万物成熟始傷落，故其臰腥。"

右惣釋秋時。

《詩·豳風》曰："七月流火。"毛傳曰："火，大火；流，下。"鄭箋云："大火，寒暑之候，火星中而寒，暑退也。"《春秋傳》曰："始煞而嘗。"服虔曰："謂七月陰氣始煞，万物可嘗，鷹祭鳥，可嘗祭之也。"《周書·時訓》曰："立秋之日，涼風至；又五日，白露降；又五日，寒蜩[①]鳴。涼風不至，國無嚴政；白露不降，民多欬病；寒蜩不鳴，人臣力爭。處暑之日，鷹乃祭鳥；又五日，天地始肅；又五日，禾乃登。鷹不祭鳥，師旅無功；天地不肅，君臣乃□[②]；農不祭槃，煖氣為灾。"

《禮·夏小正》曰："七月，秀雚葦。未秀則不為雚葦，秀然後為雚葦，故先言秀。狸子肇肆。肇，始也，肆，逐也，言始逐。或曰，肆，煞也。湟[③]潦生苹。湟，下處也，有湟然後有潦，有潦而後有苹草也。荓秀。荓也者，馬帚。漢案户。漢案户。漢，天漢也。案户者，直户也，言正南北也。寒蟬鳴也者，蝭音帝。蠑也。今案《方言》："蟪蛄或謂之（蝭）蟧"，音料[④]，似今古字。孫楚《蟟賦》曰："曾不旬時而容落，固亦輕生之速爰。"字雖異，正是

① 考證本、楊鉊均指出《周書·時訓解》中"'蜩'作'蟬'"。

② 據文意，各本原文此處缺一字。

③ 湟，尊本、内閣本作"涅"，今從古逸本、考證本據《大戴禮·夏小正》校改。下文"湟"字同。

④ 料，尊本、内閣本、古逸本均作"断"，文意不通。楊鉊曰："断字疑誤。"今按，《方言》卷十一："蟪蛄……自關而東謂之虭蟧，或謂之蝭蟧"。據此補"蝭"字。郭璞給"虭蟧"注音爲："貂料二音。"故知此處"断"字當爲"料"，形近而誤。

此虫之。初昏，織女正東鄉。時有霖雨。灌荼。灌，聚也。荼，雚葦之秀也，為搙褚之也。雚未秀為菼，葦未秀為蘆，斗枋[①]懸在下則旦。”

《易通卦驗》曰：“坤，西南也，（主[②]）立秋。晡時，黄氣出直坤，此正氣。（氣[③]）出右，萬物半死，氣出左，地動。”鄭玄曰：“立秋之右[④]，大暑之地，左，處暑之地。巛為地，地主養物而氣見，大暑之地旱，故物多死，地氣失位，則動者之謂也。”《易通卦驗》曰：“立秋，涼風至，白露下，虎嘯，腐草化為螢嗌，（蜻[⑤]）蛚鳴。鄭玄曰：“虎嘯始盛，秋氣有猛意。舊説草為蝎，今言嗌[⑥]，其物異名。蜻蛚，蟋蟀也。”晷長四尺三寸六分，濁陰雲出，上如赤繒列，下黄弊。立秋於離值九四，九（四[⑦]），辰在午，又互體巽[⑧]，故上如赤繒。列，齊[⑨]平。立秋值黄色，故名黄弊者之。處暑雨水，寒蟬鳴。雨水多而寒也。晷長（五[⑩]）尺三寸二

---

① 枋，尊本、内閣本作“坊”，文意不通，據古逸本、考證本改。今按，“枋”，同“柄”。

② 主，尊本、内閣本、古逸本脱，考證本據《七緯》補，可從。

③ 氣氣，尊本、内閣本只有一“氣”字，古逸本作“氣々”。今按，據《易通卦驗》文例，正氣之後，先後述及“氣出右”“氣出左”之災害，據補。

④ 立秋之右，尊本、内閣本作“立愁右之”，今從古逸本、考證本校改。

⑤ 蜻，尊本、内閣本無，古逸本無“蜻”字，考證本有此字。今按，按下文注釋，當有“蜻”字。

⑥ 嗌，尊本、内閣本作“蜜”。誤。據古逸本、考證本改。

⑦ 四，尊本、内閣本、古逸本均無，考證本據《七緯》補。今按，據《易通卦驗》鄭玄注文例，當補。

⑧ 尊本、内閣本、古逸本作“在五，人五體巽”，文意不通。考證本據《七緯》校改作“在午，又互體巽”。今按，據文意第一個“五”字本爲地支之一，當是“午”字。

⑨ 齊，尊本、内閣本作“育”，據古逸本、考證本改。

⑩ 五，尊本、内閣本、古逸本脱，今從考證本據《七緯》增補。

分，赤陰雲出，南黄北黑。”處暑於離值六五。六五，辰在卯，得震氣，震為玄黄，故南黄也。《詩推度灾》曰：“金立於鴻鴈，陰氣煞，草木改。”宋均曰：“金立，立秋金用事也。”《詩紀歷樞》曰：“申者，伸也。”宋均曰：“陽氣衰，陰氣伸。”《樂叶[①]圖徵》曰：“巛立秋，昆虫首穴，欲蟄。”宋均曰：“首，向也；蟄，蔵也。”《春秋元命苞》曰：“土[②]生金，故少陰見於申。宋均曰：“積土成，王生焉，故曰生金。”申者吞也。吞陽所生而成之也。律中夷則[③]。夷則者，易其法。”易法[④]者，陽性仁施而之也。《春秋考異郵》曰：“立秋，趣織鳴。”宋均曰：“趣織，蟋蟀也。立秋，女功急，故趣之也。”《孝經援神契》曰：“立秋，鷹擊爵。”

《國語・楚語》曰：“夫邊境者，國之尾也，譬之如牛馬，處暑之既至，韋昭曰：“處暑在[⑤]七月節。處，正也。”䖟𧖴之既多，而不能掉其尾。”大曰䖟，小曰𧖴。不能掉尾，盖重也。今[⑥]案《說文》曰：“䖟，齧人[⑦]飛虫也，從虫亡聲。”《字林》曰：“䖟，大蚊也，音萌。𧖴，蛘耳。”之也。

《尒雅》曰：“七月為相。”李巡曰：“七月，万物勁剄、大小、善悪，皆可視而相，故曰相也。”孫炎曰：“相，糠也，物實生皮。”

---

① 叶，尊本、内閣本作“計”，據古逸本、考證本改。

② 土，尊本、内閣本、古逸本、考證本均作“上”，文意不通。今按，據下文注釋“積土成，王生焉”，疑“上”爲“土”之形近誤字，據改。

③ 律中夷則，尊本、内閣本、考證本作“律夷中則”，今從古逸本將“夷中”乙正。

④ 法，尊本、内閣本作“注”，今從古逸本、考證本校改。

⑤ 在，尊本、内閣本、古逸本均作“右”，今從考證本據《國語》韋昭注改。今按，此見《國語・楚語上》韋昭注。

⑥ 今，尊本、内閣本作“金”，據古逸本、考證本改。

⑦ 齧人，尊本、内閣本作“齒人”，古逸本、考證本校作“齧人”。今按，《說文解字・䖵部》：“蝱，齧人飛蟲。”據正。

之也。《史記・律書》："夷則言陰氣之賊[①]万物也。"《淮南子・時則》曰："孟秋之月，招摇指申。西宫御女白色，衣白采，撞白鍾。高誘曰："金王西方，故處西宫也。"其兵戈，其畜狗。七月官庫，其樹楝。庫，兵府也。秋節煞兵，故官庫也[②]。楝實，鳳皇所食。今雒[③]城旁有楝樹，實秋孰，故其樹楝。（楝讀練[④]）染之練也。"《淮南子・天文》曰："秋七月，百虫蟄伏，静居閇户，青女乃出，高誘曰："青霄女。青霄女司霜也。"[⑤] 以降霜露。"《白虎通》曰："七月律謂之夷則何？夷者傷，則者法也，言万物傷，被刑法也。"

《續漢・禮儀志》曰："立秋之日，自[⑥]郊禮畢，始揚威武，斬牲於郊東門，以薦陵廟。其儀：乘輿御戎輅，白馬朱鬣[⑦]，躬執弩射牲，（牲）以鹿麛[⑧]。太宰令、謁者各一人，載獲車[⑨]，馳駟送陵廟。還宫，遣使者齎束帛以賜武官，武官肄[⑩]兵，習戰陳之儀、斬

---

① 賊，尊本、内閣本、古逸本作"賦"，今從考證本據《史記・律書》改。

② 楝，尊本、内閣本、古逸本"楝"前有"樹"字，疑衍。今按，今本《淮南子・時則訓》高誘注作："其樹楝。楝實，鳳皇所食。"考證本據此補"其""楝"。此不從考證本。

③ 雒，尊本、内閣本、古逸本作"碓"，考證本校改作"雒"。今按，《淮南子・時則訓》高誘注作"雒"，據改。

④ 楝讀練，尊本、内閣本脱，文意不完；古逸本、考證本補此三字。今按，《淮南子・時則訓》高誘注作"楝讀練染之練也"，古逸本、考證本當是據此而補，是。據補。

⑤ 霄，尊本、内閣本、古逸本作"要"。今按，《淮南子・天文訓》高誘注作："青女，天神青霄玉女，主霜雪也。"據之改"要"爲"霄"。

⑥ 自，尊本、内閣本作"白"，據古逸本、考證本改。

⑦ 鬣，尊本、内閣本、古逸本作"臈"，今從古逸本據《續漢書・禮儀志》改。

⑧ 牲，尊本、内閣本作"牡"，古逸本作"牲"，楊劄曰："今本重'牲'字。"又"鹿"字，尊本、内閣本、古逸本作"廌"。今按，《續漢書・禮儀志》作："躬執弩射牲，牲以鹿麛。"考證本據此校補，是。

⑨ 車，尊本、内閣本作"東"，今從古逸本、考證本據《續漢書・禮儀志中》改。

⑩ 肄，尊本、内閣本作"肆"，古逸本、考證本作"肄"。今按，《續漢書・禮儀志中》作"肄"，據改。

牲之禮，名曰貙劉[1]。”

陳思王《九詠》曰：“乘廻風兮浮漢渚，目牽牛兮眺織女，牽牛為夫，織女為婦，雖為匹偶，歲壹會也。交際兮會有期。”織女、牽牛之星各處河之旁，七月七日得一會同也。《竹林七賢論》曰：“阮咸，字仲容，藉兄子也。諸阮前世皆儒學，内足扵財，唯藉一巷[2]棄事，好酒而貧。舊俗七月七日法當曬今案《方言》曰：“曬，暴也。秦（晉）之間（謂）之曬[3]，音霜智反。”衣，諸阮庭中爛然，莫非錦今案《釋名》曰：“錦，金也，作之用功重，其價如金，故制字帛与金也。”綈。今案《漢書音義》：“綈，厚繒也，重二斤者。”咸時惣角，乃豎長竿，㯿[4]大布犢鼻今案《前漢書》“司馬相如自身犢鼻褌”，注云：“形似犢鼻，因名也。”扵庭中曰：‘未能免俗，聊復共尒耳。’”傅玄《擬天問》曰：“七月七日，牽牛織女會天河。”《風土記》曰：“夷則應，履曲七，齊河皷，禮元吉。”注云：“七月俗重是，其夜洒掃扵庭，露施机筵，設酒脯時菓，散香

① 貙劉，尊本、内閣本作“樞劉”，今從古逸本、考證本據《續漢書・禮儀志中》改。

② 巷，尊本、内閣本、古逸本作“卷”，考證本據《世説注》《藝文類聚》《事類賦》校改作“巷”。今按，諸書引《竹林七賢論》此句各有不同，《藝文類聚》卷四《歲時部中・七月七日》引作“唯籍一生，尚道棄事”，《太平御覽》卷三一《時序部・七月七日》、《事類賦》卷五《歲時部二・秋》并引作“唯藉一巷，尚道棄事”，《世説新語・任誕》篇劉孝標注引作“唯咸一家尚道棄事”，今從《太平御覽》《事類賦》改。

③ 秦晉之間謂之曬，尊本、内閣本作“秦之間之曬”，古逸本作“秦晉之間面謂之曬”，《方言》卷七作“秦晉之間謂之曬”，今從考證本據《方言》補“晉”“謂”二字。古逸本當是將底本原有之“間”字誤認爲“面”字，而據《方言》補“晉”“間”“謂”三字。

④ 㯿，尊本、古逸本作“㯿”，内閣本作“树”，考證本作“樹”。今按，《藝文類聚》卷四《歲時部中・七月七日》、《初學記》卷四《歲時部下・七月七日》、《太平御覽》卷三一《時序部・七月七日》引《竹林七賢論》作“摽”，《太平御覽》卷六九六《服章部・裩》引作“掛”。

粉於筵上，熒重為稻，祈請於河皷、今案《介雅》：“河皷謂之牽牛。”織女。言此二星神當會，守夜者咸懷私願。或云見天漢中有弈弈[①]正白氣，如地河之波，瀁而輝輝，有光耀五色，以此為徵應。見者便拜，而願乞冨乞壽、无子乞子，唯得乞一，不得兼求，見者三年乃得言之。或云頗有受其祚者。”[②]

崔寔《四民月令》曰：“七月四日命治麴室，具薄，持槌，取净艾，六日饌治五槃、磨具，七日遂作麴及磨。是日也，可合藍丸及蜀柒丸，曝經書及衣裳，作乾糗、采葸耳也。葸耳，胡葸子，可作燭。今案《詩草木疏》：“胡菒，一名趣菜。”《博物志》云：“洛中[③]有人駈羊入蜀，胡菒子著羊毛，蜀人種之，曰‘羊負来’。”是月也，可種蕪菁及芥、牧[④]宿、大小荵子、小蒜、胡荵，别甇蔵、韭菁，刈萏茭，糞麦田，收栢實。慮暑中，向秋節，浣故製新，作袷、薄，以備始涼。可糶小、大豆，糴麥，收縑縳。”

正説曰：

《詩・小雅》云：“岐彼織女，終日七襄。雖則七襄，不成報章。睆彼牽牛，不以服葙。”此當言星有名無實，未論神遊靈應好合之理。古樂府“苕苕牽牛星，皎皎河漢女，纎纎[⑤]濯素手，札札弄機杼。終日不成章，泣涕零如雨。河漢清且淺，相去詎幾許。盈

---

① 弈弈，尊本、内閣本作“并并”，古逸本作“弈弈”，考證本據《初學記》引校作“奕奕”。今按，《太平御覽》卷三一《時序部・七月七日》引周處《風土記》作“弈弈”，據正。

② 《初學記》卷四《歲時部》七月七日、《御覽》卷三一引《風土記》、《藝文類聚》卷四引《四民月令》與之相近。

③ 尊本、内閣本“洛中”二字重出，其一當為衍文。古逸本、考證本只有“洛中”二字，是。

④ 牧，尊本作“收”，據内閣本、古逸本改。

⑤ 纎纎，尊本、内閣本作“纎纎”，古逸本校作“纎纎”，考證本據《玉臺新詠》校改作“纎纎”，是。

盈一[①]水間，脉脉不得語”。盖止陳離隔，都無會期。《夏小正》云“初昏，織女正東向”，運轉而已。《春秋運斗樞》云“牽牛，神名略緒”[②]，《石氏星經》云名天開[③]，《春秋佐助期》云“織女神名收陰”，《史記・天官書》云“天帝女孫[④]”，所出增廣，猶非良攄[⑤]。王叔之《七日詩序》云：“詠言之次，及牛女之事，亦烏識其然否，宜情人多感，遂為之文。”蔡雍《協初賦》云：“其在遠也，若披雲掃漢見織女。”假譬而言，未知攄何時月。張華《博物志》：“（舊[⑥]）説天河与海通，有人乘查，奄至一處，有城墎，望室中多織婦，見一丈夫牽牛渚次飲之。還問嚴君平，客星犯牛、斗者。”其時乃是八月，非關孟秋，未知七夕之驗，從何而始。唯《續齊諧記》：“成武丁謂其弟曰：‘七月七日織女當渡河，吾向已被召[⑦]。’弟問：‘織女何事渡河？’荅曰：‘蹔詣牽牛。’至今云七日織女嫁牽牛是也。”

《代王傳》云：“文帝自代即位，納竇后，少小頭禿，不為家人所齒，遇七月七日夜，人皆看織女，獨不許后出，并垂腳井中，乃有光照室，為后之瑞也。”魏晉以後，作者非一，便為實録，無復

① 尊本、内閣本“一”字後有“人”字，衍文，古逸本、考證本删，是。

② 考證本校云：“《荊楚歲時記》注無‘緒’字。”楊劄曰：“《荊楚歲時記》注引無‘緒’字，《開元占經》引《春秋佐助期》‘牽牛主關梁，神名略緒，熾姓，蠲除’。”

③ 考證本校云：“《荊楚歲時記》注‘開’作‘關’。”

④ 女孫，尊本、内閣本、古逸本作“孫女”，考證本據《史記・天官書》乙正，是。楊劄曰：“按《天官書》‘織女，天女孫也’，此蓋隱括其詞。”

⑤ 攄，尊本、内閣本、考證本作“席”，古逸本作“據”。今按，古逸本校改有理，然考《玉燭寶典》用字，當作“攄”。

⑥ 舊，尊本、内閣本、古逸本無，考證本據《初學記》《藝文類聚》引補。今按，《藝文類聚》卷八《水部上・海水》、《初學記》卷六《地部中・海水》引《博物志》均作“舊説”，據補。

⑦ 召，尊本、内閣本作“石”，文意不通，據古逸本、考證本改。今按，《初學記》卷四《歲時部下》引吴均《續齊諧記》正作“召”。

疑似。《荊楚記》："南方家結縷，穿[①]七孔針，或金、銀、鍮石為針，設瓜果扵中庭以乞巧，有憘子網其瓜上，則以為得。"《淮南子》云："豐水十仞，金針投之，即見其形"[②]，乃有舊事。宋孝武《七夕詩》云："秋風蕟離願，明月照雙心，偕歌有遺調，别歎無殘音。開庭鏡天路，餘光可不臨。沿風披弱縷，迎暉貫玄針。"則非金，又兼用鐵。案《論語》："夫子之言性与天道，不可得聞。"或當由此典誥致闕。

至如《風土》所録，乃有禱祈，孔聖人云"丘之禱久矣"，且子夏云"死生有命，冨貴在天"，是則脩短榮賤，分定已久，恐非造次之間所能請謁，後之君子，覽者擇焉。

附説曰：

案《盂蘭盆經》云："大目健連見其亡母生餓鬼中，皮骨連柱，目連悲哀，即鉢盛餅，徃餉其母。食未入口，化成火炭，遂不得食。目連大叫，馳還白仏[③]。仏言：'汝母罪根深重，非汝一人力所奈何，當須十方衆僧威神之力。吾今當説救濟之法。'仏告目連，七月十五日當為七世父母厄難中者具飯、百味五菓，盡世甘美，以著盆中，供養十方大德。佛勑十方衆僧皆為施主家咒願七世父母，行禪定意，然後食。初受盆時，先安佛塔前，衆僧咒願竟，便自受食。是時目連其母即扵是日得脱一切[④]餓鬼之苦。目連白佛：'未來世，佛弟子行孝順者，亦應奉盂蘭盆供養。'佛言大善。故今世

---

① 穿，尊本、内閣本作"寂"，據古逸本、考證本改。今按，《初學記》卷四《歲時部下》、《太平御覽》卷三一《時序部十六》引《荊楚記》并作"穿"。

② 仞，尊本、内閣本、考證本作"刃"，古逸本作"仞"。今按，《淮南子·道應訓》云："澧水之深千仞，而不受塵垢，投金鐵針焉，則形見於外。"據改。

③ 仏，内閣本、古逸本、考證本作"佛"。下同。

④ 切，尊本、内閣本誤作"劫"，古逸本作"切"，考證本據《荊楚記》《御覽》改作"切"，是。

因此廣為花飾，乃至刻木剖竹，飴[①]蠟剪綵，摸華葉之形，極工巧之妙。”

《春秋·宣十年傳》：“子文曰：‘鬼猶求食，若敖[②]氏之鬼不其餒而。’”注云：“餒，餓也。”《襄廿年傳》：“甯惠子曰：‘猶有鬼（神[③]），吾有餒而已，不來食矣。’”注亦云：“餒，餓也。吾鬼神有如自餓餒也，吾而已，不來從汝享食。”《大涅槃經》云：“餓鬼衆生，飢渴士所逼，扵百千歲未曾得聞漿水之名，遇斯[④]，飢渴即除。”是則儒書、内典，餒、餓一義，以佛力能轉，故《雜譬喻經》云“若一法言消須弥山”，《大涅槃》又云“恒河清流，實非火也，汝以顛到相”。故四月十五日僧衆安居，至此日限滿以後，名為自恣。《盆經》云歡憘日、僧自恣日，以百味餅食，安盂蘭盆中，十方自恣，僧咒願，便使現在父母壽命百年，无一切苦惱之患，七世父母離餓鬼苦。《大涅（槃[⑤]）》又云：“如秋月十五日夜，清浄圓滿，无諸雲翳，一切衆生無不瞻仰”[⑥]，後品“佛為阿闍世王八月

---

① 飴，尊本、内閣本、古逸本作“帖”，考證本據《荊楚記》《御覽》改作“飴”。今按，《藝文類聚》卷四《歲時部中·七月十五日》、《太平御覽》卷三二《時序部·七月十五日》引《盂蘭盆經》均作“飴”，據正。

② 敖，尊本、内閣本作“教”，古逸本、考證本作“敖”，據改。

③ 神，尊本、内閣本無，古逸本、考證本補。今按，《左傳·襄公二十年》作“鬼神”，此據《左傳》及後文注釋補“神”字。

④ 楊劄曰：“‘斯’下疑有脱文。”今按，南本《大般涅槃經》卷一〇云：“餓鬼衆生，飢渴所逼，以髮纏身，於百千歲未曾得聞漿水之名。遇斯光已，飢渴即除。”

⑤ 槃，尊本、内閣本、考證本脱，古逸本補，可從。

⑥ 南本《大般涅槃经》卷二云：“猶如秋月十五日夜，清淨圓滿，無諸雲翳，一切眾生無不瞻仰。”

愛三昧"[1]，故於此時發慇重心，求轉障耳。

玉燭寶典卷第七　七月[2]

① 三昧，尊本、内閣本、古逸本、考證本作“三味”。今按，南本《大般涅槃經》卷一八云：“爾時，世尊大悲導師為阿闍世王入月愛三昧。入三昧已，放大光明。”“月愛三昧”爲佛教術語，據改。此處杜臺卿誤將“入月愛三昧”理解成“八月愛三昧”，故有此語。

② 内閣本、古逸本無“七月”二字。

玉燭寶典卷第八[1]

八月仲秋第八

《禮·月令》曰："仲秋之月，日在角，昏牽牛中，旦觜觿中。鄭玄曰："仲秋者，日月會扵壽星，而斗建酉之辰。"律中南吕。仲秋氣至，南吕之律應。高誘曰："陽氣内藏，陰吕扵陽，任其成功也。"盲[2]風至，鴻鴈來，玄鳥歸，羣（鳥[3]）養羞。盲[4]風至，疾風也。玄鳥，燕也，歸謂去蟄也。凡鳥隨（陰[5]）陽者不以中国為

---

① 尊本無此七字，此據内閣本、古逸本、考證本。内閣本、古逸本"第"作"弟"，下同。

② 尊本、内閣本"盲"字後有"月"字，衍，此據古逸本、考證本改。今按，《禮記·月令》正作"盲風至"。

③ 鳥，尊本、内閣本無，古逸本、考證本有"鳥"字。今按，《禮記·月令》正文有"鳥"字，據補。

④ 盲，尊本、内閣本作"旨"，據古逸本、考證本改。

⑤ 陰，尊本、内閣本、古逸本脱，今從考證本據《禮記·月令》鄭玄注補"陰"字。楊劄曰："今本'陽'上有'陰'字。"

居[①]也。羞謂所食也。《夏小正》九月“丹鳥羞白鳥”，説曰：“丹鳥也者，謂丹良也；白鳥也者，謂閩蚋[②]也。其謂之鳥也，重其養也。有翼者為鳥，養者不盡食也。”二者文異，羣鳥、丹良未聞孰[③]是。高誘曰：“羣鳥養進其毛羽以禦寒也。”《淮南子·時則》云：“羣鳥翔。”高誘曰：“羣鳥肥盛，試其羽翼而高翔。翔者，六翮不動也。”天子居総章太廟。西堂當太室者。是月也，養衰老，授几杖，行麋粥飲食。助老氣也，行猶賜也。乃命司服具飾衣裳，文繡有恒，制有大小，度有短長；此謂祭服也。文謂畫[④]也，祭服之制，畫衣而繡裳。衣服有量，必脩其故，此謂朝宴及他服也。冠帶有常。冟制衣服而作之也。命有司申嚴百刑，斬煞必當，毋或枉橈，枉橈不當，反受其殃。申，重也。當謂值其罪之也。乃命宰祝脩行犧牲：視全[⑤]具、案芻豢[⑥]、瞻肥瘠、察物色，必比類，量小大、視長短，皆中度，五者倫當，上帝其饗。於鳥獸肥充之時，宜省羣牲也。養牛羊曰芻，犬豕曰豢。五者謂所視也、所案也、所瞻也、所察也、所量也。王肅曰：“草養曰芻，穀養曰豢。”之也。天子乃難，以達秋氣，此難，難陽氣也。陽暑至此不衰，害亦將及人，所以及人者，陽氣左行。此月宿直昴、畢，亦得大陵積尸之

---

① 居，尊本、内閣本作“君”，據古逸本、考證本改。

② 蚋，尊本、内閣本作“蚍”，古逸本作“蚋”，考證本據《禮記·月令》鄭玄注校改作“蚋”。今按，本卷後文引《禮·夏小正》此段内容各本均作“蚋”，據正。

③ 孰，尊本、内閣本、古逸本作“熟”，考證本作“孰”。今按，《禮記·月令》鄭玄注作“孰”，據正。

④ 畫，尊本、内閣本、古逸本作“盡”，據考證本改。下同。

⑤ 全，尊本、内閣本作“令”，據古逸本、考證本改。今按，《禮記·月令》作“全”。

⑥ 豢，尊本、内閣本作“養”，古逸本、考證本作“豢”。今按，《禮記·月令》作“豢”，據正。後面注文同。

氣，氣佚[1]則厲鬼亦隨而行。扵是亦命方相氏帥百隸而難之。《王居明堂礼》曰："仲秋九門[2]磔禳，以發陳氣，禦止[3]疾"之者耳也。以犬[4]甞麻，先薦[5]寢廟。麻始熟也。可以築城郭，建都邑，穿竇窖，脩囷食。為民將入物當藏也。穿竇窖者，入地隋[6]者竇，方曰窖。《王居明堂礼》："仲秋命庶[7]民畢入于室，曰時煞將至，毋罹其災。"乃命有司趣民收斂，務蓄菜，多積聚。始為禦冬之偹者也。乃勸種麦，毋或失時，其有失時，行罪毋疑。麦者，接絶續(乏[8])之穀，尤重之也。日夜分，雷乃始收，蟄蟲坏户，煞氣盛，陽氣日衰，水始[9]涸。雷始收聲，在地中動，内物也。坏，益也。蟄蟲益户，謂稍小之也。涸，竭也。此甫（八[10]）月中，雨氣未止，而云水竭，非也。《周語》曰："辰角見而雨畢，天根見而水涸"，又曰"雨畢而除道，水涸而成梁"。辰角見，九月本也；天根見，九月末也。《王居明堂礼》"季秋除道直[11]梁，以利農"之者

---

① 佚，尊本、内閣本作"失"，今從古逸本、考證本據《禮記·月令》鄭玄注改。

② 九門，尊本、内閣本作"九月門"，古逸本、考證本作"九門"。今按，《禮記·月令》鄭玄注作"九門"，據正。

③ 止，尊本、内閣本作"王"，今從古逸本、考證本據《禮記·月令》鄭玄注改。

④ 犬，尊本、内閣本作"大"，古逸本作"犬"。今按，《禮記·月令》作"犬"，據正。

⑤ 薦，尊本作"䴥"，内閣本作"蘼"，據古逸本、考證本改。

⑥ 隋，尊本、内閣本、古逸本作"墮"，考證本據《禮記注疏》校改作"隋"，是。今按，陸德明《經典釋文·禮記音義》："隋，他果反，謂狹而長。"

⑦ 庶，尊本、内閣本作"廉"，據古逸本、考證本改。

⑧ 乏，尊本、内閣本無，古逸本、考證本補入。今按，《禮記·月令》鄭玄注作"續乏"，據補。

⑨ 始，尊本、内閣本誤作"如"，据古逸本、考證本改。

⑩ 八，尊本、内閣本無，古逸本、考證本補。今按，《禮記·月令》鄭玄注作"此甫八月中"，據補。

⑪ 直，尊本、内閣本作"直"，古逸本作"致"，考證本校改爲"置"。今按，《禮記·月令》鄭玄注作"致"。

也。日夜分，則同度量，平權[①]衡，正鈞石，角斗甬，易開市，來商旅，納貨賄，以便民事。四方來集，遠鄉皆至，則財不匱，上無乏用，百事乃遂。易開市，謂輕其稅，使民利之。商旅，賓客也。匱亦乏[②]，遂猶成之也。凡舉大事，毋逆大數，必順其時，順回其類[③]。事謂（興）土功、合諸侯[④]、舉兵衆也。季夏禁之，孟秋始征伐[⑤]，此月築城郭，季秋教田臈，是以於中為之戒[⑥]之也。仲秋行春令，秋雨不降，卯之氣乘之也。卯宿直房、心，心為大火。草木生榮，應陽動也。國乃有恐。以火訛相驚。行夏令，則其国乃旱，蟄虫不藏，五槩復生。午之氣乘之也。行冬令，則風災數數起，子之氣乘之也。北風，煞物者也。收雷先行，先猶蚤也，冬主閇蔵。草木蚤死。"寒之盛也。

蔡雍[⑦]《中秋章句》曰："今歷中秋白[⑧]露莭日在軫六度，昏明中星，去日百五度，斗廿一度中而昏，枀五度中而明。'盲風至。'盲，風之恠者也，秦人謂藜風為盲風也。今案《淮南子》"八風，西方曰飉風"，注云"兑氣所生，一曰閶闔[⑨]"，即此風之也。'群

---

① 權，尊本、内閣本作"擁"，據古逸本、考證本改。

② 乏，尊本、内閣本作"之"，據古逸本、考證本改。

③ 類，尊本、内閣本作"頬"，據古逸本、考證本改。

④ 合諸侯，尊本、内閣本、古逸本并作"令諸使"。今按，《禮記·月令》鄭玄注作"興土工，合諸侯"，據正，并補"興"字。

⑤ 罰，尊本、内閣本誤作"代"，據古逸本、考證本改。

⑥ 戎，尊本、内閣本作"式"，今據古逸本改。

⑦ 雍，尊本、内閣本作"維"，據古逸本、考證本改。

⑧ 白，尊本、内閣本作"曰"，據古逸本、考證本改。

⑨ 閶闔，尊本作"閤閶"，内閣本、考證本第一字作殘缺標記，第二字作"閶"，古逸本作"閶闔"。考證本校云："案'□閶'當作'閶闔'，而本書《墬形訓》作'西方曰飂風'，注云'兑氣所生也'，'西北曰麗風'注云'乾氣所生也，一曰閶闔風'。"今按，《吕氏春秋》卷一三《有始覽》"西方曰飂風"高誘注亦云"兑氣所生，一曰閶闔風"。據《淮南子》《吕氏春秋》高誘注乙正。

鳥養羞。’羞者進食，此其類也。《夏小正》曰‘丹鳥羞白鳥’，是月陰氣始閇，故傳曰‘丹鳥氏，司閇’也，言丹鳥以是月養羞，故以記閇也。‘天子居総章大廟。’大廟者，西上之堂。‘文繡有恒。’織成曰文，剌成曰繡。陽氣初胎扵酉，故八月薺麦應（時[①]）而生也。通四方之財謂之商旅，客也。龜貝、金玉之属曰貨，布帛、魚鹽之属曰賄[②]。”

右《章句》為釋《月令》。

《詩·鄁風》曰：“匏有苦葉，濟有深涉。”毛傳曰：“匏謂之瓠[③]。濟，渡也。”鄭牋云：“匏葉苦而[④]渡處深，謂八月時陰陽交會，始可以為婚礼納采、問名”之也。《詩·豳風》曰：“八月萑葦。”毛傳曰：“菼為萑、葭為葦，豫畜萑葦，可以為曲也。”又曰“八月載績，載玄載黄，我朱孔陽，為公子裳”、載績[⑤]，絲事畢而麻事起。玄，黑而又赤。朱，深[⑥]纁。陽，明。祭服，玄衣纁裳。鄭牋云：“凡染者，春暴練，夏纁玄，秋染夏，為公子裳，厚于其所貴為説”之者。“八月其穫”、穫，禾可獲。“八月剥棗”、剥，擊。“八月断壺”。壺，匏。

《尚書·堯典》曰：“分命和仲，宅西，曰昧谷。孔安国曰：“昧，冥也。日入于谷而天下冥，故曰昧谷。此居治西方之官，掌秋天之政也。”平秩西成，秋，西方萬物成平，序其政助成物也。

---

① 時，尊本、内閣本、古逸本脱，今從考證本“據《禮疏》增”，今從之。

② 賄，尊本、内閣本作“脂”，古逸本作“賄”，是。

③ 瓠，尊本、内閣本作“匏”，古逸本、考證本作“瓠”。今按，《詩經·邶風·匏有苦葉》毛傳作“匏謂之瓠”，據正。

④ 苦而，尊本、内閣本作“而苦”，古逸本、考證本作“苦而”。今按，《詩經·邶風·匏有苦葉》毛傳作“匏葉苦而渡處深”，據乙正。

⑤ 績，尊本、内閣本誤作“續”，據古逸本、考證本改。

⑥ 深，尊本、内閣本作“染”，據古逸本、考證本改。

霄中星虚，以殷中秋。宵，夜也。春言日，秋言夜，互相偹也。虚，玄武之中星，亦言七星，皆以秋分日見，以正三秋者也。鳥獸毛毨。”蘇薺反，又星殄反。毨，理也，毛更生魁理。《尚書·堯典》曰：“八月西巡守，至于西岳，如初。”孔安國曰：“西岳，花山。”《周官·天官下》曰：“司裘，仲秋獻良裘，乃行羽物。”鄭玄曰：“良，善也。仲秋鳥獸毛毨，曰其良時而用之。羽物，小鳥鶉、爵之属也。”《周官·春官下》曰[①]：“鑰章，掌仲秋夜迎寒，亦如之。”鄭玄曰：“迎寒，以夜求諸陰也。”上有“中春，晝擊土鼓以逆暑”，故云亦如之者也。《周官·夏官上》曰：“大司馬，掌中秋教治兵，如振旅之陣，辨旗物之用，各書其事，與其號焉。鄭玄曰：“書當為畫，事也號也，皆畫[②]以雲氣焉也。”遂以獮[③]田，如蒐（田[④]）之法，羅弊致禽以祀祊。”秋田為獮[⑤]。獮，煞也。羅弊，罔止也，秋田主用罔，中煞者多也，皆煞而罔止。祊當為方，聲之誤。秋田主祭四方，報成万物之也。《禮·王制》曰：“八月西巡守，至于西岳，如南巡之禮。”

《周書·時訓》曰：“白露之日，鴻鴈來；又五日，玄鳥歸；又五日，群鳥養羞。鴻鴈不來，遠人背畔；玄鳥不歸，室家離散；羣

---

① 尊本、内閣本、古逸本“曰”字後衍一“曰”字，今删。

② “書當為畫，畫以雲氣”之“畫”，尊本、内閣本均作“書”，於文義不通，《周禮·夏官·大司馬》鄭玄注并作“畫”，據改。唯古逸本作“書當為畫”，“書以雲氣”，只校改了一處。

③ 獮，尊本、内閣本、古逸本作“禰”，考證本作“獮”。《周禮·夏官·大司馬》作“獮”，《爾雅·釋天》：“秋獵為獮。”據正。按，“禰”爲“禰”的異體字。

④ 田，尊本、内閣本、古逸本脱，楊劄曰：“脱‘田’字。”今從考證本據《周禮·夏官·大司馬》補“田”字。

⑤ 獮，尊本、内閣本、古逸本作“禰”，考證本作“獮”。今按，《周禮·夏官·大司馬》鄭玄注作“獮”，據改。下同。

鳥不養[①]，君臣驕慢。秋分之日，雷乃始收[②]；又五日，蟄虫附[③]户；又五日，水始涸。雷不始收，諸侯淫汏[④]；蟄虫不附，民靡有賴；水不始涸，介[⑤]虫為害。”

《禮·夏小正》曰：“八月剥瓜，蓄瓜之時也。玄校也。玄也者，黑也；校也者，若緑色然，婦人未嫁者衣之。剥棗。剥也者，取也。栗零。零也者降也，零而後取之，故不言剥也。丹鳥羞白鳥。丹鳥者謂丹良，白鳥者謂閩[⑥]蚋也。今案《古今虫魚注》云：“熒火，一名丹良，一名丹鳥，腐草為之也，今於蚊蚋[⑦]也。”其謂之鳥也，重其養者也。有翼者為鳥。羞也者，進也，不盡食也。辰則伏。辰也者，謂星也，伏者，入而不見。鴽為鼠。参中則旦。”

《易通卦驗》曰：“兑，西方也，主秋分，日入，白氣出直兑，此正氣也。氣出右，万物不生；氣出左，則虒害人。”鄭玄曰：“秋分之右，白露之地；左，寒露之地也。兑主八月，其所生物，唯薺与麦，白露始煞，故使万物不生，寒露氣侵盛，兑氣失位，虒則為害之也。”《易通卦驗》曰：“白露，雲氣五色，精列[⑧]上堂。鷹[⑨]祭鳥，鷰子去室，鳥雌雄别。鄭玄曰：“雲氣五色，衆物皆成

---

① 楊智曰：“‘養’下脱‘羞’字。”

② 楊智曰：“今本作‘雷始收聲’。”

③ 楊智曰：“今本‘附’作‘培’，下同。”

④ 楊智曰：“今本‘汏’作‘佚’，此與《御覽》合。”

⑤ 楊智曰：“今本‘介’作‘甲’，此與《御覽》合。”

⑥ 楊智曰：“‘閩’今作‘蚊’。”

⑦ 蚋，尊本、内閣本作“蜗”，古逸本作“蚋”。按，《初學記》卷三〇《蟲部·螢》、《太平御覽》卷九四五《蟲豸部二》並引崔豹《古今注》曰：“螢火……腐草為之，食蚊蚋也。”據改。

⑧ 精列，尊本、内閣本、古逸本同，考證本據《七緯》校改作“蜻蛚”。

⑨ 鷹，尊本、内閣本、古逸本并作“鴈”，考證本作“鷹”。今按，後文鄭玄注各本均作“鷹”，故此處亦當作“鷹”字。

盡氣候。精列上堂，始避寒也。鷹將食鳥，先以祭也。鷚子去室，不復在科[①]習飛騰。鳥雄雌別，生孚之氣止也。”晷[②]長六尺二寸八分，黄陰雲出，南黑北黄。白露於離值九三。九三，艮爻，故北黄。辰在戌[③]，得乹氣，乹居上，故南黑也。秋分涼，慘雷始收，鷙鳥擊，玄鳥歸，閶闔風至。收[④]，藏。鷙鳥，鷹鸇之属。閶闔，蔵万物之風也。晷長七尺二寸四分，白陰[⑤]雲出，南黄北白。”秋分於兑值初九。初九，震爻，為南黄，猶兑，故北白之也。《詩紀歷樞》曰：“酉者老也，万物衰，枝葉槁。”《尚書考霊曜》曰：“仲秋一日，（日[⑥]）出於卯、入於酉，須女四度中而昏，東辟十一度中而明。”《春秋元命苞》曰[⑦]：“壯於酉。酉者老也，物收斂[⑧]，宋均曰：“物壯健，極則老，老則當斂。”律中南吕。南吕者任紀。”紀，法也，言物皆任法脩成者也。《春秋元命苞》曰：“金生水，子為母候。《書》曰：‘霄中星虛，以殷仲秋。’”宋均曰：“水，金之

---

① 科，尊本、内閣本、古逸本作“秎”，考證本據《七緯》校改作“巢”。今按，巢、秎字形懸殊，疑此處“秎”字爲“科”字之誤，而“科”通“窠”，有“巢穴”義。《玉燭寶典》卷二引《通俗文》曰：“菆，音又數反，雞科也。”

② 晷，尊本、内閣本作“署”，據古逸本、考證本改。下同。

③ 戌，尊本、内閣本、古逸本并誤作“代”，考證本據《七緯》校改作“戌”。今按，按照文例，此處當爲十二干支之一，考證本校改是。

④ 收，尊本、内閣本、古逸本并誤作“放”，據考證本改。

⑤ 白，尊本、内閣本誤作“自”，古逸本作“白”，考證本據《古微書》《七緯》校改作“白”。今按，據文例，此處當爲顔色詞。《太平御覽》卷八《天部八・雲》引《易通卦驗》曰：“秋分，白陰雲出。”據改。楊劄曰：“聚珍本‘陰’作‘陽’，此與《古微書》合。”

⑥ 日，尊本、内閣本、古逸本不重“日”字，此從考證本據《五行大義》補。

⑦ 元命苞曰，尊本、内閣本、古逸本作“元日命”，考證本校改作“元命苞曰”。今按，據後面宋均注，知此當出自春秋緯，考證本校改極是。

⑧ 收斂，尊本、内閣本、古逸本作“收殿”，不辭，考證本校云：“‘殿’疑當作‘斂’，注同。”今按，《白虎通》卷四《五行》中有近似段落：“壯於酉。酉者老也，物收斂，律中南吕。”斂有異體字作“斂”，與“殿”字形近，故改作“斂”。注文同。

子也。子為母候，故水精虛。當秋分，金用事，而昏中□[①]為將時之表也。宵，夜也，謂秋分為夜者，以當日入以後故之者。"《孝經援神契》曰："秋分，物類強。"宋均曰："強猶成。"《孝經援神契》曰："虛星中，秋分效，獲禾報社。"宋均曰："社為土主，能吐生百槃[②]，祭報其功。"《尒雅》曰："八月為壯。"李巡曰："八月，万物成埶，刑體罣，故曰壯也。"孫炎曰："物實充壯而勁成也。"

《尚書大傳》曰："秋祀柳槃花山，貢兩伯之樂焉。鄭玄曰："八月西巡狩，祭柳槃之氣（于[③]）花山。柳，聚[④]也，齊人語也。"秋伯之樂，舞《蔡俶》，其歌聲比小謡，（名[⑤]）曰《苓落》。秋伯，秋官士也，皋陶掌之。蔡猶衰；俶，始也，言物之始衰者也。和伯之樂，舞《玄鵠》，其歌聲比中謡，名[⑥]曰《歸來》。"和伯，和叔之後。玄鵠，言象物得陽鳥之南也[⑦]。歸來，言反其本也。《史記·律書》曰："南吕，言陽氣之旅入[⑧]藏也。"《淮南子·時則》曰："仲秋之月，招揺指酉。八月官尉，其樹（柘[⑨]）。"高誘曰："尉，戎官也。是月治兵，故官尉。《傳》曰：'羊舌大夫為中軍

① □，尊本字殘，内閣本、考證本作缺一字標誌，古逸本作"以"。

② 槃，尊本、内閣本作"聲"，據古逸本改。

③ 于，尊本、内閣本無，古逸本、考證本補。楊劄曰："脱'于'字。"今按，《儀禮經傳通解續》卷二六引《尚書大傳》作"于"，據補。

④ 聚，尊本、内閣本作"歌"，古逸本、考證本校改作"聚"。今按，《儀禮經傳通解續》卷二六引《尚書大傳》作"聚"，據正。

⑤ 名，尊本、内閣本、古逸本均脱，考證本據《尚書大傳》補。今按，《儀禮經傳通解續》卷二六引《尚書大傳》正有"名"字，據補。

⑥ 名，尊本、内閣本、古逸本并作"石"，語意不通。《儀禮經傳通解續》卷二六引《尚書大傳》作"名"，是，據正。

⑦ 楊劄曰："今本作'象陽鳥之南也'。"

⑧ 入，尊本、内閣本、古逸本作"人"，今從考證本據《史記·律書》校改。

⑨ 柘，尊本、内閣本無，古逸本、考證本補"柘"字。今按，《淮南子·時則訓》作"八月官尉，其樹柘"。又《玉燭寶典》各本後文注釋中有"柘"字，故當補。

尉。’柘，説未聞也。”《京房占》曰：“秋分兑[①]王，昌闔風用事，人君當釋鍾鼓之縣，琴瑟不御，正在西方。”《白虎通》曰：“八月律謂之南吕何？南者任也，言陽氣尚有任生薺麦也，故陰拒之。”《風土記》曰“鳴鶴戒露”，注云：“白鶴也。此鳥性儆，至八月白露降流於草葉上，適適[②]有聲，即高鳴相儆，移徙[③]所宿，慮於[④]變害也。”

崔寔《四民月令》曰：“八月[⑤]。菿擇月莭後良日，祠歲時常所奉尊神。前期七日，舉家毋到喪家及産乳家。家長[⑥]及執事者悉齊，案祠薄，掃滌[⑦]務加謹潔。是月也以祠泰社，日薦黍豚于祖禰，厥明祀冢，如薦麦、魚。暑小退，命夘童入小學，如正月焉。涼風戒寒，趣練縑帛，染采色，擘綿治絮，制新浣故，及韋履賤好，豫買以偹隆冬栗烈之寒。是月八日，可采車前實、烏頭、天雄及王不留行。今案《本草》：“王不留行，味甘，平，主治金創，止血，久服輕身，能老增壽，二月、八月採。”注云：“葉似酸漿，子

---

① 尊本作“[兑字異體]”，内閣本、考證本作缺一字符號，古逸本作“[兑字異體]”。今按，前文《易通卦驗》“兑，西方也，主秋分”中給的“兑”字，尊本作“[兑字異體]”，與此處字形正合，故知此處亦爲“兑”字。

② 適適，尊本、内閣本、古逸本同，考證本作“滴滴”，楊劄曰：“《御覽》引‘適’作‘滴’。”今按，後文引《風土記》正作“適適”，不煩改。

③ 徙，尊本、内閣本作“徒”，不辭；今從古逸本、考證本改。

④ 於，尊本、内閣本、考證本同，考證本校云：“《藝文類聚》‘於’作‘有’。”古逸本校改作“有”。楊劄曰：“‘有’字據《御覽》改。”

⑤ 尊本、内閣本“八月”之後還有“入月”二字，當是衍文，據古逸本、考證本删。

⑥ 家長，尊本、内閣本、考證本作“家不長”，内閣本校作“家少長”。今按，《四民月令》正月有“家長及執事者悉齊”之句，“不”字疑衍，今删。

⑦ 滌，尊本、内閣本作“滌”，據古逸本、考證本改。

似松子而大，黑色[①]也。”是月也，可納婦，《詩》云：“將子无怒，秋以為期。”案《易》曰“帝乙歸妹”，言陽嫁女。《易》歸妹，八月之時之也。可断瓠作蓄，瓠中白[②]實，以養賭[③]致肥，其瓣[④]，以燭致明者也。乾地黄，作末都，刈萑葦[⑤]及薑茭，收韭菁，作擣齏。今案《通俗文》曰：“淹韭曰齏，祖奚反。”可乾葵、收豆藿，種大小蒜、芥。凡種小大麦，得白露莭，可種薄田；麦者，陰稼也，忌也，忌以日中種之。其道自然，若燒黍穰[⑥]，則害瓠者也。秋分，種中田，後十日，種羡田，唯（穬）[⑦] 早晚無常。得涼燥[⑧]，可上角弓弩，繕治檠正，今案《詩・小雅》：“騂騂角弓，偏其反矣。”毛傳：“騂騂，調和[⑨]；不善紲檠，巧[⑩]用，則翩然而反之

① 而大黑色，尊本作“西大黑色”，内閣本作“西大星色”，今從古逸本、考證本校改。

② 白，尊本、内閣本作“自”，古逸本校作“有”，考證本據《齊民要術》校改作“白”。今按，《齊民要術》卷二《種瓠》引《四民月令》作“瓠中白膚實”，據改。

③ 賭，尊本、内閣本、古逸本作“睹”，文意不通；考證本據《齊民要術》校改作“豬”。今按，《齊民要術》卷二《種瓠》引《四民月令》正作“豬”。《龍龕手鑑》卷四《肉部》：“賭，音猪，與豬同，豕也。”疑原本作“賭”，形近致誤，據改。

④ 瓣，尊本、内閣本、古逸本作“辨”，考證本據《齊民要術》校改作“瓣”。今按，《齊民要術》卷二《種瓠》引《四民月令》正作“瓣”，據正。

⑤ 刈，尊本作“刃”，内閣本、古逸本、考證本作“列”，考證本校云：“‘列’疑‘刈’之訛，‘苇’爲‘葦’之訛。”今按，《齊民要術》卷三〇《雜説》引《四民月令》正作“刈萑葦”，據正。

⑥ 穰，尊本、内閣本作“褱”，古逸本作“稷”，據考證本改。

⑦ 穬，尊本、内閣本脱，古逸本補入“穬”字，楊劄曰：“據《御覽》補。”考證本據《齊民要術》補。今按，《齊民要術》卷二《大小麥》引《四民月令》正作“穬”，據正。

⑧ 燥，尊本、内閣本作“燎”，此據古逸本改。

⑨ 和，尊本、内閣本、古逸本作“利”，考證本校改爲“和”。今按，《詩經・小雅・角弓》毛傳作“調和”，據改。

⑩ 巧，内閣本、古逸本、考證本作“乃”。今按，《詩・小雅・角弓》毛傳作“巧”，尊本不誤。

也。”縛微弦，遂以習射，施竹木弓及弧。糴種麦及黍。”木弓謂之弧[①]，音孤也。今案《禮·内則》曰：“男子設弧於門左”，注云[②]“示有事於武也”，又曰“射人以桑弧蓬矢六，射天地四方”，注云“男子所有事也”，弧[③]即弓之别名之。

附説曰：

世俗八月一日或以朱墨點小兒額，名為天灸，以厭疾也[④]。案《黄帝·素問[⑤]》已有“灸經”，《史記·倉公傳》“灸齲齒”，史游[⑥]《急就章》云“灸刺和藥”，趙壹《荅皇甫規書》云“灸兩膝瘡潰”，王導、伏玄度並有《灸詩》，灸皆用艾，𣅜循[⑦]久矣，故《荘子》“牧[⑧]馬小童謂黄帝曰：‘熱艾宛其聚氣。’雄黄亦云：‘燔金焚艾，以灸其聚氣。’”[⑨] 令以點為灸，直取其名。

又《續齊諧記》：“弘農鄧紹八月旦入花山採藥，見一童子執五綵囊，承取栢葉上露，露皆如珠，滿囊。紹問何用，云：‘赤松先生取以明目。’言終便失所在。故今人常[⑩]以八月旦作明眼囊。”《荊楚記》則云：“錦綵，或以金薄為之，遆相餉遺。”案《詩》“載

① 弧，尊本、内閣本作“孤”，涉後而誤，據古逸本、考證本改。後文“桑弧”同。

② 云，尊本、内閣本作“玄”，據古逸本、考證本改。

③ 弧，尊本、内閣本、考證本作“計”，考證本校云：“‘計’恐當作‘弧’。”據古逸本改。

④ 楊劄曰：“此《荊楚歲時記》之文。”

⑤ 問，尊本、内閣本作“門”，據古逸本、考證本改。

⑥ 游，尊本、内閣本作“淤”，據古逸本、考證本改。今按，《漢書·藝文志》載：“《急就》一篇，元帝時黄門令史遊作。”

⑦ 循，尊本、内閣本、古逸本作“修”，考證本校改爲“循”，極是。

⑧ 尊本、内閣本、古逸本作“故”，考證本校改爲“牧”。

⑨ 此段爲《莊子》佚文。

⑩ 常，尊本、内閣本作“帝”，據古逸本、考證本改。

玄載黄，我朱孔陽”，《月令》“文繡有恒”皆在此月，或可頴[①]如剪製刀尺殘餘，《禮》有“鞶革鞶絲”之事，冝為此物耳。是月白露雖濃，猶未凝房，故《風土記》云：“流扵草葉，適適有聲，每旦恒垂，易為採取。仙童所向，便覺如珠。”《志恠》則云：“囊似蓮花，内有青鳥，宜人扵俗，䍃復府同後來，乃以拭[②]面，云令宍理柔滑，實驗如此。”

其祠社盛扵仲春者，秋物盡盛，故《詩・周頌・良耜》云“秋[③]報社稷”，下云“煞時犉牡，有（捄其）角[④]”，餘胙悉以頁遺里閭。陳平為社宰，分宍甚均，即其義也。此會也，擲教扵神前，教以銅為之，刑如小蚙。教者猶如教令。擲法一令一仰，便成吉徵也。卜來歲豊儉，或折竹篵以占之。《離騷》云“索瓊茅以莛蓴，命霊氛[⑤]為余占之”，王逸注云：“楚人折竹結草以卜，謂為蓴也。”《字林》云：“莛，莖也，大丁反。”漢世賜大臣羊酒以助衰氣，《月令》仲秋“養衰老”“行糜粥飲食”，又云“陽氣日衰”，故須助耳。

玉燭寶典卷第八[⑥]

---

① 頴，尊本、内閣本、古逸本同，但文意不通，考證本作“頼”。疑當作“預”，俟考。

② 拭，尊本、内閣本作“栻”，據古逸本、考證本改。

③ 尊本、内閣本、古逸本“秋”後有“冬”字，考證本據《毛詩註疏》删，楊劄曰：“今本《詩序》下無‘冬’字，此冬字衍。”今按，《詩・周頌・良耜》毛傳：“《良耜》，秋報社稷也。”

④ 牡，尊本、内閣本作“牲”，今從古逸本、考證本改。今按，《詩・周頌・良耜》作“殺時犉牡，有捄其角。”并從考證本補“捄其”二字。

⑤ 氛，尊本、内閣本、古逸本作“氣”，考證本據《楚辭》改作“氛”。今按，《離騷》云：“索瓊茅以筳篿兮，命靈氛為余占之。”據改。

⑥ 内閣本有題記兩行：“貞和四年十月十六日校合了。面山叟。”

玉燭寶典卷第九

九月季秋第九

原闕

玉燭寶典卷第十[1]

十月孟冬第十

《禮・月令》："孟冬之月，日在尾，昏危中，旦七星中。鄭玄曰："孟冬者，日月會於析木之津，而（斗[2]）建亥之辰也。"其日壬癸，壬之言任也，癸之言揆也。日之行，冬北從黑道，閇藏萬物，月為之佐。時萬[3]物懷任於[4]下，癸然萌牙之也。其帝顓頊，其神玄冥，此黑精之君、水官之臣。顓頊，高陽氏也；玄冥，少暤[5]氏之子，曰脩、曰凞，為水官也。其蟲介，介，甲也，象物閇藏於地中，亀鼈之属者。其音羽，三分商去一以生，羽數卌八，属水者，以為寂清，物之象。冬氣和，則羽聲調也。律中應鍾，孟

① 尊本卷首背"寶典第十"，内閣本儘題"玉燭寶典"，此據古逸本、考證本。
② 斗，尊本、内閣本、古逸本無，考證本據《禮記・月令》鄭玄注補，極是。
③ 萬，内閣本、古逸本作"万"。下同。
④ 於，内閣本、古逸本作"扵"。
⑤ 暤，内閣本、古逸本、考證本作"皡"。

冬氣至則應鍾之律應。高誘曰："陰應於陽，轉成其功，萬物聚藏。"其數六，水生數一、成數六，但言六者，圅[①]舉其成也。其味醎[②]，其臭朽。水之臭味[③]也。凡醎朽者皆屬焉，氣若有若無為朽。其祀行，祭先[④]腎。冬[⑤]，陰氣盛寒於外，祀之於行，從[⑥]辟除之類也。祀之先祭腎[⑦]者，陰位在下，腎亦在下，腎為尊也。行在廟門外之西為軷壤，厚二寸，廣五尺，輪四尺。祀行之[⑧]礼，北面設主于軷上，乃制腎及脾為俎，奠于主南。又盛于俎東，祭肉[⑨]腎一脾再，其他皆如祀門之祀。水始氷，地始凍[⑩]，雉入大水為蜃，虹藏不見。大水，淮也，大蛤曰蜃也。天子居玄堂左个，乘玄路，駕鐵驪，載玄旂[⑪]，衣黑衣，（服玄[⑫]）玉，食黍與彘，其器閎以奄。玄堂左个，大寢北堂西偏也。鐵驪，色如鐵也。黍秀舒散，

① 圅，尊本、内閣本作"并"，考證本據《禮記》鄭玄注校改作"亦"。今按，《玉燭寶典》卷一、卷四、卷七中相似内容均作"圅舉其成"，據改。後文"此圅閇藏之具"同。

② 醎，内閣本、古逸本、考證本作"鹹"。下同。按，醎為鹹的俗體字。

③ 臭味，尊本、内閣本、古逸本作"味氣"，今從考證本據《禮記》鄭玄注校改。

④ 先，尊本、内閣本作"光"，據古逸本、考證本改。

⑤ 冬，尊本、内閣本作"腎"，古逸本、考證本校改作"冬"。今按，《禮記·月令》鄭玄注正作"冬"，據正。

⑥ 尊本、内閣本"從"前有"使"字，今從古逸本、考證本删。今按，《禮記·月令》鄭玄注無"使"字。

⑦ 腎，尊本作"賢"，形近而誤。據内閣本、古逸本、考證本改。

⑧ 行之，尊本、内閣本二字互乙，今從古逸本、考證本據《禮記》鄭玄注乙正。

⑨ 祭肉，尊本、内閣本作"登内"，今從古逸本、考證本據《禮記》鄭玄注校改。

⑩ 凍，尊本作"涷"，據内閣本、古逸本、考證本改。本卷後文《周書·時訓》"地始凍"同。

⑪ 旂，尊本、内閣本作"旂"，古逸本、考證本作"旂"。旂為旂的俗寫字。

⑫ 服玄，尊本、内閣本、古逸本均脱，考證本補入。今按，《禮記·月令》正作"服玄玉"，據補。

屬火，寒時食之，糸以安性也。彘，火[①]畜也。器閎而奄，象物閇藏也。今《月令》曰“乘軨路”，似當為“袮”字之誤也。是月也以立冬。先立冬三日，大史謁之天子，曰：‘某[②]日立冬，盛德在水。’天子乃齊。立冬之日，天子親帥三公、九卿、大夫以迎冬於北郊。還反，賞死事，恤孤寡[③]。迎冬者，祭黑帝叶光紀於北[④]郊之兆也。死事，謂以国事死，若公叔寓人、顏涿聚者也。孤寡[⑤]，其妻子，有以惠賜之，大功加賞焉，此之謂也。命大史釁龜筞[⑥]，占兆，審卦吉凶。筞，蓍[⑦]也。占兆，龜之文也。《周礼・龜人》“上春釁龜”，謂建寅之月[⑧]。秦以其歲首使大史釁龜筞，與周異矣。卦吉凶，謂易也。審，省録之。而不釁筮，筮[⑨]短，賤於兆也。今《月令》曰“釁祠”，祠衍字也。察阿黨，則罪無有掩蔽[⑩]。阿黨，謂治獄吏以私恩曲撓相為。天子始裘。九月授衣，至此可以加裘。命有司曰：‘天氣上騰，地氣下降，天地不通，閇[⑪]塞而成

① 火，尊本、内閣本、古逸本作“火”，考證本校改作“水”。今按，《禮記・月令》鄭玄注作“彘，水畜”。

② 某，尊本、内閣本作“其”，據古逸本、考證本改。

③ 寡，内閣本、古逸本、考證本作“寡”，異體字。

④ 北，内閣本、古逸本作“此”，據古逸本、考證本改。

⑤ 寡，尊本、内閣本此處作“守果”，據古逸本、考證本改。今按，尊本、内閣本當是將“寡”字之俗字“寡”誤拆解成二字所致。

⑥ 筞，内閣本、古逸本、考證本作“策”，異體字。

⑦ 蓍，尊本、内閣本、古逸本均誤作“箸”，今從考證本據《禮記》鄭玄注校改。

⑧ 月，尊本、内閣本作“日”，古逸本作“月”，《禮記・月令》鄭玄注作“月”，據正。

⑨ 筮筮，尊本、内閣本作“衍”，當涉後文而誤，古逸本、考證本校改爲二“筮”字。按，《禮記・月令》鄭玄注作：“審，省録之，而不釁筮，筮短，賤於兆也。”據正。

⑩ 内閣本、古逸本、考證本作“蔽”，異體字。

⑪ 閇，尊本、内閣本作“門”，古逸本、考證本作“閉”，《禮記・月令》作“閉”。今按，尊本、内閣本、古逸本此卷“閉”字多寫作“閇”，此處亦當同，據正。下文“脩鍵閇”同。

冬。’使有司助閇藏之氣。門户可閇閇之，窓牖可塞塞之。命百官謹盖藏，謂府庫囷倉有藏物者也。命司徒循行積聚，毋有不斂[①]。謂菖禾薪蒸之属也。坏城郭，戒門閭，脩鍵閇，慎管鑰，封固彊，備邊境，完要塞，謹関梁，塞徯徑。坏，益也。鍵，牡也；閇，牝也。管鑰，搏鍵器也。固封彊，謂使有司固脩其溝樹，及衆庶之守法也。要塞[②]，邊城要害處也。梁，橋横也。徯徑，禽獸之道。今《月令》彊或為壃。餝[③]喪紀，辨衣裳，審棺槨之薄厚，營丘壟之小大，高卑、薄厚之度，貴賤之等級。此名閇藏之具，順時勑之也。辨衣裳謂襲斂，尊卑所用也。用又有多少者，任之也。命工師效功[④]，陳祭器，案度程，毋或作淫[⑤]巧以蕩上心，功致為上。霜降而百工烋[⑥]，至此物皆成。工師，工官之長也；效功，録見百工所作物也。主於祭器，祭器尊也。度謂制大小也，程謂器所容也。淫巧謂奢偽恠好也；蕩謂揺動，生其奢淫之也。物勒工名，以考其誠。勒，刻也，刻工姓名於其器，以察其信，知不功[⑦]致也。功有不當，必行其罪，以窮其情。功不當者，取材[⑧]美而器不固

---

① 斂，内閣本、古逸本、考證本作“歛”，異體字。

② 塞，尊本、内閣本作“寒”，形近而誤，古逸本作“塞”，是。

③ 餝，内閣本、古逸本作“飾”，異體字，考證本作“飭”。今按，《禮記·月令》作“飭”。

④ 工師效功，尊本、内閣本作“土師郊功”，據古逸本、考證本改。今按，《禮記·月令》正作“工師效功”。

⑤ 作淫，尊本、古逸本作“位涇”，據古逸本、考證本改。後注文中“作”字同。

⑥ 烋，内閣本、古逸本、考證本作“休”，下同。

⑦ 功，尊本、内閣本作“玫”，古逸本、考證本校改作“攻”。今按，《禮記·月令》鄭玄注作“功”，又前文有“功致為上”之語，據改。

⑧ 材，尊本、内閣本作“林”，據古逸本、考證本改。

也。大飲烝[1]。十月農功畢，天子、諸侯与其羣臣飲酒於大學，以正齒位，謂之大飲，别之於宴也。其礼[2]亡。今天子以宴禮，郡国以鄉飲酒代之。烝謂有牲體為俎也。天子乃祈來年于天宗，大割祠于公社及門閭，臘先祖、五祀。此《周礼》所謂"蜡祭"也。天宗謂日月星辰也。大割，大煞群[3]牲割之也。臘[4]所謂以田獦[5]所得禽祭也。五祀，门、户、中霤、竈、行也。或言祈年，或言大割，或言臘，互文也。勞農以休息之。黨正属民飲酒，正齒位是。天子乃命帥講武，習射御，角力。為仲冬將大閱[6]習之，亦曰營室主武士也。凡田之禮，維狩最俻，《夏小正》"十一月王狩"之也。乃命水虞漁師收水泉池澤之賦，毋或敢侵削衆庶兆民，以為天子取怨于下。其有若此者，行罪毋赦。曰盛德在水，收其稅[7]者也。

"孟冬行春令，則凍閉不密，地氣上泄，寅之氣乘[8]之也。民多流亡。象蟄虫動。行夏令，則其国多異風，方冬不寒，蟄蟲復出。巳之氣乘之也。立夏巽用事，巽為風者。行秋令，則霜雪不

---

① 飲烝，尊本、内閣本作"飯蒸"，古逸本作"飲蒸"，考證本校改作"飲烝"。今按，《禮記·月令》作"飲烝"，據正。下面注文中"羣臣飲酒""大飲"之"飲"字同。

② 礼，尊本、内閣本作"祀"，古逸本作"礼"，考證本校改作"禮"。今按，《禮記·月令》鄭玄注作"禮"，而尊本此卷中"禮""礼"并行，而"祀"當爲形近訛字，故此處當作"礼"。

③ 群，尊本、内閣本作"郡"，今依古逸本、考證本改。

④ 臘，尊本、内閣本、古逸本作"獦"。《禮記·月令》鄭玄注作"臘"。今按，依《玉燭寶典》用字習慣，當作"臘"，尊本下文正有"或言臘"之語，據改。

⑤ 獦，内閣本、古逸本作"獵"，異體字。

⑥ 大閱，尊本、内閣本作"大门"，古逸本、考證本校改作"大閱簡"。今按，《禮記·月令》鄭玄注作"大閱簡習之"，然《初學記》卷三《歲時部·冬》引《禮記》鄭玄注曰："為仲冬大閱習之。"據正，"簡"字不煩補。

⑦ 稅，尊本作"悅"，内閣本作"晚"，古逸本、考證本校改作"稅"。今按，《禮記·月令》鄭玄注作"稅"，據正。

⑧ 乘，尊本作"垂"，據内閣本、古逸本改。

時，申之氣乘之也。小兵時起，土地侵削。”申，陰尚微也。申值条伐，条伐[①]為兵，此之謂。

蔡雍《孟冬章句》曰：“冬，終也，萬物皆於是終也。今歷孟冬立冬莭日在尾四度，昬明中星，去日[②]八十八度，危八度（中[③]）而昬，張十五度中而明。‘雉入大水為蜃。’雉大於雀，故得大陰乃化，在雀後一月。不言化，不復為雉也。‘天子居玄堂左[④]个。’北曰玄堂，玄者黑也，其堂嚮玄[⑤]，故曰玄堂。左个[⑥]，亥上之室[⑦]也。是月秋，金用事七十三日，土用事於季烋十八日，至此而盡，水德受之，故冬莭至此立也。‘天子始裘。’祀上帝則大裘。天子孤白，諸侯黃，大夫狐倉，士以羔。天宗，日月北辰也，日為陽宗，月為陰宗，北辰為星宗。冬五槊畢入，故大烝，遂為來歲祈於天宗。臈，祭名也，夏曰嘉平，殷曰清祀，周曰大蜡，総謂之臈。《傳》曰‘虞不臈矣’，《郊特牲[⑧]》曰‘蜡者索也，歲十二月[⑨]合聚百物而索嚮之’，《周禮》‘国祭蜡，以息耂物’，言因獦大執衆功，

---

① 伐，尊本、内閣本作“代”，古逸本作“伐”，《禮記・月令》鄭玄注作“伐”，據正。

② 去日，尊本、内閣本、古逸本作“日去”，考證本乙正，是。今按，據《玉燭寶典》各卷引蔡邕《月令章句》的對應内容時，均有“去日××度”之語，故此處亦當乙正。

③ 中，尊本、内閣本、古逸本脱，考證本補“中”字，是。今按，據《玉燭寶典》各卷引蔡邕《月令章句》的對應内容，均有“×度中而昬，×度中而明”的語句，據補。

④ 左，尊本、内閣本作“在”，據古逸本、考證本改。今按，前文引《禮記》正作“左”。

⑤ 楊劄曰：“《文選》注引作‘尚’。”

⑥ 个，尊本、内閣本、古逸本作“介”，據考證本改。

⑦ 尊本、内閣本“室”字重出，其一衍，據古逸本、考證本改。

⑧ 牲，尊本、内閣本作“性”，據古逸本、考證本改。

⑨ 十二月，尊本、内閣本、古逸本均作“十月二月”。按，《禮記・郊特牲》：“蜡也者索也，歲十二月合聚萬物而索嚮之也。”據正。

烋耊物以祭先祖[①]及五祀。勞農以烋息之。”

右《章句》為釋《月令》。

《禮・鄉飲酒義》曰：“北方者冬，冬之為言中也。中者藏也。”《尸子》曰：“冬為信，北方為冬。冬，終也。北方，（伏方）也，万物至冬皆伏[②]，貴賤若一，美恶不代，方之至也。”《字林》曰：“冬，四時盡也。”《釋名》曰：“冬，終也，物終成也。”

右惣釋冬名。

《皇覽・逸禮》曰：“冬則衣黑衣，佩玄玉，乘玄路，駕鐵驪，載玄旗，以迎冬于北郊。其祭先菽[③]与豕。居明堂後廟，啓北户。”《詩紀歷樞》曰：“壬者任也，陰任事於上，陽任事於下，陰為政，民不與，陽持為政，王天下，故其立字壬似土也。宋均曰：“民不与，則不能王者也。”癸者揆也，度息陽持法則者[④]也。”度陰當消滅時，可施法則者。《詩含神務》曰：“其北黑帝坐，神名汁光紀。”宋均曰：“汁，合也，合日月之光以為數紀也。”《尚書考霊曜》曰：“氣在於冬，其紀[⑤]辰星，是謂陰明。無發冬氣，使物不藏，無害水道，與氣相葆。物極於陰，復始為陽。鄭玄曰：“十一月，陽始

---

① 祖，尊本、内閣本作“祖々”，當衍一“祖”字，今從古逸本、考證本删一“祖”字。

② 北方伏方也万物至冬皆伏，尊本、内閣本作“北方也是万物冬者皆伏”，古逸本、考證本校改爲“北方，伏方也，万物至冬皆伏”。考證本校云：“舊無‘伏方’二字，今依《史記索隱》增。”楊劄曰：“據《藝文》《御覽》引改。”今按，《太平御覽》卷二七《時序部・冬下》引《尸子》曰：“冬為信，北方為冬。冬，終也。北方，伏方也，是萬物冬皆伏，貴賤若一，美恶不伐，信之至也。”

③ 菽，尊本、内閣本、古逸本作“叔”，據考證本改。

④ 則者，尊本、内閣本、古逸本、考證本原均互倒，今據注文乙正。

⑤ 紀，尊本作“𢇍”，内閣本作“乱”，古逸本、考證本均校改爲“紀”，考證本校云：“舊‘紀’作‘亂’，今依《文選注》改。”楊劄曰：“據《文選・顔延年〈郊祀歌〉》注引改。”今從古逸本、考證本校改。

起於陰中也。”其時衣黑，與氣同則。則，去之也。如是則辰星宜放其鄉，冬藏不泄[①]，少疾喪矣。”《樂稽曜嘉》曰：“用動和樂於郊[②]，為顓頊之氣、玄冥之音，歌《北湊》《大閏》，致幽明霊。”宋均曰：“動當為勳。勳，土樂也。《北湊》《大閏》[③]，樂篇名。北方，物所蔵，故曰幽明。明即神也。”《春秌元[④]命苞》曰：“其日壬癸。壬者陰始任，癸者有度可揆繹[⑤]。宋均曰：“壬，始任育，至癸萌漸欲生，可揆尋繹而知，囙以為日名焉。”時為冬。冬者終也。万物畢入蔵无見者，歲時之終，名為北方。北方者，伏方也，物蔵伏，囙以為方名。其帝顓頊。顓頊者寒縮。時寒縮，囙以名其帝。其神玄冥。玄冥，入冥也。亦以物入蔵玄冥之中，囙以名其神也。其音羽。羽者舒也，言物始孳。亦囙生舒以名其音者。其味鹹。鹹者鎌鎌清也，言物始萌，鎌虚以寒。”鎌鎌，寒清難犯，囙以名其味者。

《尒雅》曰：“冬為上天，李巡：“冬陰氣在上，方物伏蔵，故曰上天。”孫炎曰：“冬天蔵物，物伏於下，天清於上，故曰上天。”郭璞曰：“言時無事，在上臨下而已。”冬為玄英，孫炎曰：“冬氣玄而物歸中也。”郭璞曰：“物黑而清英也。”《音義》曰：“四時和祥之美稱也。”説者云中央，失之。冬為安寧。”《尚書大傳》曰：“北方者何也？伏方也。萬物之方伏。物之方伏，則何以謂之冬？

① 泄，尊本、内閣本作“池”，據古逸本、考證本改。楊劄曰：“《御覽》引作‘冬政不失’，《開元占經》引作‘政失於冬，辰星不效其鄉’。”

② 郊，尊本、内閣本、古逸本作“邡”。按，本卷“附説”部分引《樂稽曜嘉》作“郊”，據正。

③ 閏，尊本、内閣本作“国”，據古逸本、考證本改。今按，本卷“附説”部分引《樂稽曜嘉》正作“閏”。

④ 元，尊本、内閣本作“亢”，據古逸本、考證本改。

⑤ 繹，尊本、内閣本、考證本作“澤”，據古逸本改。注文同。

冬者中也。中者，物方藏於中也，故曰‘北方，冬也’。”《白虎通》曰：“水味所以鹹何？北方者藏萬物，鹹者所以固之，由五味得鹹，乃固。其臭腐何[①]？北方者水，萬物所幽藏，又水者主受垢濁，故其臭腐。”

右惣釋[②]冬時。

《詩·豳風》曰“十月隕蘀”，毛傳曰：“隕，墜；蘀，落也。”又曰“十月蟋蟀入我牀下”、鄭箋云：“自‘七月在野’至‘十月入我牀下’，皆謂蟋蟀也。”“十月穫稻”、“十月納禾稼：黍稷重穋，禾麻叔麥”、後種曰重，先種曰穋[③]。鄭箋云：“納，內，治於場而內之於囷倉也。”“十月滌[④]場”。滌，掃，場功畢入。《詩·小雅·采薇[⑤]》曰：“曰歸曰歸，歲亦陽止。”鄭箋云：“十月為純巛用事，嫌於無陽，故名此月為陽。”《春秋傳》曰：“閉蟄而烝[⑥]。”服虔曰：“謂十月盛陰在上，物成者衆，故曰烝。”《春秋傳》曰：“公父定叔奔衛，三年[⑦]而復之。使以十月入，曰：‘是良月也，就盈數焉。’”服虔曰：“數滿曰十，故曰盈數。”春秋時或可。周之十月既非節候，但取其盈數，故附於此也。

《周書·時訓》曰：“立冬之日，水始氷；又五日，地始凍；又

---

① 楊劄曰：“今本‘腐’作‘朽’。”

② 惣釋，尊本、內閣本、古逸本二字互倒，考證本乙正。今按，據《玉燭寶典》文例當乙正。

③ 楊劄曰：“今本二‘種’字皆作‘熟’。”考證本校云：“注疏本‘種’作‘熟’，下同。案《説文》，種先穜後熟。稑，疾熟也。此恐誤。”

④ 滌，尊本、內閣本作“絛”，據古逸本、考證本改。後面注文同。

⑤ 薇，尊本作“微”，內閣本、古逸本作“徵”，據考證本改。

⑥ 烝，內閣本、古逸本作“蒸”，考證本作“烝”。

⑦ 年，尊本、內閣本誤作“羊”，據古逸本、考證本改。今按，“公父定叔奔衛”事見《左傳·莊公十六年》，《左傳》正作“年”。

五日，雉入大水為蜃。水不始氷，是謂陰負；地不始凍，灾徵之咎[①]；雉不入水，國多淫婦。小雪之日，虹藏不見；又五日，天氣上騰，地氣下降；又五日，閉塞而成冬。虹不收藏，婦不專一；天氣不騰、地氣不降，君臣相嫉；不閉成冬，母后縱佚。"《禮·夏小正》曰："十月犲祭獸，善其祭而後食之也。初昏，南門[②]見。南門者，星名。黑鳥浴[③]。黑鳥者何？烏也；浴也者，飛（乍高[④]）乍下也。時有養夜。養者長也，若日之長。雉入于淮為蜃。蜃者，蒱[⑤]蘆也。織女正北鄉，則旦。"

《易通卦驗》曰："乾西北也，主立冬。人定，白氣出直乾，此正氣也。氣出右，萬物半不生[⑥]；氣出左，萬物傷。"鄭玄曰："立冬之左[⑦]，霜降之地，（右，小雪之地）[⑧]。霜降物未徧收[⑨]，故其灾物半生。小雪則煞物矣，故其灾為傷也。"《易通卦驗》曰："立冬，不周風至，始氷，薺麦生，賓爵入水為蛤。鄭玄曰："立冬，陰用事，陽氣生畢，故不周風至，周達万物之不及時者。"今案高誘

---

① 灾徵之咎，尊本、内閣本作"余徵之谷"，今從古逸本、考證本校改。今按，《太平御覽》卷二八《時序部十三·立冬》引《周書·時訓》作"災咎之徵"，今本《逸周書·時訓解》作"咎徵之咎"。

② 門，尊本、内閣本、古逸本作"明"，今從考證本依《大戴禮·夏小正》改。楊劄曰："今本'明'作'門'。"今按，《史記·天官書》："亢為疏庙，主疾。其南北两大星，曰南門。"後文"南門"同。

③ 浴，尊本、内閣本作"俗"，今從古逸本、考證本校改。

④ 乍高，尊本、内閣本無，古逸本、考證本據《夏小正》補，可從。楊劄曰："今本衍'乍高'二字。"

⑤ 蒱，内閣本、古逸本、考證本作"蒲"。

⑥ 楊劄曰："今本作'半死'。"

⑦ 左，尊本、内閣本作"右"，據古逸本、考證本校改。

⑧ 右小雪之地，尊本、内閣本脱，古逸本只補一"右"字，考證本依《七緯》補此五字，可從。

⑨ 偏收，尊本、内閣本作"偏牧"，據古逸本、考證本改。

《淮南注》“九月鴻鴈來，賓爵入大水為蛤”，已分賓字下属，且張升《反論》[①] 云“賓爵下萃”。又《古今鳥獸注》：“爵一名嘉賓，言栖集人家”[②]，名有賓義，故兩傳焉也。晷長丈一尺[③]二分，陰雲出接接[④]。立冬於兑值九四。九四震爻[⑤]，辰在午，火性炎上，故接接也。小雪陰寒，熊羆入穴，雉入為蜃。雉入水氣化為蜃蛤。晷長丈一尺八分，陰雲出而黑。”小雪於兑在九五。九五坎爻，得坎氣，故黑也。《詩推度灾》曰：“水立氣周，剛柔戰德。”宋均曰：“水，立冬水用事也。氣周者，周亥復本元也。剛柔猶陰陽，言相傳薄者也。”[⑥]《詩紀歷樞》曰：“亥者核也。”《春秋元命苞》曰：

---

① 張升反論，尊本、内閣本同，古逸本作“張叔皮論”，考證本作“張叔反論”。今按，《左傳·昭公七年》孔穎達正義曰：“張叔皮論云：‘賓爵下革，田鼠上騰，牛哀虎變，鯀化為熊，久血為燐，積灰生蠅。’”清錢大昕《潛研堂文集》卷七對此有考辨：“問：‘昭七年《正義》引張叔皮論云“賓爵下革，田鼠上騰，牛哀虎變，鯀化為熊，久血為燐，積灰生蠅”，未審張叔皮何代人？據下文兩稱張叔，則張叔似人姓名，又不知《皮論》是何書也？’曰：‘予初讀注疏，亦蓄疑久之，後讀李善注《文選》卷六引張升《反論》“噓枯則冬榮”，卷五十五引張升《反論語》“噓枯則冬榮，吹生則夏落”，卷四十三引張升《反論》“黄綺引身，岩棲南嶽”，卷四十引張叔《及論》“青蓱砥礪於鋒鍔，庖丁剖犧於用刀”，卷三十一引張叔《及論》“煩冤俯仰，淚如絲兮”。詳其詞意，與春秋疏所引本是一篇之文，而篇名或云《反論》，或云《反論語》，或云《皮論》，或云《及論》，其人名或云叔，或云升。考《後漢書·文苑傳》有張升字彦真，陳留尉氏人，著賦誄頌碑書凡六十篇，梁《七録》有外黄令《張升集》二卷，《反論》殆升所撰之一篇，如《解嘲》釋譏之類。曰皮曰及，皆字形相涉而訛，叔與升亦字形相涉也。’”據錢大昕，尊本、内閣本作“張升《反論》”無誤，古逸本當是據《左傳正義》所改，反而有誤。

② 《太平御覽》卷九二二《羽族部九·雀》引崔豹《古今注》曰：“雀一名嘉賓，言栖宿人家，狀如賓客也。”

③ 楊剳曰：“今本‘尺’作‘寸’。”

④ 楊剳曰：“今本不重‘接’字，似是。”

⑤ 爻，尊本、内閣本、古逸本作“又”，文意不通，當爲“爻”之誤字。據《易通卦驗》鄭玄注之文例改。

⑥ “也”字後各本有二“也”字，爲補白虚字，説見楊守敬《日本訪書志補》“古文尚書十三卷（影日本舊抄本）”條。

“鳥獸鐃馴，子藏賨物歸其母，故大陰見於亥，亥者駭。宋均曰：“子為母主，蔵寳物〻還歸其母，出入无畏懼之心，故鳥獸鐃馴，不可驚駭也[①]。”律中[②]應鐘，其種。”應鐘[③]者，應其種也。

《国語·楚語》曰：“日月會于龍豵。韋昭曰：“豵，龍尾也，謂周十二月、夏十月也。日月合辰於尾上，《月令》‘孟冬節，日在尾’也。”土氣含[④]收，含收，收縮萬物含蔵之。天明昌作，昌，盛也；作，起也。謂天氣上也，是月純坤用事耳。百嘉偹舍，嘉，善也，時物畢成。舍，入室也。群神頻[⑤]行。頻，並也，並行欲求食[⑥]。國於是乎烝甞，家於是乎甞祀。”烝，冬祭也。甞，甞百物也。《月令》孟冬“大飲烝”、傳曰“閇蟄而烝”也。唐固曰：“大[⑦]夫稱家也。”《尒雅》曰：“十月為陽。”李巡曰：“十月万物深蔵，伏而待陽也。”孫炎曰：“純陰用事，嫌於無陽，故曰陽。”《史記·律書》曰：“應鍾，言陽氣之應，不用事也。”《史記·封禪書》曰：“秦以冬十月為歳首，故常以十月上宿郊見，李奇[⑧]曰：“宿猶齊戒也。”通權火，張晏曰：“權火，烽火也，狀若井潔睾矣。其法類稱，故謂之權，欲令光明遠照通於祀所。漢祀五畤於雍，五十

---

① “也”字後各本有四“也”字，補白虛字。

② 中，尊本、内閣本、古逸本、考證本作“口”，考證本校云：“‘口’疑‘中’字之訛”，極是。

③ 鐘，尊本作“種”，内閣本作“鍾”，古逸本作“鐘”。據文意，當以“鐘”是。

④ 含，尊本作“合”，據内閣本、古逸本、考證本改。下文同。今按，《國語·楚語下》作“含”。

⑤ 頻，尊本、内閣本作“類”，今從古逸本、考證本據《國語·楚語》校改。後文注同。今按，《玉燭寶典》卷一二引此正作“頻”。

⑥ “行欲求食”之後，尊本、内閣本衍正文“國語楚語曰日月會于龍”及小字注文“類並也並行欲求食也也”二十字。古逸本無。

⑦ 大，尊本、内閣本作“夫”，據古逸本、考證本改。

⑧ 奇，尊本、内閣本作“寄”，據古逸本、考證本改。

里[①]一烽火。”如淳曰：“權，舉也。”拜於咸陽之旁，其衣上白，其用如經祠云。服虔曰：“經，常。”高祖微時，甞煞大虵，有物曰：‘虵，白帝子也，而煞者赤帝子。’高祖為沛公，遂以十月至霸[②]上，平咸陽，立為漢王，巨以十月為年首，而色上赤。”《前漢書・郊祠志》曰：“丞[③]相張倉好律歷，以為漢廼水德，河決金堤，其符[④]也。年始冬十月，色外黑内赤。”服虔曰：“十月陰氣在外，（故外[⑤]）黑，陽氣尚伏在地，故内赤也。”

《淮南子・時則》曰：“孟冬之月，招揺指亥。爨[⑥]松燧火，北宫御女黑色，衣黑采，擊穀石。高誘曰：“水王北方，故處北宫也。”其兵鎩，其畜彘。鎩者却内，象陰閇也。彘，水畜也。鎩音蹝也。十月官司馬，其樹檀。”冬閒[⑦]講武，故官司馬。樹檀[⑧]，陰木也。《淮南子・（主[⑨]）術》曰：“陰降百泉，則脩橋梁。”許慎曰：“陰降[⑩]百泉，十月也。”《京房占》曰：“立冬乹[⑪]王，不周風用事，人君當興邉兵，治城郭，行刑，決疑罪，在西北。”《白虎

① 楊劄曰：“本書作‘五里’。”

② 霸，尊本、内閣本作“霜”，據古逸本、考證本改。

③ 丞，尊本、内閣本作“烝”，據古逸本、考證本改。

④ 符，尊本、内閣本作“荷”，據古逸本、考證本改。

⑤ 故外，尊本、内閣本脱，古逸本、考證本據《漢書・郊祀志》補入，文意完整，今從之。

⑥ 按，《龍龕手鑑・火部》：爨，同“爨”。

⑦ 閒，尊本、内閣本作“門”，古逸本、考證本作“間”。今按，《淮南子・時則訓》高誘注作“閒”，據正。

⑧ 樹檀，尊本、内閣本作“樹々”，古逸本作“檀”。據文意改。

⑨ 主，尊本、内閣本脱，古逸本、考證本據文意補入。今按，“陰降百泉則脩橋梁”出自《淮南子・主術訓》，據補“主”字。

⑩ 降，尊本、内閣本作“許”，文意不通；古逸本、考證本校改作“降”。今按，據前文當作“降”。

⑪ 乹，内閣本、古逸本作“乾”，同。

通》曰："十月律謂之應鐘何？應者應也，鐘者動也，言萬物應陽而動下藏也。"

崔寔《四民月令》曰："十月培築垣墉，塞[①]向墐户，北出牖謂之向也。趣納禾稼，毋或在野，可收[②]蕪菁，藏瓜。上辛，命典饋漬麴，麴澤釀冬酒，必躬敬親潔，以供冬至、臘、正、祖、薦韭卵[③]之祠。是月也，作[④]脯腊，以供臘祀[⑤]。農事畢，命成童以上入大學，如正月焉。五穀既登，家儲畜（積[⑥]），乃順時令，勅喪紀。同宗有貧窶久喪[⑦]不葬者，則糺合[⑧]宗人，共興舉之，以親疎、貧富為差，正心平斂，毋或踰越，務先自竭，以率不隨。是月也，可

---

① 塞，尊本、内閣本作"寒"，古逸本、考證本校改爲"塞"，是。今按，"塞向墐户"，語出《詩經·豳風·七月》。

② 收，尊本、内閣本作"牧"，據古逸本、考證本改。

③ 韭卵，尊本作"韮卯"，内閣本、考證本作"悲仰"，古逸本作"韭仰"。今按，石聲漢《四民月令校注》釋爲"韭卵"，理由是《四民月令》載"二月祠太社之日，薦韭卵於祖禰"。石説是，據正。

④ 作，尊本、内閣本、考證本作"位"，據古逸本改。今按，"作"俗寫作"佐"，抄寫者誤寫作"位"。

⑤ 祀，尊本、内閣本、古逸本作"礼"，考證本據《初學記》引校改作"祀"。今按，《北堂書鈔》卷一四五《酒食部四·脯篇十六》引崔實《四民月令》曰："十月作脯，以供臘祀。"《初學記》卷四《歲時部下·臘》引《四民月令》曰："十月上辛，命典饋清麴，釀冬酒，以供臘祀也。"據《北堂書鈔》《初學記》改正。

⑥ 積，尊本、内閣本無，古逸本在行間補"積"字，考證本據《初學記》《白氏六帖》校改爲"家家儲畜"。今按，《齊民要術》卷三《雜説三〇》引崔寔曰"家儲蓄積"，據補。

⑦ 窶，内閣本、古逸本作"窶"，異體字。久，尊本、古逸本作"父"，内閣本、考證本作"文"。今按，《齊民要術》卷三《雜説三〇》引崔寔作"久喪"，是，據正。

⑧ 糺合，尊本、内閣本、考證本作"紀合"，不辭，古逸本作"糾合"，考證本校云："'紀'疑當作'糺'。"今按，《齊民要術》卷三《雜説三〇》引崔寔作"糾合"。糾合，乃集合、聚集之義。《左傳·僖公二十四年》："召穆公思周德之不類，故糾合宗族於成周而作詩。"亦作"糺合"，如諸葛亮《南征表》："乃更殺人為盟，糺合其類二千餘人，求欲死戰。"此處蓋本作"糺合"，誤抄作"紀合"。

别大葱，先冰涑，作凉餳，煮[1]暴飴，可折麻、趣績布縷，作白履、不借，草履之賤者曰不借。賣縑綿弊絮，糴[2]粟、大小豆、麻子，收括樓。”以治虫厲毒也。

附説曰：

十月，周之蜡節，秦之歲首。《荊楚記》云：“朔日家家為黍臛。”案《禮》，秋有黍豚之饋，先薦祖祢。是月家人方可屬厭，里間自多此食，盖重厥初。荷蓧丈人止子路，殺雞為黍，及田豫為故民所設桃花源避世要容者，豈必此月？今世則炊乹飯，以麻豆羹沃之，諺[3]云：“十月旦，麻豆饡。”音賛也。《字菀[4]》“羹澆飯”，《字林》同，音子旦反。王逸《九思》云“時混混兮澆饡”，抑忽其義。晉朝張翰有《豆羹賦》，雖云孟秋，明其來已久。《豳詩》：“九月掇苴，採荼薪樗[5]，食我農夫。”掇，拾也；苴者，麻之有蕡，九月預拾，於此月朔乃得食農耳。《顧道士書》云：“五月仙人下，是日道館悉作靈寶齋。”案《抱朴子内篇》云：“《霊寶經》有《正機》《平衡[6]》《飛龜》，凡三篇，皆仙術也。吴王伐石以治宫室，而於合石之中得紫文金簡之書，不能讀之。使問仲尼曰：‘吴王閒居，有赤雀[7]銜書以置殿前，不知其義。’仲尼視之，曰：

① 凉餳煮，尊本、内閣本作“京錫渚”，考證本校作“京餳煮”，古逸本校改作“凉餳煮”。今按，《齊民要術》卷三《雜説三〇》引崔寔正作“凉餳煮”，據改。

② 糴，尊本、内閣本作“鑃”，形近而誤，據古逸本、考證本改。《齊民要術》卷三《雜説三〇》引崔寔正作“糴”。

③ 諺，尊本作“訮”，内閣本、考證本作“�”，古逸本作“許”。考證本校云：“‘訂’恐當作‘諺’。”今據文意暫改爲“諺”。

④ 菀，内閣本、古逸本作“苑”，異體字。

⑤ 樗，尊本、内閣本作“墟”，古逸本作“樗”，是。

⑥ 衡，尊本、内閣本、古逸本作“衝”，考證本校改作“衡”。今按，《抱朴子内篇》一二《辨問》作“衡”，據改。

⑦ 雀，尊本、内閣本作“崔”，据古逸本、考證本改。下“赤雀”同。

‘此乃靈寶之方[1]、長生之法，禹之所服，年齊天地，朝乎紫庭者也。禹將仙化，封之名山石函之中，今乃赤雀銜之，殆天授也。’以此論之，是夏禹不死也，而仲尼又知之，安知仲尼不皆密脩其道乎?”案諸道經，靈寶齊非止此月，或敘厥初也。

《雜五行書》：“剪手脚爪皆有良日，此月四民多因沐浴剪之，絳裹埋於户内。”《博物志》云：“鵂鶹鳥，夜則目明，人[2]截爪棄地，此鳥拾取，知其吉凶，鳴則有殃也。”《纂文》云：“鵂鶹一名忌欺，白日不見人，夜能拾蚤蝨也。蚤、爪音相近。俗人云鵂鶹拾人棄爪，相其吉凶，妄説也。”復是一家。揵為舍人《尒雅注[3]》云：“南陽謂鵂鶹為鉤鵅，玄冬素節或夜至人家。”《續搜神記》曰“鉤鵅鳴於譙王无忌子婦屋上，謝充作苻懸其處”是也。郭璞《鵂鶹圖[4]讚》云：“忌欺之鳥，其實鵂鶹，晝[5]瞽其視，盲離其眸。”是則忌欺又其名也。

漢世十月五日以豚酒入靈女廟，擊筑[6]，奏《上玄》之曲，連

---

① 方，尊本、内閣本、古逸本作“万”，據考證本改。今按，《抱朴子内篇》卷一二《辨問》正作“方”。

② 人，尊本、内閣本、古逸本、考證本均作“又”。今按，《太平御覽》卷九二七《羽族部一四・鵂鶹》引《博物志》作“人”，據正。

③ 注，尊本誤作“洷”，據内閣本、古逸本、考證本改。楊笴曰：“《一切經音義》引此小異。”

④ 圖，内閣本、古逸本作“啚”。

⑤ 晝，尊本作“盡”，内閣本作“書”，據古逸本、考證本改。今按，《太平御覽》卷九二七《羽族部十七・鵂鶹》引《博物志》曰“鵂鶹一名鵂，晝日無所見”，引《莊子》曰：“鵂鶹，夜撮蚤察毫末，晝冥目不見丘山，殊性也。”作“晝”是。

⑥ 筑，尊本、内閣本、考證本作“築”，據古逸本改。

臂蹹[1]地，歌《赤鳳皇來》[2]，盖巫俗也。今世名"蹹蹄餘節"，有月夜，平帝[3]士女好為此戲。吴歌云"不復蹹蹄人[4]，蹹蹄地欲穿"，亦其之事也。案《樂稽曜嘉》云："和樂[5]於北郊，為顓頊之氣、玄冥之音，歌《北湊》《大閏》，致幽明霊。"《國語》云："天明昌作，百嘉備舍，羣神頻行"，或其淵鷊，咸此節也。鳳稱大鳥，南方之畜，擊轅之歌，有應風雅，故云"赤鳳皇來"。

玉燭寶典卷第十　十月

---

① 蹹，尊本、内閣本、古逸本、考證本作"蹹"，誤。據文意當爲"蹹"，即"踏"的異體字。下文同。

② 《西京雜記》卷三："十月十五日，共入靈女廟，以豚黍樂神，吹笛擊筑，歌《上靈》之曲。既而相與連臂，踏地為節，歌《赤鳳皇來》。"《初學記》卷三《歲時部・冬》引《搜神記》曰："漢代十月十五日，以豚酒入靈女廟，擊筑，奏《上絃》之曲。連臂踏地，歌《赤鳳皇來》，巫俗也。"《太平御覽》卷二七《時序部》引《搜神記》曰："漢代十月十五日，以豚酒入靈女廟，擊筑，奏曰《上絃》之曲。連臂蹋地，歌《赤鳳皇來》，乃巫俗也。"

③ 帝，尊本、内閣本、古逸本、考證本作"帝"，疑爲"常"字之誤。

④ 人，尊本、内閣本、古逸本、考證本作"又"，均誤。今按，宋郭茂倩《樂府詩集》卷四九《清商曲辭・西曲歌》收《江陵樂》四首，其一爲："不復蹋踶人，蹋踶地欲穿。盆隘歡斷繩，蹋壞絳羅裙。"此處所引吴歌，正是此歌，據改。

⑤ 和樂，尊本、内閣本、古逸本均作"如樂"，不辭。今按，本卷"惣釋冬時"部分引《樂稽曜嘉》作"和樂"，據正。

玉燭寶典卷第十一①

十一月仲冬第十一

《禮・月令》曰："仲冬之月，日在斗，昬東壁中，旦軫中。鄭玄曰："仲冬者，日月會扵星紀，而斗建子之辰。"律中黄鍾。黄鍾者，律中之始也。仲冬氣至，則黄鍾之律應。高誘曰："陽氣聚扵下，陰氣盛扵上，萬物②萌蘖扵黄泉下，故曰黄鍾之也。"冰益壯，地始坼，曷③旦不鳴，虎始交。曷旦，求旦之鳥也。交猶合。高誘曰："曷旦，山鳥，陽物也。陰盛，故不鳴也。"天子居玄堂太廟，玄堂太廟，北堂當太室者。餝死事，勑軍士，戰必有死志者。

---

① 尊本無此八字，内閣本作"玉燭寶典記"，此據古逸本、考證本。

② 萬物，尊本、内閣本作"黄"，文意不通，古逸本校改作"萬物"，考證本在"黄"字前補"萬物"二字。今按，《吕氏春秋・仲冬紀》高誘注作"萬物萌蘖扵黄泉下"，今據古逸本改。

③ 楊劄曰："今本作'鶡'。"

命有司曰：‘土事毋作，慎毋發盖，毋發室屋，及起大衆[①]，以固而閇。地氣上泄[②]，是謂發天地之房，諸蟄則死，民必疾疫，又隨以喪。’名之曰暢月。而猶女也，暢猶充也，大陰用事，尤重閇藏者也。命奄尹申宫令，審門閭，謹房室，必重閇。奄尹，主領奄豎之官者也，於周則為内宰，治王之内政。宫令，譏[③]出入及開閇之屬也。重閇，外内閇[④]之也。省婦事，毋得淫，雖有貴戚近習，毋有不禁。省婦事，所以静陰類也。淫謂女功奢偽恠好之物也[⑤]。貴戚謂姑姊妹之屬也。近習，天子所親幸者。乃命大酋[⑥]，秫稻必齊，麴蘖必時，沉熾必潔，水泉必香，陶噐必良，火齊必（得[⑦]）。藏而時氣之[⑧]。

---

① 大衆，尊本、内閣本、古逸本均作“太泉”，考證本校改作“大衆”。今按，《禮記·月令》作“大衆”，據改，寫本蓋形近而誤。

② 尊本、内閣本、古逸本、考證本均作“上泄”。今按，本卷蔡邕《月令章句》中作“且泄”，《禮記·月令》作“沮泄”。

③ 譏，《禮記·月令》作“幾”。

④ 閇，尊本、内閣本作“門”，古逸本、考證本作“閇”。今按，《禮記·月令》鄭玄注作“閇”，據正。

⑤ 女功奢偽，尊本、内閣本、古逸本作“女巧淫奢偽”，考證本校改作“女功奢偽”。楊劄曰：“今本‘巧’作‘功’。”今按，《禮記·月令》鄭玄注作：“淫謂女功奢偽怪好物也。”今從考證本校改。

⑥ 酋，尊本、内閣本、古逸本作“費”，今從考證本據《禮記·月令》校改作“酋”。楊劄曰：“《禮》作‘酋’。”今按，《禮記·月令》鄭玄注：“酒孰曰酋。大酋者，酒官之長也。”

⑦ 得，尊本、内閣本均脱，今從古逸本據《禮記·月令》補。考證本以爲缺文爲混入注文中的“藏”字，誤。

⑧ 《禮記·月令》曰：“此乃助天地之閉藏也”。鄭玄注曰：“順時氣也。”此處“藏而時氣之”當對應此段内容。

“仲冬行夏令，則其國乃旱，午之氣（乘之也[1]）。氛[2]霧冥冥，霜露之氛散相乱也。今案《春秋傳》云：“楚氛甚悪。”[3] 霧霧謂之晦[4]，《釋名》曰：“霧，冒[5]也，氣蒙冒地物”，此之謂者。雷乃發聲。震氣動也，午属震。行秋令，則天時雨汁，瓜瓠不成，酉之氣乘之也。酉宿直昴畢。畢好雨，汁者水雪雜下也。子宿直虚危，虚危，内有瓠瓜之也。國有大兵。兵久旱之氣也[6]。行春令，則蝗虫為敗，當蟄者出，卯（之）氣（乘之也[7]）。（水[8]）泉咸竭，大水為旱之也。民多疥厲。”疥厲之疾，孚甲象也。

蔡雍《中冬章句》曰：“今曆中冬小雪莭日在斗六度，昬明中星，去日八十三度，東壁半度中而昬，軫十五度而明。‘天子居玄堂大廟。’子上之堂。‘無起大衆’，所以静，皆所以勁固陰閇，安養穉陽之意也。‘地氣且泄，是謂發天地之房。’（房[9]），隩也。天

---

① 乘之也，尊本、内閣本脱，古逸本、考證本據《禮記·月令》郑玄注補，可從。

② 氛，尊本、内閣本作“氣”，古逸本、考證本作“氛”。今按，《禮記·月令》作“氛”，據正。後文鄭玄注“楚氛甚悪”同。

③ “楚氛甚悪”語出《左傳·襄公二十七年》：“晉楚各處其偏。伯夙謂趙孟曰：‘楚氛甚惡，懼難。’”晉杜預注：“氛，氣也。言楚有襲晉之氣。”

④ “楚氛其悪”與“霧霧”之間，尊本、内閣本空五六字，古逸本此處補入“注氛氣也尒雅曰”六字。今按，《爾雅·釋天》曰：“地氣發天不應曰霧。霧謂之晦。”尊本此處當有誤脱。

⑤ 冒，尊本、内閣本、考證本均誤作“罝”字，古逸本作“冒”，考證本校云：“今本《釋名》無此文。”今按，此條見於《釋名·釋天》，正作“冒”，據正。

⑥ 兵，尊本、内閣本作“丘”，古逸本作“兵”，是。楊劄曰：“今本‘旱’作‘軍’。”

⑦ 此句，尊本、内閣本僅作“卯氣”，今從古逸本、考證本據《禮記·月令》郑玄注補。

⑧ 尊本、内閣本“泉”字前空一字，古逸本、考證本補“水”字。今按，《禮記·月令》作“水泉咸竭”，據補。

⑨ 房，尊本、内閣本、古逸本不重“房”字，考證本據補，可從。

陽方潛於黄泉，地為之房隩，起土發屋則不閇，則□[①]出，故謂之發天地之房也。‘暢月。’暢，達也，陽泄則為暢月，不泄不為暢月。是月也，陰閇不可以達，而陽泄傷民[②]，故名之達月，言未可以達而達，以為災。‘麹蘗必時。’欝檠曰麴，生穀曰蘗，始作有時，可用有時，可用有日，故必時。‘蔬食’，謂山有榛栗、今案《周官·天官》籩人職曰：“饋食之籩，其實榛。”鄭注云：“榛實，似栗而小。”《詩草木疏》曰：“有亲，栗屬也。其字或為木秦。有兩種：一種，樹大小、皮葉皆如栗，其子小，形如杼[③]子，表皮黑，味夂如栗，所謂‘樹之亲栗’，其謂此也；其一種，枝莖如木蓼，葉如牛李，藂生高丈餘，其骽中李、竅中玉，如李子玉，作胡桃味[④]，膏熅益美，夂可含啾。漁陽[⑤]、遼東、代郡、上黨皆饒。其枝莖生生，爇如爇燭，明而無燭[⑥]”者之。杼象，今案《介雅》“栩，杼”，孫音杵，郭璞音嘗汝反，樹也。“櫟，其實棣”，音其掬反，一音釘鍋。鍋音几足反。劉歆注云：“實有角，如栗。”李巡、

① 各本“則”下原空一字。

② 民，内閣本、古逸本、考證本作“昬”。

③ 杼，尊本、内閣本作“梯”，古逸本、考證本校改作“杼”。今按，《齊民要術》卷四《種栗》引《詩義疏》與此段内容近似，作“形如杼子”，據正。

④ 此段疑有衍訛，《齊民要術》卷四《種栗》引《詩義疏》與此段内容近似，作“其核中悉如李，生作胡桃味”。《太平御覽》卷九七三《果部一〇·榛》引《詩義疏》曰：“榛，栗屬，有兩種。其一種，大小、皮葉皆如栗，其子小，形似杼子，味亦如栗，所謂‘樹之榛栗’者也；其一種，枝莖如木蓼，生高丈餘，作胡桃味，遼、代、上黨皆饒。”

⑤ 尊本、内閣本作“鰒魚”，文意不通；古逸本、考證本校改作“漁陽”。今按，《齊民要術》卷四《種栗》引《詩義疏》作“漁陽”，據正。

⑥ 此段文字疑有誤。按，《齊民要術》卷四《種栗》引《詩義疏》作“其枝莖生樵、爇燭，明而無煙”。俟考。

孫炎云："山（有[1]）苞櫟，實橡也，有梂彙自裹也。"《音義》曰："《小介雅》：子為橡，在彙斗中，自含裹，狀梂蒉然。"《詩草木疏》："栩杼，即今柞櫟，徐州人謂櫟為杼，其子為皁，或謂之橡，其殼為斗，可以染皁。今京洛及河内多言杼，或言橡斗者，或謂之皁斗。謂櫟為杼，五方通語，曰惣名云也。"[2] 澤有蔆芰[3]、今案《周官·天官下》籩人職曰："加籩之實，蔆芡栗脯。"鄭注云："蔆，蔆芰。"《本草》："芰實，一名蔆。"注云："盧江間寂多，皆取火熇，（以為米[4]）充粮，今多蒸多曝，密和餌之，断槃長生者也。"梟茈今案《介雅》："芍，梟茈。"芍音斛了反，茈音餈，一音疵。郭注云："生下田，苗似龍須[5]而細，根如指頭，黑（色）可

---

① 尊本、内閣本此處空一字，古逸本作"有"，是。今按，"山有苞櫟"語出《詩經·秦風·晨風》。

② 此段《詩草木疏》文字有誤者不少，尊本、内閣本"櫟"作"棌"，"皁"作"草"，"殼"作"穀"，"染皁"作"深皇"，"京洛"作"京路"。今按，《詩經·唐風·鴇羽》"集於苞栩"孔穎達疏、《爾雅·釋木》"栩，杼"邢昺疏並引陸璣《詩草木疏》曰："栩，今柞櫟也，徐州人謂櫟為杼，或謂之為栩，其子為皁，或言皁斗，其殼為汁，可以染皁。今京洛及河内多言杼斗。謂櫟為杼，五方通語也。"

③ 蔆芰，尊本、内閣本正文及注釋作"蔆芆"，古逸本正文作"蔆芡"，注釋作"蔆蔆"，考證本正文和注文均作"蔆芡"。今按，本卷下文注釋引《周官·天官下》"蔆芡栗脯"之"芡"字各本均不誤。而今本《周禮·天官·籩人》鄭玄注作："蔆，芰也。芡，雞頭也。"又，《本草經集註》卷七："芰實，味甘平，無毒，主安中，補藏，不飢，輕身。一名蔆。"據改。

④ 尊本、内閣本"火熇"與"充粮"之間空三、四字。古逸本補"以為米"三字。今按，此處所引，乃是陶弘景的注釋。《本草經集註》卷七"芰實"條陶注曰："廬江間最多，皆取火熇，以為米充糧。今多蒸曝，密和餌之，斷穀長生。"古逸本當據此補，是。然"熇"字古逸本校改作"燔"，當是據《證類本草》引陶隱居注改。此不煩改。

⑤ 似龍須，尊本、内閣本作"以龍貞"，文字有訛誤；古逸本、考證本校改作"似龍須"，是。今按，《爾雅·釋草》"芍，梟茈"，郭璞注曰："生下田，苗以龍須而細，根如指頭，黑色可食。"古逸本、考證本并據此補"色"字，可從。

食。”《音義》曰：“今江東呼為皃[①]茈”之者。之属，可以助槩者也。‘麋角解。’麋，狩名[②]，与麋同類而大，冬骨為角。日冬至陽始起，氣微弱，冬可以動兵[③]，故天示其象。説如中夏鹿角解。‘水泉動。’以季秋陰閇而始涸，至此陽動而始開。二月而山水下也，謂之桃華[④]水。”今案《韓詩》“三月桃華水”，此在十一月者，水以桃華時至，遂因受名。蔡敘其初，彼攄其盛之也。

右《章句》為釋《月令》，事同注解，故宜居前。

《易·復卦》曰：“雷在地中，復。先王以至日閇關，商㨶不行，后不省方。”王輔嗣曰：“方，事也。冬至，陰之復；夏至，陽之復也。先王則天地而行者，動復則静，行復則止，事復則无事也。”鄭玄曰：“資貨而行曰商㨶，客也。省，察也。以者取其陽氣始復，其所養萌牙於下，動揺則陽氣發泄，害含任之類也。”《詩·豳風》曰：“一之曰觱發”，毛傳曰：“一之日，十之餘[⑤]。一之日，周之正月。觱發，寒風。”又曰“一之日于貉，取彼狐狸，為公子裘”。于貉，往取狐狸皮。狐貉之厚以居，孟冬則天子始裘。鄭牋云：“于貉，往搏貉以自為裘。狸狐以供尊者也。”《尚書·堯典》曰：“申命和叔，宅朔方，曰幽都，平在朔易。孔安國曰：“北稱朔，冬稱方，言方則三方見矣。（北稱[⑥]）幽，則南稱明，從可

① 皃，尊本、内閣本作“邉”，涉前而誤；據古逸本、考證本改。

② 楊劄曰：“狩與獸通。”

③ 兵，尊本、内閣本作“丘”，據古逸本、考證本改。

④ 華，内閣本、古逸本、考證本作“花”，下同。

⑤ 尊本、内閣本作“一之十日餘”，文意不通；據古逸本、考證本改。今按，《詩經·豳風·七月》毛傳作“一之日，十之餘”，古逸本、考證本當是據毛傳校改。

⑥ 北稱，尊本、内閣本脱，文意不通，今從古逸本、考證本據《尚書·堯典》孔安國注補。

（知[①]）也，都謂所聚也。易謂歲改易於北也。平，均。在察其政，以從天常[②]也。”日短星昴，正中冬。日短，冬至之日。昴，白虎中星，亦以七星並見，正冬之三節也。鳥獸氄[③]毛。而充[④]反。鳥獸皆生濡毳細毛，以自溫焉也。”《尚書·堯典》[⑤]曰：“十有一月朔巡守，至于北岳，如初[⑥]。”孔安國曰：“北岳，（恒山[⑦]。）”《王制》曰：“十一月北巡狩，至于北岳，如西巡守礼也。”

《周官·地官下》曰：“山虞掌山林之禁，仲冬斬陽。”鄭司農云：“陽木，春夏生者也。”鄭玄曰：“陽木，生山南也。冬斬陽，夏斬陰，勁濡調也。”《周官·春官下》曰：“大司樂以靁鼓雷鼗、孤竹之管、雲和之琴瑟、雲門之舞，冬日至於地上之圜丘奏之，六變天神皆降，可得而禮矣。”鄭玄曰：“禘，大祭，天神則主北辰。雷鼓雷鼗，八面；孤竹，特生者；雷和，山名。”《周官·春官下》曰：“凡以神仕者，掌以冬日至致[⑧]天神人鬼。”鄭玄曰：“天、人，陽也，陽氣升而祭鬼神，致人鬼（於[⑨]）祖廟之也。矣，哉也，乎也。”《周官·夏官上》曰：“大司馬中冬教大閱，鄭玄曰：“至冬，則大簡閱軍實也。”前期羣吏，戒衆庶，脩戰法。田之，乃陣車

---

① 知，尊本、内閣本脱，今從古逸本、考證本校補。

② 常，尊本、内閣本、古逸本作“帝”，考證本據《尚書·堯典》孔安國注校改爲“常”，是。

③ 氄，尊本、内閣本作“𣯍”，古逸本作“毨”，今據《尚書·堯典》正文改。

④ 充，尊本、内閣本、古逸本作“允”，考證本校改爲“充”，是。

⑤ 楊劄曰：“此在今《舜典》，此仍稱‘堯典’者，不從姚方興所分也。”

⑥ 楊劄曰：“今本作‘如西禮’。”《釋文》：“‘如西禮’，方興本同，馬本作‘如初’。”

⑦ 恒山，尊本、内閣本、古逸本脱，考證本據《尚書·堯典》孔安國注補，是。

⑧ 致，尊本、内閣本作“皷”，涉前而誤；今從古逸本、考證本據《周禮·春官·神仕》改。

⑨ 於，尊本、内閣本脱，今從古逸本、考證本據《周禮·春官·神仕》補。

徒，如戰之陳，皆坐。皆坐，當聽誓之。遂以狩田，冬田為狩，言守取之，無所擇之也。徒乃弊，致禽饁獸于郊，入獻禽以亯烝。"徒乃弊，徒止也。冬田主用衆物多物，衆得取也。致禽饁獸于郊，聚（所獲[1]）禽，曰以祭四方神於郊，入又以禽祭宗廟者也。《周官・秋官下》曰："薙氏掌煞草，秋繩而芟之，冬日至而耜之。"鄭玄曰："含實曰繩，（芟其繩[2]）則實不成熟。耜之，以耜側凍土剗之[3]者也。"《禮・王制》曰："十有一月，北巡守，至于北岳，如西巡守之禮。"

《韓詩章句》曰："一之日畢發，夏之十一月也。"《周[4]書・時訓》曰："大雪之日，鶡旦不鳴；又五日，虎始交；又五日，荔挺出[5]。鶡旦猶鳴，國多訛言；虎不始交，將帥不和；荔挺不出，卿士專擁。冬至之日，丘蚓結；又五（日[6]），麋角解；又五日，水泉動。丘蚓不結，君政不行；麋角不解，甲兵[7]不藏；水泉不動，陰不承陽。"《周書・（周[8]）月解》曰："惟一月既南至，昏，昴畢見，日短極，基踐長，微[9]陽動于黄泉，隆陰慘于万物。是月斗

---

① 尊本、内閣本"聚"與"禽"之間空二字，今從古逸本、考證本據《周禮・夏官・大司馬》鄭玄注補"所獲"二字。

② 芟其繩，尊本、内閣本無此三字，前後文意不通。《周禮・秋官・薙氏》鄭玄注作"芟其繩，則實不成熟"。古逸本有"芟其繩"三字，當是據鄭玄注補，是。

③ 耜之以耜側凍土剗之，尊本、内閣本作"耜以則諫土剗之"，古逸本、考證本校補爲"耜之以耜側凍土剗之"。今按，《周禮・秋官・薙氏》鄭玄注作"耜之，以耜以側其凍土而剗之"。此據古逸本校改。

④ 也周，尊本二字互乙，據内閣本、古逸本、考證本乙正。

⑤ 楊劄曰："'出'今本作'生'，此與《御覽》合。"

⑥ 日，尊本、内閣本脱，據古逸本、考證本補。

⑦ 兵，尊本、内閣本作"丘"，據古逸本改。

⑧ 周，尊本、内閣本、古逸本脱，考證本補，可從。楊劄曰："今本'月'上有'周'字。"

⑨ 微，内閣本、古逸本作"微"，異體字。下同。

柄建子，始昬北指，陽氣肈虧[①]，草木萌蕩，日月俱起于牽牛之初，右回而月行。月一周天起一次而與日合宿，日行月一次十有一次而周天[②]，歷舍于十有二辰，終則復始，是謂日月權與。”《禮·夏小正》曰：“十有一月王狩者，言王之時田，冬獵為狩。陳蓟革。陳蓟革者，省兵甲也。萬物不通。隕麋角。隕，墮也。日冬至，陽氣至始動，諸向生皆蒙蒙矣，故麋角隕。”

《易通卦驗》曰：“冬至始，人主不[③]出宫室，商賈人衆不行五日，兵革伏匿[④]不起。鄭玄曰：“冬至日時，陽氣生微，事欲静，以待其着定也。必五日者，五，土數也，土静，故以其數焉。革，甲。”之也。人主与群臣左右從樂五日，天下人衆〻家家從樂五日，以迎日至[⑤]之大禮。從猶就也。日且冬至，君臣俱就太司樂之官，臨其肆，樂祭天圜丘[⑥]之樂，以為祭事莫大此焉，重之也。天下衆人〻家家往者，時宜學樂，此之謂。人主致八（能[⑦]）之士，或調

① 考證本校云：“虧疑當作‘舒’。今本無‘肈’字，‘虧’作‘虧’。”楊箌曰：“今本脱‘肇’字。”今按，肈爲“肇”的俗字。

② 考證本、楊箌并曰：“今本脱‘十有一次’四字。”

③ 主不，尊本、内閣本互乙，據古逸本、考證本乙正。

④ 匿，尊本作“𠥥”，内閣本作“㕣”，古逸本作“𠥥”，楊箌曰：“𠥥，‘匿’俗字。”

⑤ 尊本、内閣本“日至”前有一“日”字，當爲衍文，今從古逸本、考證本删。

⑥ 圜丘，尊本、内閣本作“圖兵”，古逸本、考證本作“圜丘”，是。今按，《初學記》卷四《歲時部下·冬至》、《太平御覽》卷二八《時序部一三·冬至》并引《易通卦驗》作“圜丘”。圜丘，乃古代帝王冬至祭天之地。

⑦ 能，尊本、内閣本脱，古逸本、考證本補人。今按，據下文注釋，此處當有“能”字。又，《初學記》卷四《歲時部下·冬至》、《太平御覽》卷二八《時序部一三·冬至》并引《易通卦驗》作“八能之士”。

黄鍾，或調六律，或調五音，或調五聲，或調[①]五行，或（調[②]）律歷，或調陰陽，或調政德所行。致八能之士者，謂選於人衆之中，取於習曉者，使之調焉者，諧[③]和調之。五行者，《五英》也；律歷者，《六莖》也；陰陽者，《雲門》《咸池》也；政德所行者，《大夏》《大護》《大武》之者也。繫黄鍾之鍾，人主敬稱，善言以相之。相，助也。善言助之，明心和，此之謂也。然後擊黄鍾之磬，公卿、大夫、列士乃使擊黄鍾之鼓。鼓用馬革，鼓負徑[④]八尺一寸，瑟用槐，長八尺一寸，間音以竽補。竽長四尺二。鼓必用馬革者，冬至坎氣也，於馬為美脊、為亟心也。瑟用槐，槐棘醜橋，取撩象氣上也。上下代作謂之間，間則音聲有空時，空時[⑤]則補之以吹竽也。天地以和，應五官之府，冬受其當。"天地以和，應神光見也。五府各受其職，所當之事，愛敬之至，無侵官也。《易通卦驗》曰："坎擁含寶。"北方為坎，擁稱鍾。擁在北方，北方主閉藏，故曰含寶之也。《易通卦驗》曰："冬至成天文。"鄭玄曰："天文謂三光也，運行照天下，冬至而數訖。於是時也，祭而成，所以報之者也。"《易通卦驗》曰："冬至之日，立八神，樹八尺之表，日中視其晷，如度者，則歲美，人民和順；晷不如度者，則其歲

---

① 調，尊本、内閣本誤作"謂"，據古逸本、考證本改。今按，《初學記》卷四《歲時部下・冬至》、《太平御覽》卷二八《時序部一三・冬至》并引《易通卦驗》作"調"。

② 調，尊本、内閣本脱，古逸本、考證本補入。今按，《初學記》卷四《歲時部下・冬至》、《太平御覽》卷二八《時序部一三・冬至》并引《易通卦驗》作"或調律歷"，據補。

③ 諧，尊本、内閣本、古逸本作"謂"。今按，《初學記》卷四《歲時部下・冬至》、《太平御覽》卷二八《時序部一三・冬至》并引《易通卦驗》作"使之調焉，諧，調和之也"。據改。

④ 徑，尊本、内閣本作"侄"，據古逸本、考證本改。

⑤ 空時空時，尊本、内閣本作"空時空々時々"，據古逸本、考證本改。

恶，人民為訛言，政令為之不平。鄭玄曰："神讀如'引題喪漸'之'引'，書字從音耳。立八引者，掾於杙地，四仲引繩以正之，𡆸名之曰引。必立引者，先正方面，扵視日晷[①]審也。譌言，使政令不平，人主聞之，不能不或。表或為木也。"晷進則水，晷退則旱，進尺二寸則月食，退尺則日食。"晷進謂長扵度也，日行黄道外，則晷長，（晷長[②]）者陰勝，故水；晷挋扵度者，日行入進黄道之内，故晷挋，晷短者陽勝，是以旱。進尺二寸則月食，以十二為數也，以勢言之，宜為月不食，退尺則曰食，曰數脩扵十也。《易通卦驗》曰："冬至之日，見雲送迎，從其鄉來，歲美，人民和，不疾；無雲送迎，德薄，歲恶。故其雲[③]赤者旱，黑者水，白者為[④]兵，黄者有土功。諸從日氣送迎，此其徵。"《易通卦驗》曰："坎，北方也，主冬至。夜半，黑氣出直坎，此正氣也。氣出右，天下大旱；氣出左，涌水大出。"鄭玄曰："冬至之右，大雪之地；左，小寒之地。大雪，雨氣方凝，其下難，故旱；小寒，水方盛，水行而出涌之象之也。"《易通卦驗》曰："大雪，魚負冰，雨雪。鄭玄曰："負冰，上近冰[⑤]也。"晷長丈二尺四分，長陰雲出，黑如分。大雪於兑值上六。上六，辰在巳，得巽為黑。分或如介，未聞者。冬至，廣莫風至，蘭、射干生，麋角解，曷旦不鳴。晷長丈三尺，陰氣去，陽雲出萁，莖末如樹木之狀。"晷者，所立八尺表之陰也。長丈[⑥]三尺，長之極也，後則日有減矣。陽始起，故陰

① 晷，尊本、内閣本作"暑"，文意不通，據古逸本改。

② 尊本、内閣本、古逸本原不重"晷長"，考證本據《周禮疏》增補"晷長"二字。今按，下文作"故晷挋，晷短者陽勝"，按照文例，此處亦當補"晷長"二字。

③ 楊𠜱曰："脱'青者飢'三字。"考證本據《古微書》《七緯》補入此三字。

④ 者為，尊本、内閣本互乙，今從古逸本、考證本乙正。

⑤ 冰，尊本、内閣本作"水"，據古逸本、考證本改。

⑥ 丈，尊本、内閣本作"大"，據古逸本、考證本改。

氣去，於天不復見。廿四氣，冬至至芒種為陽，其位在天漢之南；夏至至大雪為陰，其位在天漢之北。此術候陽雲於[1]陽位，而以夜候陰雲於陰位，而以晝夜司之拎星，晝則於其位而已。冬至，坎[2]始用事，而初六巽爻也，巽為木，如樹木之狀，巽象。又曰“十一月物生赤”。《詩推度灾》曰：“《關雎》，恶露乗精，隨陽而施，必下就九㴘。以復至之月，鳴求雄雌。”宋均曰：“隨陽而施，隨陽受施也。㴘猶奥也，九奥也，九喻所在深邃。復卦，冬至之月，鳴求雄雌。鳴，鳴鳴相求者也。”又曰：“《鵲巢》，以復至之月，始作家室，鳩𦥑成事，天性自如。”自如，自如天性所有。《詩紀歷樞》曰：“子者孳也，天地壹欝，万物蕃孳，上下接體，天下治也。”宋均曰：“欝，温也。”《尚書考霊曜》曰：“天地開闢，曜滿舒光，元歷紀名，月首甲子[3]。冬至，日月五星俱起牽牛初，日月若懸璧[4]，五星若編珠。”《尚書考霊曜》曰：“主冬者昴星，昬如中，則山人以断伐，具噐械矣，虞人可以入澤梁，收萑葦，以畜積田獵。”鄭玄曰：“梁，陵也。《周禮》曰‘柏席用萑’[5]也。”《尚書考霊曜》曰：“冬至日，日在牽牛一度有九十六分之五十七，求昬中者，取

---

① 於，尊本、内閣本作“方”，據古逸本、考證本改。

② 坎，尊本、内閣本作“欿”，據古逸本、考證本改。

③ 甲子，尊本、内閣本作“田子”，不辭，古逸本、考證本作“甲子”。今按，《太平御覽》卷七《天部七・瑞星》、卷二七《時序部二・歲》引《尚書考靈曜》并作“月首甲子”，據正。

④ 璧，尊本、内閣本作“壁”，古逸本、考證本作“璧”。今按，《太平御覽》卷七《天部七・瑞星》、卷二七《時序部二・歲》、《初學記》卷一《天部上・星》引《尚書考靈曜》并作“懸璧”，據正。然《太平御覽》卷二八《時序部一三・冬至》引《尚書考靈曜》作“懸壁”，文字訛誤。

⑤ 《周禮・春官・司几筵》：“凡喪事設葦席，右素几，其柏席用萑，黼純。”

六頃[①]，加三旁蚤順除之；求明中者，取六頃，加三旁蚤却除之。”鄭玄曰：“渾儀中繩，日道交相錯，既刻周天之度，又有星名焉。故慶日所在，當以興曰表，頃旁相准應也。短日畫[②]行十二，俱中正而[③]分之，左右六頃也，通六頃三旁得七十度四分之三百卅二[④]，此日昏明時，上當四表之列，與正南之中相去數也。蚤猶羅。昏中在日前，故言順數也；明中在日後，故言却也。”[⑤]《尚書考靈曜》曰：“仲冬一日，日出捡辰，入捡申[⑥]，奎星一度中而昏，五星七度[⑦]中而明。”《尚書考靈曜》曰：“短日出捡辰，行十二頃[⑧]，入捡申，行廿四頃。”鄭玄曰：“短日，冬至日也。冬至之日，日出入天正東西中之南卅度，天地又南六度，於四表凡卌度，左右各三頃，以減十八頃，日夜所行也。”《樂瞀曜嘉》曰：“周以十一月為正，息卦受復。法物之萌，其色尚赤，以夜半為朔。”宋均曰：“萌，物始萌生於黃泉也。凡物初生，多赤者也。”《春秋元命苞》曰：“冬至百八十日，春夏成道。”宋均曰：“冬至，陽用事，歷春至夏。百八十二日八分日之五，而用陽道成之也。”《春秋元命苞》曰：“壯於子，子者孳也。宋均曰：“番孳生物也。”律中黃鍾，黃鍾者始黃

---

① 頃，尊本、内閣本作“湏”，古逸本、考證本作“頃”。今按，《尚書考靈曜》記載“晝夜三十六頃”。參《七緯》注釋。下同。

② 晝，尊本、内閣本、古逸本、考證本均作“盡”，據下文引《尚書考靈曜》，當作“晝”。

③ 而，尊本、内閣本、古逸本作“南”，考證本據《文選注》校改作“而”，是。

④ 卅二，内閣本、古逸本、考證本作“三十二”。

⑤ 《文選》卷五六《石闕銘》注引《尚書考靈耀》曰：“冬至，日月在牽牛一度。求昏中者，取六項，加三旁蠡順除之。鄭玄曰：盡行十二項，中正而分之，左右各六項也。蠡，猶羅也。昏中在日前，故言順數也；明中在日後，故言卻也。”

⑥ 申，尊本、内閣本均誤作“甲”，據古逸本、考證本改。

⑦ 考證本據《五行大義》校改作“氐星九度中而明”。

⑧ 頃，尊本、内閣本作“傾”，古逸本、考證本作“頃”。楊劄曰：“《古微書》引作‘頭’。”

也。”始萌於黄泉中。《春秋元命苞》曰：“金，水母，為子候。《書》曰：‘日短星昴，以定仲冬。’”宋均曰：“母助子，故用事。而昴星中，作時候也。”《春秋元命苞》曰：“十一月，子執苻、精，類滋液，五行本苞，樞細萌緒，以立刑拊。”宋均曰：“言律應黄鍾，所含氣如是也。苻，信也，執信以行事也。精即水也。苞，苞胎，物之所出也。樞，本也。細，要也。緒，業也。本要萌生業，以立刑躰之拊，端自此。《詩》云‘常棣[①]之華，椁不韡韡’之也。”《春秋元命苞》曰：“周，倉[②]帝之子，以十一月為正法，陽氣始萌，色赤。”宋均曰：“物萌初於孳，申時皆赤者。”《春秋考異郵》曰：“日冬至，辰星升。”宋均曰：“着陽氣，扵是始升也。”《春秋漢含孳》曰：“冬陽用。”宋均曰：“用事也。”下有仲夏陰作，已在前也。《春秋佐助期》曰：“辰星効於仲冬，精自望。”宋均曰：“望猶得也。自郊於仲冬，故曰[③]得也。”《春秋説題辭》曰：“招昴星為仲冬，法四[④]星伐中。”宋均曰：“招為仲冬而昴星中，凡物成而不順其時色者，四星戊中之氣使之然。”《孝經援神𢝊》曰：“冬至陽氣萌。”《孝經援神𢝊》曰：“冬仲，昴星中，收莒芋、猴豆。稻田不作，農不起，男家作，女事枲，無空日，無游手。桌麻五槃，所以養人者也。”宋均曰：“莒，亦[⑤]芋，重言，通方言語也。

---

① 棣，尊本、内閣本作“掾”，據古逸本、考證本改。

② 倉，尊本、内閣本作“食”，古逸本作“赤”，考證本據《禮記疏》校改爲“蒼”。今按，《玉燭寶典》尊本多用“倉”字。

③ 曰，尊本、内閣本作“月”，據古逸本、考證本改。

④ 四，尊本、内閣本、考證本作“田”，古逸本作“四”，是。今按，下文注釋中各本均作“四星”，古逸本是，據正。

⑤ 亦，尊本、内閣本、古逸本作“赤”，考證本據《藝文類聚》引校改作“亦”，是。今按，《太平御覽》卷九七五《果部·芋》引《孝經援神契》曰：“仲冬。昴星中，收莒芋。”宋均注曰：“莒亦芋。”《藝文類聚》卷八七《菓部下·芋》引《孝經援神契》作“仲冬，昴星中，收莒芋，亦芋也”，當是將宋均注混入正文了。

家作野事，事畢入保也。枲，麻也，女有於事麻。”今案《説文》“齊人謂芌為莒，從（艸[①]）呂聲”者也。《孝經説》曰：“立八尺竿於中庭，日中度其日晷。冬至之日，日在牽牛之初，晷長丈三尺五寸，晷進退一寸，則日行進退千里。故冬至之日，日中北去周雒十三万五千里。”

《尒雅》曰：“十一月為辜[②]。”李巡曰：“十一月万物虛無，須陽任養，故曰辜，任也。”孫炎曰：“物幽閇蟄伏，如有罪辜。”《呂氏春秋》曰：“冬至，日行遠道，周行四極，命曰玄明天。”高誘曰：“遠道，外道也，故曰周行四極。玄明，大明也。”《呂氏春秋》曰：“冬至（後）五旬七日，昌（蒲）[③] 生。高誘曰：“昌蒲，水草也。冬至後五十七日而挺生之者也。”昌者，百草之先生者也。於是始耕。”傳曰“土發而耕”，此之謂也。

《尚書大傳》曰：“幽都弘山祀，貢兩伯之樂焉，鄭玄曰：“弘山，恒山。十有一月朔巡狩，祀幽都之炁於恒山也。互言之者，明祭此山，北稱幽都也。”冬伯之樂，舞《齊洛》[④]，冬[⑤]伯，冬官司空垂掌之。齊洛，終也，言象物之終也。齊或為聚也。歌曰《縵

---

① 艸，尊本、内閣本、古逸本脱，今從考證本據《説文》補。

② 辜，尊本、内閣本、古逸本作“事”，考證本據《爾雅》校改作“辜”。後面注文中“辜”字同。

③ 此句中，“後”“蒲”二字尊本、内閣本、古逸本均脱，考證本據《吕氏春秋》補，可從；考證本、古逸本校“昌”爲“菖”。今按，據下文高誘注釋，當有“後”“蒲”二字。

④ 洛，尊本、内閣本、古逸本同，考證本校改作“落”。楊劄曰：“今本‘洛’作‘落’。”

⑤ 冬，尊本、内閣本作“各”，據古逸本改。

緆》，論八音四會。”此上下有脱乱[①]，其説未聞也。《尚書大傳》曰：“周以至動，殷以萌，夏以牙。鄭玄曰：“謂三王之正也。至動，冬日至，始動之也。”物有三變，故正色有三，是故周人以日至為正，殷人以日至卅日為正，夏以日至六十日為正。天[②]有三統，土有三王。”《尚書大傳》曰：“周以仲冬為正，其貴微也。”《尚書大傳》：“天子將出，則撞黄鍾，右五鍾皆應。”鄭玄曰：“黄鍾在陽，陽氣動，而五鍾在陰，陰氣[③]静。君將行出，故以動告静，静者則皆和，此之謂之者。”之也。《史記·律書》曰：“黄鍾，言陽氣踵黄泉而出也。”《史記·律書》曰：“子者，滋也，言万物滋扵下也。”《史記·天官書》曰：“冬至短極，懸土炭，孟康曰：“懸土炭扵衡兩端，輕重適均。冬至日陽氣（至）則炭重，夏至（日[④]）陰氣至則土重也。”炭動，鹿解角，蘭根出[⑤]，泉躍。”《漢書·律曆志》曰：“黄鍾者，黄中之色，君之服也。鍾者種也，色

---

① 尊本在“此上下有脱乱”句後抄小字注文一段：“正月朔日得五十日者，民食遇足，不行五十日者減一升，此為食不足也，有餘曰不翅五十日也。日益一升者，言有餘，謂羊槩豊熟也。為其歲司，為此數日之歲司之候也。”此當是後文引《淮南子·天文訓》中的注釋。考尊本此處誤將本卷第十一、第十二紙的順序粘反。内閣本照抄尊本，誤同。古逸本亦有此類錯簡，只是將這段注文移到正確位置，并在“此上下有脱乱”後緊接“其説未聞”四字。考證本校云：“舊‘其説上’錯‘正月朔日’至正文‘萬物白虎’，凡一頁，今移正。”楊劄曰：“此後引《淮南子·天文訓》注文，誤置於此。此段出《淮南·天文訓》，而此稍詳。”今參考考證本并據文意校正。

② 天，尊本、内閣本、古逸本作“火”，今從考證本據《尚書大傳》改。

③ 尊本、内閣本、古逸本作“五”，考證本據《尚書大傳》校改作“氣”，是。

④ 至、日，尊本、内閣本、古逸本均脱，考證本補入，是。今按，《史記·天官書》裴駰集解引孟康注，《太平御覽》卷二八《時序部十三·冬至》引《史記·天官書》孟康注均有此二字，當補。

⑤ 尊本、内閣本作“鹿解蘭角根々出”，古逸本作“鹿解角蘭根々出”。今按，《史記·天官書》作：“鹿解角，蘭根出。”考證本據《史記》乙正“角蘭”，并删一“根”字，今從之。

上黄，五色黄盛焉，故陽氣施種於黄泉，孳萌万物，為六氣（元也[①]）。”

《淮南子・天文》曰：“以日冬至數來歲正月朔日，五十日者，民食足；不滿五十日，日減一升；有餘，日益一升，為其歲司。”高誘曰：“言從今年至日數日訖明年[②]正月朔日，得五十日者，民食過足；不行五十日者減一升，此為食不足也；有餘日不翅五十日也，日益一升者，言有餘，謂年棃豊孰也。為其歲司，為此數日之歲司。司，候也。”《淮南子・天文》曰：“日冬至，則斗北中繩，陰氣極，陽氣萌，故曰冬至為德。陰氣極，則下至黄泉，（北至）北極[③]，故不可以鑿地穿井，万物閇藏，蟄虫首穴。”又曰：“冬至，則井水盛，盆水溢，羊乳，古解字。許慎曰：“羊脱毛也。”麋角解，鵲始架巢。八尺之柱脩，日中而景長丈三尺。”又曰：“十一月冬至，（人）氣鍾[④]首。”陽氣動，故人頭鍾之也。《淮南子・天文》曰：“黄者，土德之色；鍾，氣者之所鍾也。日冬至德為氣土，土色黄，故曰黄鍾。”《淮南子・時則》曰：“仲冬之月，招摇指子。十一月官都尉，其樹棗。”高誘曰：“冬成軍師，故官都尉也。棗，取其赤。”

《京房占》曰：“冬至，坎王[⑤]，廣莫風用事，人君當行大刑、

① 元也，尊本、内閣本、古逸本脱，考證本據《漢書・律曆志》補，今從之。

② 從“其説未聞也”至“訖明年”爲尊本錯簡的一紙内容。訖，尊本、内閣本文字作“訥”，據文意改。

③ 尊本、内閣本、古逸本原作“下至黄泉北極”，《淮南子・天文訓》作“北至北極，下至黄泉”，考證本據此增補，今只補“北至”二字。

④ 鍾，尊本、内閣本、古逸本作“種”，考證本據《淮南子・天文訓》校改作“鍾”，并補“人”字，今從考證本校補。

⑤ 王，尊本、内閣本、古逸本作“壬”，考證本校改作“王”。今按，《太平御覽》卷二六《時序部十一・冬上》引《京房易》曰：“冬至，坎王，廣莫風用事，人君決大刑、斷獄訟，繕官殿。”據改。

断獄（訟[①]），繕官殿、封食庫，在北方。"揚雄《（太）玄經》曰[②]："調律者，度竹為管，蘆莩為灰，列之九閈之中，漠然無動，寂然無聲，微風不起，纖塵不刑。冬至夜半，黄鍾以應。"《白虎通》曰："十一月律謂之黄鍾何？（黄[③]）者，中央之色；鍾者，動種也，言陽氣動扵黄泉之下，種養萬物。"《白虎[④]通》曰："冬至陽氣始起，反大寒何？陰氣推而上[⑤]，故大寒。"《白虎通》曰："冬至前後，君子安身静體，百官絶事，不聽政。擇吉辰而後省事。絶事之日，夜漏未盡五刻，京都百官皆衣皁，聽事之日，百官皆衣絳[⑥]。"

崔[⑦]寔《四民月令》曰："十一月冬至之日，薦黍羔[⑧]，先薦玄冥于井，以及祖祢，齊饌掃滌如薦黍豚，其進酒尊長，及脩謁剌賀

---

① 訟，尊本、内閣本、古逸本、考證本無，據《太平御覽》卷二六《時序部十一·冬上》引《京房易》補。

② 揚雄太玄經曰，尊本、内閣本、古逸本作"楊雒玄為日"。但尊本先寫"雄"字，後在其旁寫小字"雒"。按，《北堂書鈔》卷一五六《冬至篇》、《太平御覽》卷二八《時序部十三·冬至》均載此段，謂出自《太玄經》。故據文意校補。

③ 黄，尊本、内閣本無，古逸本校"黄"爲"何"字。今據《白虎通》卷四《五行》補"黄"字。

④ 從"正月朔日"至"白虎"爲尊本錯簡的另一紙内容。

⑤ 推而上，尊本、内閣本作"推上而"，古逸本、考證本校改爲"推而上"。今按，《白虎通》卷五《誅伐》、《太平御覽》卷二八《時序部十三·冬至》引《白虎通》均作"陰氣推而上"。

⑥ 絳，尊本、内閣本、古逸本、考證本均作"紵"。據文意，此處當爲表示顔色的詞。《太平御覽》卷二八《時序部十三·冬至》引《續漢書·禮儀志》曰："冬至前後，君子安身静體，百官絶事，不聽政。擇吉辰而後省事。絶之日，夜漏未盡五刻，京都百官衣皂，聽事之日，百官皆衣絳。"絳爲赤色，據改。

⑦ 崔，尊本、内閣本誤作"雀"，據古逸本、考證本正。

⑧ 羔，尊本、内閣本作"羊"，古逸本、考證本校改爲"羔"。今按，《初學記》卷四《歲時部下·冬至》、《太平御覽》卷二八《時序部十三·冬至》并引《四民月令》作"羔"，據改。

君師耆老，如正日[①]。是月也，陰陽争，血氣散。先後日至各五日，寢别外内。研水凍，命㓜童讀《孝經》《論語》、篇章、小學，乃以漸饌黍稷稻粱，諸供臈祀之具。可釀醢[②]，伐竹木。買白犬[③]養之，供以祖祢[④]。糴秔稻、粟、大[⑤]小豆、麻子。”

附説曰：

十一月建子，周之正[⑥]月，律當（黄[⑦]）鍾，其管㝡長，為萬物之始，故至莭有“履長”之賀，諸書傳記并近代家儀論之詳矣。

---

① 日，尊本、内閣本、古逸本作“月”，考證本校改爲“日”。今按，《玉燭寶典》卷一二引《四民月令》曰：“其進酒尊長，及脩刺賀君師耆老，如正日。”《初學記》卷四《歲時部下·冬至》引《四民月令》作“日”，《太平御覽》卷二八《時序部十三·冬至》引《四民月令》作“旦”。據《玉燭寶典》《初學記》引校改。

② 醢，尊本、内閣本、考證本同，古逸本校改爲“醢”。

③ 犬，尊本作“大”，據内閣本、古逸本正。今按，《太平御覽》卷二八《時序部十三·冬至》引《四民月令》正作“白犬”。

④ 祢，尊本、内閣本作“祀”，古逸本、考證本校改作“祢”。今按，《太平御覽》卷二八《時序部十三·冬至》引《四民月令》正作“祖祢”，據改。

⑤ 大，尊本、内閣本作“木”，古逸本、考證本作“米”。今按，石聲漢《四民月令校注》分析道：“（甲）上月也有‘糴粟，大、小豆、麻子’；二月、五月、七月，又‘糴大、小豆’，這個月不應止糴小豆；（乙）崔寔書中，未見單稱的‘米’字，而且，本月既‘糴秔稻、粟’，不會再買不易保藏的‘米’。”石氏分析極爲有理。此據《四民月令校注》校改。

⑥ 正，尊本、内閣本作“五”，今從古逸本、考證本改。今按，《初學記》卷四《歲時部下·冬至》、《太平御覽》卷二八《時序部十三·冬至》并引《玉燭寶典》曰：“十一月建子，周之正月。冬至日極南，影極長，陰陽日月萬物之始，律當黄鍾，其管最長，故有‘履長’之賀。”

⑦ 黄，尊本、内閣本無，古逸本有，據《初學記》卷四《歲時部下·冬至》、《太平御覽》卷二八《時序部十三·冬至》引《玉燭寶典》補。

陳思王《冬（至）獻絉[①]表》云："拜表奉賀并白紋履七量，絉百[②]副。"案《詩·齊風》云"葛屨[③]五兩"，《字訓》云："世人履及屨[④]屬皆云一量，余謂應為兩，義同車轂。"崔駰《韈銘》云："機衡建子，万物含滋，黄鍾育化，以養元基[⑤]。"《字菀》曰："韈，足衣，亡伐反[⑥]。"並其[⑦]事也。魏北[⑧]京司徒崔浩《女儀》云："近古婦常以冬至日進履、袜於舅[⑨]姑。"今世不服履，當進鞾，鞾名履類，踐長之義也。皆有文詞，祈永年，除凶殃。鞾文曰："履端踐長，陽從下遷，利見大人，嚮兹永年。"《蒼頡篇》云："履上大者曰鞾。"《釋名》云："鞾，跨騎也，胡内所名。"魏武《与楊彪

---

① 絉，尊本、内閣本、古逸本作"絑"。今按，《太平御覽》卷二八《時序部十三·冬至》引作曹植《冬至獻襪頌表》。考襪有異體字作"絉"，如《後漢·禮儀志》有"絳袴絉"，《淮南子·説林訓》云："鈞之縞也。一端以爲冠，一端以爲絉。冠則戴致之，絉則躧履之。"據文意改，并補"至"字。下文"絉"字同。

② 百，尊本、内閣本、考證本作"自"，古逸本作"百"。今按，《初學記》卷四《歲時部下·冬至》、《太平御覽》卷二八《時序部十三·冬至》引曹植《冬至獻襪頌表》均作"襪若干副"，然《太平御覽》卷六九七《服章部十四·襪》引曹植《賀冬表》作"襪百副"，此據後引校正。

③ 屨，尊本、内閣本作"膢"，據古逸本、考證本改。按，"葛屨五兩"，語出《詩經·齊風·南山》。

④ 屨，尊本、内閣本、考證本作"履"，"履及履"文意不通，據古逸本改。

⑤ 基，尊本、内閣本作"其"，古逸本、考證本校改作"基"。今按，《藝文類聚》卷七〇《服飾部下·襪》引崔駰《韈銘》作"基"，據改。

⑥ 伐，尊本、内閣本作"代"，尊本、考證本校改作"伐"。今按，《太平御覽》卷二八《時序部十三·冬至》有"襪一作袜，並亡伐反"。《左傳·哀二十五年》："褚師聲子韈而登席。"陸德明《經典釋文》卷二〇："韈，亡伐反，足衣也。"《玉篇·革部》："韈，亡伐切。"據改。

⑦ 其，尊本、内閣本作"具"，據古逸本、考證本改。

⑧ 北，尊本、内閣本作"壯"，古逸本、考證本校改爲"北"。今按，《初學記》卷四《歲時部下·冬至》、《太平御覽》卷二八《時序部十三·冬至》引并作"後魏北京司徒崔浩《女儀》"，據改。

⑨ 舅，尊本、内閣本作"男"，據古逸本、考證本改。今按，《太平御覽》卷二八《時序部十三·冬至》引崔浩《女儀》作"近古婦以冬至日進履袜於舅姑"。

書》曰：“今遺[①]足下貴室織成韡一量，使其束脩。”又案《急就章》云：“褐袜巾。”衣旁作（末[②]），与崔氏《儀》同，舊書作“幭”或“絉”者，蓋今古字異也。

《荊楚記》云：“冬至日作赤豆粥，説者云共工氏不才子以冬（至[③]）日死，為人厲，畏赤豆，故作粥以禳之。”《風土記》則云：“天正日南，黄鍾踐長，粥饘萌徵。”注云：“黄鍾始動，陽萌地内，日長律之始也。是日俗尚以赤豆為糜[④]，所以象色也。”南方多呼粥為糜，猶是一義。北土貧家[⑤]在冬殆是常食，非必禳災。

又采經霜蕪菁、葵等雜菜以乾之。《詩·邶風》云：“我有旨蓄，以亦御冬。”毛傳云[⑥]：“旨，美；御，禦。”鄭牋云：“聚美菜者，以禦冬日乏[⑦]無之時。”馬融《与謝伯向書[⑧]》乃云：“黄粿下蒐，雜乾葵[⑨]，以送餘日。”又塩蔵蘘荷，為一冬儲偫，亦云防以蛊，《急就》則云“老菁蘘荷冬日蔵”。崔寔《月令》此事在九月，今在仲冬者，盖南土晚寒。干寶云：“外姉夫蔣士先得疾，下血，

---

① 遺，尊本、内閣本、古逸本、考證本作“遣”，誤。今按，曹操《與楊彪書》中言“贈足下”“並遺足下貴室”，贈、遺義同，據改。

② 末，尊本、内閣本脱，古逸本、考證本補人，今從之。

③ 至，尊本、内閣本、古逸本脱，考證本據《初學記》引補。今按，《初學記》卷四《歲時部下·冬至》、《太平御覽》卷二八《時序部十三·冬至》引《荊楚歲時記》并作“以冬至日死”，據補。

④ 糜，尊本、内閣本作“麋”，古逸本作“麋”，考證本校改作“糜”。

⑤ 貧家，尊本、内閣本、考證本作“員家”，據古逸本改。

⑥ 尊本、内閣本、古逸本“云”前有“曰”字，衍文，考證本删。今按，《玉燭寶典》各卷附説部分引文常用“云”字。

⑦ 乏，尊本、内閣本、古逸本作“之”，今從考證本據《毛詩故訓傳》校改。

⑧ 楊劄曰：“《藝文》引‘向’作‘世’。”

⑨ 葵，尊本、内閣本、考證本作“蔡”，古逸本作“葵”。今按，《藝文類聚》卷九一《鳥部中·鷹》、《太平御覽》卷九二六《羽族部一三·鷹》引馬融《與謝伯世書》：“黄棘下蒐，芼以乾葵。以送餘日，兹樂而已。”據改。

以為中蠱，密以蘘荷置於其席下，忽咲曰：‘蠱食我者，張小也。’乃收小，小走。”《周禮》治毒用[①]嘉草，其蘘荷乎？案《秋官》“庶氏掌除毒蠱，以嘉草攻之。”注云：“嘉草，藥物，其狀未聞。”不名蘘荷為嘉草[②]。《本草經》云：“白蘘荷主[③]治中蠱及瘧。”注云：“今人乃呼赤者為蘘荷，白者為覆首，葉同一種耳。於食之，赤者為勝；藥用，白者。”《離騷·大招》云：“醢豚[④]苦狗，膾苴蓴。”注云：“苴蓴，蘘荷也。言香以蘘荷，俻衆味也。”苴音子余反，蓴音上均反。忽無嘉草之名，（未[⑤]）知所攄。北方無此菜，皆攄南土[⑥]也。家家並為鹹菹，有得其和者，作金釵色。菹之供饌，自古有之。《周官》有昌本、菁菹、芹菹、芥菹、深[⑦]蒲菹、苔菹、筍菹等，《春秋傳》“周公閱來聘[⑧]，饗有昌歜”，注云“昌歜，昌本之菹”，《吕氏春秋》“文王好食昌菹，孔子蹙頞而食之”，高誘注云：“昌本菹也。”今以經冬，故須加鹹味，雷時稍暖，恐壞，故棄所餘。

《白澤圖》云“雷精名攝提，雷則呼之”，盖其意也。《離騷·招魂》云：“西方之害，流沙千里，旋入雷淵。”注云：“雷公室

---

① 用，尊本、内閣本、古逸本、考證本均作“周”，據文意校改。

② 嘉草，尊本、内閣本作“草嘉”，據古逸本、考證本乙正。

③ 主，尊本、内閣本作“王”，據古逸本、考證本改。

④ 豚，尊本、内閣本誤作“勝”，今從古逸本、考證本據《楚辭》改。

⑤ 未，尊本、内閣本、考證本無，文意不通；據古逸本補。

⑥ 皆攄南土，尊本、内閣本作“背攄南上”，考證本作“背攄布上”，不辭，據古逸本改。楊曶曰：“‘布上’疑‘南土’之誤。”

⑦ 深，尊本、内閣本作“染”，今從古逸本、考證本據《周禮·天官·醢人》校改。

⑧ 聘，尊本、内閣本作“躬”，古逸本、考證本校改作“聘”。今按，《左傳·僖公三十年》：“冬，王使周公閱來聘，饗有昌歜、白黑、形鹽。”杜預注：“昌歜，昌蒲菹。”據改。

也[①]，乃在西方。"《漢書》云"布鼓過雷門者"，為此諭耳，不論其處。《詩·邵南》"殷其雷，在南山之陽"，毛傳云："山南曰陽。雷出地奮，震驚百里。"鄺炎《對事》云："問者曰：'古者帝王封建諸侯皆云百里，取象拎雷，何取乎?'炎曰：'《易》震為雷，冬為諸侯，雷震驚百里，故取象焉。'問者曰：'何[②]以知為百里?'炎曰：'以其數知之。夫陽動為九，其數卅六；陰静為八，其數卅二。震一陽動二陰，故曰百里。'"《詩》下章乃云"在南山之側"，毛傳云"或在其陰，与其左右"；又云"在南山之下"，毛傳云"或在其下"，鄭牋云"下謂山足"。此之發聲，便無定所，其雷渕者，當據本室。王充《論衡》[③] 云："畫工圖雷之狀，壘壘如連鼓之刑。又圖一人，若力士，謂之雷公，左手引鼓，右手推槌，以為雷。雷者，大[④]陽之擊氣也。陰陽分爭則激射，激射為毒，中人輙死。夫雷，火也，火氣燎人，狀似文字，謂天書其過，此虛也。"

玉燭寶典卷苐十一　十一月[⑤]

① 楊劄曰："今《楚詞》王注云：'淵，室也。'此隱括王注之文。"

② 曰何，尊本、内閣本作"何曰"，據古逸本改。

③ 此段乃節引王充《論衡·雷虛篇》。

④ 大，内閣本、古逸本、考證本作"太"。

⑤ 内閣本、古逸本、考證本無"十一月"三字。

玉燭寶典卷第十二①

十二月季冬第十二②

《禮・月令》曰："季冬之月，日在婺③女，昏婁中，旦氐中。鄭玄曰："季冬者，日月會於玄枵，而斗建丑④之辰。"律中大吕。季冬氣至則大吕之律應。高誘曰："万物萌動於黄泉，未能達見，所以吕掾去陰即陽，助其成功，故曰大吕也。"鴈北向，鵲始巢，雉雊，鷄乳。雊，雉⑤鳴也。《詩》云"雉之朝雊，尚求其雌"也。

① 尊本卷首紙背作"寳典第十二"，此據内閣本、古逸本、考證本。

② 尊本、内閣本無"第十二"三字，據古逸本、考證本補。又，本卷中"月"字尊本、内閣本作"[illegible]"，古逸本作"[illegible]"。有説此字爲武周新字之一，但據文獻記載，武則天先後兩次制"月"字，分别作"[illegible]""𠥱"形，與此處亦有差異。文中徑録作"月"，下同。

③ 婺，尊本、内閣本、古逸本作"務"，當是"務"的異體字；考證本校改作"婺"。

④ 丑，尊本、内閣本作"刄"，據古逸本、考證本改。下同。今按，"丑"有俗字作"丒"。

⑤ 雉，尊本、内閣本作"雄"，據古逸本、考證本改。

《淮南子·時則》云："鵲加巢，鷄呼卵。"高誘云："鷄呼鳴，求卵也。"顧氏問："雞生伏無時，記扵此，何也?"庾蔚之曰："雞生乳雖無時，蓋名言其所宜之盛也。"此乃顧、庾二君並未進雞體己[①]間，雞至九月後便不復乳，故俗稱下雏，十二月方呼卵，俗謂之歌子，入春始生也。天子居玄堂右个。玄堂右个，北[②]堂東偏也。命有司大難，旁磔，出土牛，以送寒氣。此難，難陰氣也。難陰氣始扵此者，陰氣右行，此月之中日歷虚、危，有墳墓四司[③]之氣，氣為厲鬼，將隨強陰出害人也。旁磔扵四方之門。磔，攘也，出猶作。土牛者，丑為牛，牛可牽止者也。送猶畢也。征鳥厲疾。煞氣當極也。征鳥，題肩，齊人謂之擊征，或名鷹[④]，仲春化為鳩也。乃畢山川之祀，及帝之大臣、天之神祇。四時之功成扵冬，孟月祭其宗，至此可以祭其佐也。帝之大臣，勾芒之屬也；天[⑤]之神祇，司中、(司[⑥]) 命、風師、雨師是也。命漁師始漁，天子親往，乃嘗魚，先薦[⑦]寢廟。天子必親往視漁[⑧]，明漁非常事[⑨]，重之也。此時魚絜美也。顧氏問："《王制》云：'獺祭魚，然後虞人入澤梁'，

---

① 己，尊本作"𠃋"，内閣本、古逸本作"己"，考證本作"亡"。此字疑有訛。

② 北，尊本、内閣本作"比"，據古逸本、考證本改。

③ 司，尊本、内閣本作"同"，古逸本、考證本校改作"司"。今按，《禮記·月令》鄭玄注正作"司"，據正。

④ 鷹，尊本、内閣本作"膺"，據古逸本、考證本改。按，《禮記·月令》鄭玄注正作"鷹"。

⑤ 天，尊本、内閣本、古逸本作"𠑺"，乃武周所製新字，同"天"。文中徑録作"天"，下同。

⑥ 司，尊本、内閣本脱，今從古逸本、考證本據《禮記·月令》鄭玄注補。

⑦ 薦，尊本、内閣本作"廌"，據古逸本、考證本改。

⑧ 親往視漁，尊本、内閣本作"往親漁"，古逸本校作"親往視漁"，考證本校改作"徃親視漁"。今按，《禮記·月令》鄭玄注作"親往視漁"，據改。

⑨ 事，尊本、内閣本作"力"，古逸本、考證本作"事"。按，《禮記·月令》鄭玄注正作"事"，據正。下文"農事將起""計耦耕事"之"事"字同。

此月始漁何也？既此月始漁，孟冬便命水虞、漁師收水衆池澤之賦乎？”庾蔚之曰：“此月漁始美，故可以始漁。孟春轉勝而多，故獺祭之。孟冬收賦者，謂今將復漁，去年之賦宜收入[①]之。《王制》不同記者，所聞之異也。”冰方盛，水澤複[②]堅，命取冰。複，厚也。此月，日在北陸，氷堅厚之時也。北陸謂虛也。今《月令[③]》無“堅”也。冰已入，令告民出五種，冰既入而令田官告民出（五[④]）種，明大寒氣過，農事將起也。命農計耦[⑤]耕事、脩耒耜、具田器。耜者，耒之金也，廣五寸。田器，茲箕[⑥]之屬也。命樂師大合吹而罷。歲將終，与族人大飲作樂於太寢，以綴恩也。言罷者，此用禮樂於族人寂盛，後季若時乃復然也。凡用樂必有禮，而禮有不用樂者。《王居明堂禮》：“季冬令国為酒，以合三族，君子悅，小人樂也。”乃命四監收秩薪柴，以供郊廟及百祀之新燎。四監，主山川林澤之官也。大者可析謂之薪，小者合束謂之柴。薪施炊[⑦]爨，柴以給燎。今《月令》無“及百祀之薪燎”也。日窮于

① 入，尊本、内閣本作“人”，據古逸本、考證本改。

② 今本《月令》作“腹”。陸德明《經典釋文·禮記音義》曰：“腹本又作複。”楊劄曰：“服作複，與《呂氏春秋》合。”

③ 令，尊本、古逸本作“今”，據古逸本、考證本改。

④ 五，尊本、内閣本、古逸本脱，考證本據《禮記·月令》鄭玄注補“五”字。今按，據上文當補“五”字。

⑤ 耦，尊本、内閣本、古逸本作“藕”，考證本作“耦”。今按，《禮記·月令》作“耦”，據正。

⑥ 楊劄曰：“今本作‘鎡錤’。”

⑦ 炊，尊本、内閣本作“灼”，今從古逸本、考證本據《禮記·月令》鄭玄注校改。

次，月窮于紀，星[1]廻于天，數將幾終。言日月星辰運行，至[2]此月皆周匝於故處也。次，舍也；紀，猶會也。歲且更始，専而農民，毋有所使。而猶女也，言專壹女農民之心，令人豫有志於耕稼之事，不可繇[3]役。繇役之，則志（散[4]）失葉也。天子乃與（公[5]）卿大夫共飾国典，論時令以待來歲之宜。飭[6]国典者，和六典之法也。周礼以正月為之，建寅而縣之，今用此月，則所曰捡夏殷也。乃命太史次諸侯之列，賦之犧牲，以供皇天、上帝、社稷之享，此所与諸侯共者也。列謂国大小[7]也，賦之犧牲，大者出多，少者出少。享，獻。乃命同姓之邦，共寢廟之芻豢。此所与同姓共者也。蒭豢，猶犧牲也。命宰歷卿大夫，至[8]捡庶民土田之數，而賦之犧牲，以供山林名川之祀。此所[9]与卿大夫、庶民共者也。

---

① 此句，尊本、内閣本中，日、月、星分别作[illegible]、[illegible]、[illegible]。星，古逸本校作“〇”。下同。楊剳曰：“‘星’作‘口’者，恐原本必作‘〇’，象形。”今按，武周新字中，星作“〇”，然尊本下文中又作“[illegible]”，今徑録作“星”。

② 至，尊本、内閣本作“主”，古逸本、考證本校改作“至”。楊剳曰：“‘至’，今本作‘于’，非。”

③ 繇，尊本、内閣本作“絲”，古逸本、考證本作“傜”。今按，據字形作“繇”是。

④ 散，尊本、内閣本、古逸本脱，今從考證本據《禮記·月令》鄭玄注補。

⑤ 公，尊本、内閣本、古逸本脱，今從考證本據《禮記·月令》正文補。

⑥ 飭，尊本、内閣本作“勅”，古逸本、考證本校改作“飭”。今按，《禮記·月令》正文及鄭玄注皆作“飭”。

⑦ 国，尊本此字殘存外圍筆畫“[illegible]”，内閣本、古逸本空一字；考證本補“國有”二字，校云：“注疏本無‘謂’字，《考文》引古本同此，足利本作‘列國謂大小也’。”楊剳曰：“今本作‘列國有大小’，本古本作‘列國謂大小也’，皆非。”今按，《禮記·月令》鄭玄注作“列，國有大小也”。考尊本本卷中“國”字多寫作“国”形，故補“国”字。

⑧ 至，尊本、内閣本、古逸本作“主”，考證本校改作“至”。今按，《禮記·月令》正文作“至”，據改。

⑨ 所，尊本、内閣本、古逸本作“數”，考證本校改作“所”。今按，《禮記·月令》鄭玄注作“所”，又考前文郑玄注文例，皆作“此所與……共者也”，據改。

歷猶次也。卿大夫采[1]埊名有大小，其非采埊，以其邑之民多少賦之也。凡在天下九州之民者，無不咸獻其力以供皇天上帝、社稷寢廟、山林名川之祀。民非神之福不生也，雖其有封国采埊，此賦要由民出也。今案《説文[2]》曰：“堯遭洪水，民居水中高土，故曰九州。州，疇其土而王[3]之也。”黄義仲《記》[4]曰：“堯[5]遭洪水，唯九鎮不没，黔首[6]附焉，因号曰九州。州者周也，言水中積土可居，而水周其表，故言州也。”《風俗通》[7]曰：“《周禮》‘五黨為州’。州有長，使之相周足[8]也，字從重川。堯遭洪水，居水中高土曰州。”《釋名》曰：“州，注也，郡國所注仰。”季冬行秋令，則白露蚤降，介虫為妖，戊之氣乘之也。九月初尚有白露，月中乃為霜。丑為鼈蟹。四鄙入保。畏兵避寒之象也。行春令，則胎夭多傷，辰之氣乘之。夭[9]，少長者也。此月物甫萌牙，季春乃區者畢出，萌者盡達。夭多傷者，生氣蚤至，不充其性也。國多固

---

① 采，尊本、内閣本、古逸本誤作“菜”，今從考證本據《禮記·月令》鄭玄注改。下同。今按，采地，乃古代卿大夫的封地，又作“采邑”。

② 案説文，尊本、内閣本作“説案文”，不辭；古逸本、考證本校作“案説文”，是。今按，《説文·水部》：“昔堯遭洪水，民居水中高土，或曰九州。《詩》曰‘在河之州’。一曰：州，疇也，各疇其土而生之。”

③ 而王，尊本、内閣本作“西王”，古逸本、考證本校改作“而主”。通行本《説文·水部》作“而生”。今只改“而”字。

④ 考證本校語：“黄義仲有《十三州記》，《水經注》引之，此蓋其書也。”

⑤ 堯，尊本、内閣本作“遶”，涉下而誤，據古逸本、考證本改。

⑥ 黔首，尊本、内閣本、考證本作“點首”，不辭，據古逸本改。

⑦ 楊劄曰：“今《風俗通》脱此文，此見《御覽》百五十七。”

⑧ 尊本、内閣本作“州有長相之桐周足也”，文意不通；古逸本、考證本校改作“州有長使之相周足也”。今按，《藝文類聚》卷六《州部》、《太平御覽》卷一五七《州郡部三》引《風俗通》曰：“州有長，使之相周足也。”據改。

⑨ 夭，尊本、内閣本、古逸本作“夭”，據考證本改。注文中“夭多傷者”同。

疾，生不充性，有多疾[①]也。命之曰逆。衆害[②]莫大於此。行夏令，則水潦敗國，時雪不降，冰凍消澤。”未之氣乘之也。季夏大（雨[③]）時行也。

蔡雍《季冬章句》曰：“今[④]曆季冬大雪莭日在女二度，昬明中星，去日八十三度，婁六度半中而昬，氐[⑤]七度中而明。‘雉雊’，鳴也。是月升陽起於塟之中，雷動而未聞扵人，雉性情剻，故獨知之，應而鳴也。‘天子居玄堂右个。’右个，丑上之[⑥]堂。‘九州之民。’周之九州，東南曰楊州，正南曰荊州，河南曰豫州，正[⑦]東曰青州，河東曰兖州，正西曰雍州，東北曰幽（州[⑧]），河内曰冀州，西北曰并州。唐虞有徐、梁而無幽、并，漢有司、益而無雍、梁。”

右《章句》為釋《月令》。

《詩・豳風》曰：“二之日栗烈，無衣無褐，何以卆歲。”《毛詩傳》曰：“二之日，殷之正月。栗列，寒氣。”鄭牋云：“褐，毛布；卆，終。人之貴者无衣，賤者无褐，將何以終其歲乎?”又曰“二之日其同，載[⑨]纉武功，言私其豵，獻豣于公”，纉，继；功，事。

---

① 楊矟曰：“‘多’今本作‘久’。”

② 害，尊本、内閣本作“𡧯”，古逸本作“言”，考證本據《禮記・月令》鄭玄注校改作“害”，是。

③ 雨，尊本、内閣本脱。今從古逸本、考證本據《禮記・月令》鄭玄注補。

④ 今，尊本、内閣本、古逸本作“令”，考證本作“今”。今按，據各卷引蔡邕《月令章句》文例，當作“今”。

⑤ 氐，尊本、内閣本、古逸本作“忥”，考證本校改作“氐”，是。

⑥ 上之，尊本、内閣本作“之上”，今從古逸本、考證本乙正。

⑦ 尊本、内閣本“州正”二字互倒，據古逸本、考證本乙正。

⑧ 州，尊本、内閣本脱，據古逸本、考證本補。

⑨ 載，尊本、内閣本作“戴”，據古逸本、考證本改。

（豕[1]）一歲曰豵，三歲曰豜，大獸公之，小獸私之。牋云："其同者，君臣及民曰習兵，俱出田。不用仲冬，夂豳土[2]晚寒。豕生三曰豵也。""二之曰鑿冰沖沖。"氷[3]盛水腹，則令取氷于山林。沖沖，鑿冰之意也。《詩·周頌》[4]曰："潛，季冬廌魚，春獻鮪也。"毛傳[5]曰："冬魚之性[6]定，春鮪新來，廌獻之者，謂祭於宗廟。"

《周官·天官下》曰："淩人掌冰。鄭玄曰："淩，氷室。"正歲十二月[7]冰方盛時。令斬冰，三其淩。"三之者，為消釋度。杜子春云："三其淩，（三）倍[8]其氷。"《周官·春官上》曰："天府掌季冬陳玉[9]，以貞來歲之美惡。"鄭玄曰："問事之正曰貞，問歲美惡謂問於龜。（陳玉[10]，）陳禮神之[11]玉也。"《周官·春官下》曰："占夢掌季冬聘王夢，獻吉[12]夢于王，王拜受之。"鄭玄曰："聘，

---

① 豕，尊本、内閣本脱，今從古逸本、考證本據《毛詩故訓傳》補。

② 土，尊本、内閣本作"生"，古逸本作"土"，考證本校改作"地"。今按，《毛詩故訓傳》作"豳地"，然從字形考慮，此處原作"土"才會形近致誤。

③ 氷盛水腹，尊本、内閣本作"水盛水腹"，古逸本作"水盛腹"，據考證本改。

④ 詩周頌，尊本、内閣本作"周詩頌"，據古逸本改。考證本脱。

⑤ 傳，尊本此處空一字，内閣本、古逸本作"詩"。今按，後面注釋，乃是《毛詩故訓傳》中《潛》詩的小序，認作《毛詩》不確。據文意改。

⑥ 性，尊本、内閣本作"牲"，據古逸本、考證本改。今按，《詩經·周頌·潛》毛傳正作"性"。

⑦ 考證本校云："月作'囝'，蓋武后制字，'月'字形近而訛，引書中往往用武后字也。"

⑧ 三倍其氷，尊本、内閣本只作"信其水"，古逸本、考證本校改作"三倍其氷"，是。今按，《周禮·天官·凌人》鄭玄注作"三其淩，三倍其冰"。

⑨ 玉，尊本、内閣本作"王"，據古逸本、考證本改。

⑩ 陳玉，尊本、内閣本、古逸本脱，今從考證本據《周禮·春官·天府》鄭玄注校補。

⑪ 尊本、内閣本此段"貞""之"空，古逸本補全，據古逸本改。按，《周禮·春官·天府》鄭玄注作"陳玉，陳禮神之玉"。據古逸本校補。

⑫ 吉，尊本、内閣本作"告"，古逸本、考證本校改作"吉"，是。

問。夢者，事之祥，吉凶之占，在日月星[1]辰。季冬數將幾終，扵是發弊而問焉，若休慶[2]云尒。国獻羣臣之吉夢扵王，歸美焉。”《周官·夏官上》曰：“羅氏掌羅烏鳥，蜡則作羅襦。”鄭司農云：“蜡謂十二月大祭万[3]物。襦，細密之羅也。”《禮記·郊特牲》曰：“天子大蜡則八，鄭玄曰：“所祭有八神也。”伊耆氏始為蜡。伊耆氏，古天子號也。蜡也者，索也。謂求索也。歲十二月，而合聚万物而索饗之。”歲十二月，周之數，謂建亥之月。饗者，祭[4]其神。《韓詩章句》曰：“二之日栗烈，夏之十二月也。”

《周書·時訓》曰：“小寒之日，鴈北鄉；又五日，鵲始巢；又五日，雉始雊。鴈不北鄉，民不懷主；鵲不始巢，國不寧；雉不始雊，國乃大水。大寒之日，雞[5]始乳；又五日，鷙鳥厲疾；又五日，水澤腹䵺堅。雞不始乳，淫女乱男；鷙鳥不厲，國不除兵；水澤不腹（堅[6]），言乃不從。”《周書·周月解》曰：“夏數得天[7]，百王所同，其在商湯[8]，用師于夏，順天革命，改夏正朔，變服殊

———

① 星，尊本作“[illegible]”、内閣本、古逸本作“以”，今從考證本據《周禮·春官·占夢》鄭玄注校改。

② 慶，尊本、内閣本、古逸本作“度”，今從考證本據《周禮·春官·占夢》鄭玄注校改。

③ 万，尊本残存上部“一”，内閣本空一字，古逸本作“万”。今按，《周禮·夏官·羅氏》鄭衆注作“大祭萬物”。考尊本此卷多作“万”，故據古逸本正。

④ 祭，尊本、内閣本作“終”，古逸本、考證本校改作“祭”。今按，今本《禮記·郊特牲》鄭玄注、《太平御覽》卷三三《時序部十八·臘》引《禮記·郊特牲》鄭玄注均作“祭”，據正。

⑤ 雞，尊本、内閣本、古逸本作“雉”，考證本校改作“雞”。今按，下文有“雞不始乳”之語，據改。

⑥ 堅，尊本、内閣本脱，古逸本、考證本補入。今按，《太平御覽》卷二七《時序部十二》引《周書·時訓解》作“水澤腹堅。不腹堅，即言無所從”。據補“堅”字。

⑦ 天，尊本、内閣本、古逸本此段《周書》引文中多作“而”字，與武周新字“𠀑”形近而訛。據《周書·周月解》校正。

⑧ 湯，尊本、内閣本、古逸本均作“陽”，今從考證本據《周書·周月解》校正。

號，一文一質，示不相沿。以建丑為正，易民之眡，若天時大夏，亦一代[①]之事。”

《禮・夏小正》曰：“十有二月，鳴弋。弋也者，禽也，先言鳴而後言弋，鳴而後知其弋也。玄駒賁。玄駒者，蟻也；賁，何也，走於垐中也。今案《方言》曰：“蚍蜉，梁、益謂之玄駒。”《揚子法言》曰“玄駒之步”，郭璞《蚍蜉賦》云“感萌陽以潛步”。牛亨問：“蟻曰玄駒何也？”董仲舒荅曰：“河内見有人馬數千万，皆大如黍，（旋[②]）動往來，從朝至暮，家人以大火燒煞，人皆蚤，馬皆大蟻，故今人呼蚤蚋曰黍[③]民，蟻曰玄駒。”[④] 納卵蒜。卵蒜也，本如卵者也。納者何也，納之君也。虞人入梁。虞人，官。梁者，主設罡罟者也。隕麋角，盖陽氣且睹也。”

《易通卦驗》曰：“小寒合凍，虎（始）交，（豺[⑤]）祭，虵垂首，曷旦入（穴[⑥]）。鄭玄曰：“交，合牝牡也。祭，祭獸也。垂

① 代，尊本、内閣本作“伐”，古逸本、考證本校改作“代”，是。

② 黍，尊本、内閣本作“朱”，古逸本作“黍”。按，《太平御覽》卷九四七《蟲豸部四・蟻》引晉崔豹《古今注》作“黍米”。據古逸本改，並據《太平御覽》引文補“旋”字。

③ 黍，尊本、内閣本作“季”，據古逸本、《太平御覽》卷九四七引文校改。

④ 此一段，據《太平御覽》卷九四七《蟲豸部四・蟻》引，當出自晉崔豹《古今注》。

⑤ 始，尊本、内閣本脱，古逸本、考證本據《七緯》增，是。又，《禮記正義》卷十七引《易通卦驗》作“豺祭獸”，今按，孫詒讓《札迻》卷一《易緯通卦驗鄭康成注》以爲“以杜所引注校之，緯文當作‘豺祭’，今本及《寶典》竝捝‘豺’字。注以‘祭獸’釋之，明正文無‘獸’字”。據孫氏説補“豺”字。

⑥ 穴，尊本、内閣本、古逸本、考證本脱。今據下文注釋“入穴”補。今按，孫詒讓《札迻》卷一《易緯通卦驗鄭康成注》以爲《寶典》脱“穴”字。

首、入穴，寒之徵也。”晷長丈[①]二尺四分，倉陽雲出烝[②]，南倉北黑。小寒於坎直九二，九二得寅氣。寅，木也，為南倉；猶坎，坎，水也，為北黑。大寒雪隆，草木生心，鵲始巢。隆，盛也，多也。生心，陽氣起。晷長丈一尺八分，黑陽雲出心，南黑北黃。”大寒於坎值六三，六三得亥氣。亥，水也，為南黑；季冬，土也，為北黃也。又曰“十二月物生白”。《詩紀歷樞》曰：“丑者好也，陽施氣，陰受[③]道，陽好陰，陰好陽，剄柔相好，品物厚，制禮作樂，道文明也。”宋均曰：“厚猶盛。”《樂稽曜嘉》曰：“殷以十二月為正，息卦受臨，法初之牙，其色尚白，以雞鳴為朔。”宋均曰：“牙，物萌牙。”《春秋元命苞》曰：“衰中於丑，丑者紐[④]也。宋均曰：“紐，心不進避陽之解，紐當生也，於是紐合義。”律中大吕。大吕者，略賭起。”略，較略也。万物於是萌漸，故出，較略可見也。《春秋元命苞》曰：“黑帝之子以十二月為正，物牙色白。”宋均曰：“水見日，故白。”

《尒雅》：“十二月為塗。”李巡曰：“十二月万物始牙，陽氣尚微，故曰塗。塗，微也。”孫炎曰：“物始牙生。生，通也。”《尚書大傳》曰：“殷以季冬為正者，其貴萌也。”《史記・律書》曰：“牽牛者，言陽氣牽引万物出之；牛者冒[⑤]也，言埅雖凍[⑥]，能冒而[⑦]生

---

① 丈，尊本、内閣本作“又”，據古逸本、考證本改。

② 楊劄曰：“今本作‘雲出平’，《古微書》作‘雲出氐’。”考證本依《古微書》校改作“氐”，并校曰：“《七緯》作‘平’，鄭注云‘宿次當為出尾，而言平，似誤者也’，俱誤。”

③ 受，尊本、内閣本作“爰”，古逸本、考證本校改作“受”，是。下同。

④ 紐，尊本、内閣本作“細”，據古逸本、考證本改。下同。

⑤ 冒，尊本、内閣本作“冨”，據古逸本、考證本改。

⑥ 凍，尊本、内閣本、古逸本作“湅”，據考證本改。

⑦ 而，尊本、内閣本、古逸本作“雨”，今從考證本據《史記・律書》校改。

也。牛者，耕殖種万物也。東至於建星。建星者，建諸生也。”徐廣曰：“此中闕，不説大吕及丑。今為此録，牽牛以當其位，餘月皆不取星也。”

《淮南子[①]·時則》曰：“季冬之月，招摇指丑。十二月官獄，其樹欒。”高誘曰：“十二月歲盡刑斷，故官獄也。欒可以為小車轂，木不出火，以（欒）為然[②]，亦應[③]陰氣。”《白虎通》曰：“十二月律謂之大吕何？大者大也，吕者拒也，言陽氣欲出，陰不許也。吕之為言拒，旅拒難之也。”

《風俗通》曰：“禮傳曰：‘夏曰嘉平，殷曰清祀，周曰大蜡，漢[④]改曰臘。臘者獵也，田獵取獸，祭先祖[⑤]。’或曰：獵[⑥]，接也，新故交接，狎[⑦]獵大祭以報功也。漢火行，衰扵戌，故曰臘也。”

《續漢書·禮儀志》曰：“季冬之月，星廻歲終，陰陽已交，勞農夫，享臘，以送故。先臘一日大難，謂之逐[⑧]疫也。”晉博士張亮議曰：“案《周禮》及《禮記》，蜡謂令聚百物而索饗之，臘者祭廟，則初玄，蜡則黄服。蜡臘不同，捴之非也。《傳》曰：‘臘，接也，上祭宗廟，旁祭（五祀）[⑨]，宜在新故交接也。’”

---

① 尊本、内閣本、古逸本“子”後有“曰”字，衍文，今删。

② 以欒為然，尊本、内閣本作“以為昭”，古逸本作“惟欒為然”，考證本作“惟櫟為然”。今按，《淮南子》正文言“樹欒”，注文中作“欒”字是，據古逸本校補。

③ 應，尊本、内閣本作“鴈”，據古逸本、考證本改。

④ 漢，尊本、内閣本作“潢”，據古逸本、考證本改。

⑤ 此三句，内閣本、古逸本作“臘者，獵取獸祭先祖”。

⑥ 獵，尊本、内閣本、古逸本重“獵”字，今據考證本删。今按，《太平御覽》卷三三《時序部十八·臘》引《風俗通》此處亦只有一“臘”字。

⑦ 狎，尊本、内閣本、古逸本作“押”，考證本作“狎”。今按，《太平御覽》卷三三《時序部十八·臘》引《風俗通》作“狎”，據正。

⑧ 逐，尊本、内閣本作“遂”，據古逸本、考證本改。

⑨ 五祀，尊本、内閣本脱，古逸本、考證本補入。楊劄曰：“當脱二字，《御覽》引補。”今按，本卷正説部分引張亮議正作“旁祭五祀”，據補。

《風土記》曰："進清醇以告蜡，竭敬恭於明祀，乃有行彄。"注云："彄盖婦人所作金環，以鍇指而縫者也。臈日祭祀後，叟[①]嫗、兒僮各隨其儕，為藏彄之戲，分二曹以效勝負，以酒食具，如人偶，即敵對[②]。人奇者，即使奇人為遊附，或属上曹，或属下曹，名為飛烏，以濟二曹人數。一彄[③]藏在數十手中，曹人[④]當射知所在，一藏為（一[⑤]）籌，五籌為一都，提者捕得，推手出彄。五籌盡，寂後失為負，都主部便起，拜謝勝曹。"

崔寔《四民月令》曰："十二月（臘）日[⑥]薦稻、鴈。前期五日煞猪，三日殺羊，前除二，齊饌掃滌，遂臈先祖五祀。其明日，是謂小新歲，進酒降神。其進酒尊長，及脩剌賀君、師、耆老，如正日。其明日又祀，是謂烝祭。後三日祀家，事畢乃請召宗、族、婚、賓、旅，旅，客。講好和禮，以篤恩紀。休農息役，惠必下浹。是月也，羣神頻行，頻行，並行。大蜡禮興，乃冢祠君、師、九族、友朋，以崇慎終不背之義。遂合耦田噐，養耕牛，選任田

---

① 叟，尊本、内閣本、古逸本作"傻"，考證本據《藝文類聚》《御覽》校改作"叟"。今按，《藝文類聚》卷七四《巧藝部·藏鉤》引《風土記》作"叟嫗兒童"，《太平御覽》卷三三《時序部十八·臘》引《風土記》作"叟嫗"，注曰："叟嫗，皆男子、婦人之老稱。"據改。

② 對，尊本、内閣本、古逸本作"罰"，文意不通，考證本校據《藝文類聚》校改作"對"。今按，《藝文類聚》卷七四《巧藝部·藏鉤》、《太平御覽》卷七五四《工藝部十一·藏鉤》引《風土記》均作"敵對"，據改。

③ 彄，尊本、内閣本作"樞"，今從古逸本、考證本校改。今按，前後文均作"彄"，此處形近而訛。

④ 人，尊本、内閣本作"父"，古逸本、考證本校改作"人"。今按，《藝文類聚》卷七四《巧藝部·藏鉤》引《風土記》作"曹人"，據改。

⑤ 一，尊本、内閣本、古逸本均脱，今從考證本據《藝文類聚》補。

⑥ 臘日，各本"日"前均無"臘"字。今按，本卷後文"正説"中引崔寔《月令》"臈明日是謂新小歲，進酒降神，及脩剌賀君、師、耆老，如正日"，據之當有"臘"字，故補。石聲漢《四民月令校注》亦以爲"日"前脱"蜡"字。

者，以俟農事之起。去猪盍車骨，後三歲，可合倉膏。及臘時祠祀[①]炙萐[②]，燒飲，治刺入宍[③]中，及樹瓜田中四角，去蝨虫。瓜中虫謂之蝨，音胡監反。東門磔白雞頭，可以合注藥。求牛膽，合少小藥。”

正説曰：

臘同異及祭月早晚，先儒既無定辨，頗以為疑。案《郊特牲[④]》記云：“天子大蜡八，伊耆氏始為蜡。蜡也者，索也，歲十二月合聚万物而索饗之。”鄭注：“十二月，周之正數，謂建亥之月。”從上文勢相連，“伊耆始為蜡”唯隔“蜡者索也”一句，便次“歲十二月”，想非別起，至“索饗”以來，悉是上属，扵下廣陳蜡義。夏后氏以建寅之月為正，“伊耆”注云“古天子号”，既在夏前，年[⑤]代久遠，未應已從周之正朔，明蜡即在夏十二月矣。鄭君據周以建子為正，《禮記》興扵周世，故云“十二月建亥”，取孔子云“行夏之時”，夏之建亥乃是十月，扵十二月文理不消。《月令》“臘先祖五祀”在孟冬者，當以扵周為十二月，故移就之，恐非不刊定法。

《記》云：“皮弁素服而祭，素服以送終，葛帶、榛[⑥]杖，喪煞

---

① 楊劄曰：“《文選注》引作‘祖’，《御覽》作‘祝’。”

② 萐，尊本、内閣本、古逸本作“[illegible]”，考證本據《齊民要術》校改作“蓮”。楊劄曰：“《文選》引作‘箑’，《齊民要術》作‘萐’。”今按，《齊民要術》卷三《雜説三〇》引崔寔作“炙萐”，據正。

③ 入，尊本、内閣本空一字，古逸本作“入”，當是據《齊民要術》卷三《雜説》引補。宍，尊本、内閣本、古逸本作“完”，形近而訛，據文意改。

④ 牲，尊本、内閣本誤作“性”，據古逸本、考證本改。

⑤ 年，尊本作“[illegible]”，内閣本作“[illegible]”，均爲武周新字“𠡦”之訛變。今按，下文中儘“年不順成”“祈來年”“祈年”“改年始”四句中“年”字作武周新字形，今均録作“年”。

⑥ 榛，尊本、内閣本作“棒”，據古逸本、考證本改。下同。

也。”注云：“送終、喪煞，所謂老物。”《周官》籥章職云“國蜡則吹豳[①]頌、擊土鼓，以息老物”是也。《記》又云“黃衣黃冠而祭，息田夫”，注云“祭謂既臈先祖五祀，於是勞農以休息之”，“野夫黃[②]冠。黃冠，草服也”，注云“言祭以息民，服象其[③]時物之色。季秋而草木黃落”。《記》又云“八蠟以祀[④]四方”，注云“四方，方有祭”，“四方年不順成，八蜡不通。順成之方，其蜡乃通。既蜡而收，民息已”。注云：“收斂、積聚也。息民与蜡異，則黃衣黃冠而祭為臈必矣。”詳據前後，蜡祭則“皮弁素服、葛帶榛杖”，既祭四方，明在於郊；臈則“黃衣黃冠”，祭先祖，理在廟中。張亮議曰：“初玄者，餘祭[⑤]所服耳。”此祭別出“黃衣黃冠”，明不在常例。《禮運》云：“仲尼与於蜡賓”，注云：“蜡者索也，祭宗廟。時孔子仕魯，在助祭之中。”“事畢，出遊於觀之上，喟然而歎[⑥]。”注云：“觀，闕也。孔子見魯君於祭禮有不備，又睹象魏舊章之處，感而歎之。”鄭君附文而解，以仲尼“出遊於觀之上”，知在國都，故云宗廟，此乃祭宗廟謂之蜡。《月令》孟冬“天子祈來年於天宗，大割牲，祀于公社及門閭，臈先祖、五祀”，注云：“《周禮》所謂蜡。天宗，謂日月星辰。臈以田臈所得禽。或言祈年，或言大割，或言臈，互文。”言互文，則天宗、公社忽得名臈。

---

① 豳，尊本、内閣本作“幽”，據古逸本、考證本改。

② 黃，尊本、内閣本作“薰”，據古逸本、考證本改。

③ 象其，尊本、内閣本、古逸本均作“蒙具”，今從考證本據《禮記·月令》鄭玄注校改。

④ 祀，尊本、内閣本、古逸本同，考證本據《禮記》校改作“記”。

⑤ 祭，尊本、内閣本作“察”，古逸本、考證本校改作“祭”，是。

⑥ 歎，尊本、内閣本作“難”，據古逸本、考證本正。

《禮・雜（記）下》[①] 云："子貢[②]觀扵蜡。孔子曰：'賜也樂乎觀？'對曰：'一國之人皆若狂，賜未知其樂。'"注云："國索鬼神而祭祀，則黨正以禮属民，飲酒于序，以正齒位。扵是時民無不醉。""子曰：'百日之蜡，一日之澤，非尒所知。'"注云："蜡之祭，主先嗇，大飲蒸，勞農以休息之。言民皆懃稼穡，有百日之勞，喻久也。今一日使之飲酒燕樂，是君子之恩澤也。"鄭君忿以一國語廣，非止蜡人，故云黨正飲酒，然則大飲蒸、黨正飲酒，以其蜡月行事，普忿名蜡。

《廣雅》云："夏曰清祀，殷曰嘉平，周曰大蜡，秦曰臘。"蔡雍《章句》乃云："臘，祭名。夏曰嘉平，殷曰清祀，周曰大蜡，捴謂之臘。"《傳》曰"虞不臘矣"，《風俗通》則云"漢改曰臘"，餘同。《春秋傳》宫之奇云"虞不臘"者，此意當為晉若滅虞，宗廟便不血食，故專以臘為辭。然無廢是捴，周則蜡、臘並見，夏、殷無文儒者。或言俗指十二月建丑之月為臘者，盖設此則拘文束教難以踵行，夏以建寅為正，仍有清祀之号，明自用其家十二月，不離建丑；殷以建丑為正，又有嘉平之号，更用建子為十二月矣；周用建亥，如上來所説；秦以十月為歲首，臘豈不移。《史記》："秦始皇廿六年并天下，推五德之傳，改年始，朝賀皆自十月朔。卅一

① 禮雜記下，尊本、内閣本作"禮下雜"，古逸本作"禮雜記"，古逸本校改作"禮雜記下"。今按，此段引文見《禮記・雜記下》，古逸本校改是。

② 子貢，尊本、内閣本作"子夏"，古逸本、考證本校改作"子貢"，是。今按，子貢，姓端木，名賜，字子貢。子夏，姓卜，名商，字子夏。二人均爲孔子學生。

年十二月，更名臈曰嘉平。”《大元真人茅[①]盈内記》云[②]：“始皇卅一年九月庚子，盈曾祖父蒙拎華山中乘雲駕龍白日升天。先是其邑謡歌曰：‘神仙得者茅[③]初成，駕龍上升入大清，時下玄州戲赤城[④]，継世而往在我盈，帝[⑤]若學之臈嘉平。’始皇聞謡歌忻然，乃有尋仙之志，囙改臈曰嘉平。”此據夏正，即以建丑[⑥]為臈矣。漢改曰臈者，改嘉平也。

案《尚書・堯典》分命羲[⑦]、和，東作、南偽、西成、朔易，寒暑時候悉与夏同，又《禮・誥志》云：“虞夏歷正建拎孟春，拎時冰泮蕟蟄，百草權與”，此乃唐虞及夏正朔不變，《春秋説》[⑧]雖云正朔三而改，其下即云“夏，白帝之子，以十三月為正”。上古質略，書藉罕記，便似三正起拎夏后。班固《漢書・律曆志》云：“漢興，庶事草創，襲秦正朔。武帝元封七年，漢興百二歲矣，太中大夫公孫卿、大史公馬遷等言‘曆紀壞廢，宜改正朔’，乃詔御

---

① 茅，尊本、内閣本作“苐”，古逸本、考證本校改作“茅”，是。

② 《史記・秦始皇本紀》裴駰集解引《太原真人茅盈内記》曰：“始皇三十一年九月庚子，君曾祖父濛乃于華山之中乘雲駕龍白日升天。先是其邑歌謡曰：‘神仙得者茅初成，駕龍上升入太清，時下玄虛戲赤城，繼世而往在我嬴，帝若學之臘嘉平。’始皇聞謡而問其故，父老具對此仙人之謠，勸帝求長生之志也。於是始皇欣然乃有尋仙山之志，因改臘曰嘉平也。”

③ 茅，尊本、内閣本作“苐蒙”，古逸本作“茅蒙”，考證本據《史記集解》删“蒙”字，是。今按，“蒙”字涉前而衍。

④ 州，楊劄曰：“《御覽》引作‘虛’，《月令廣義》引作‘洲’。”赤城，尊本、内閣本作“赤成”，今從古逸本、考證本據《史記集解》改。

⑤ 帝，尊本、内閣本作“章”，今從古逸本、考證本據《史記集解》校改。

⑥ 丑，尊本、内閣本作“成”，古逸本作“戌”，考證本校改作“丑”。今按，據前文“夏用建丑為正”，考證本校改是。

⑦ 羲，尊本、内閣本作“義”，據古逸本、考證本正。

⑧ 《禮記・檀弓上》孔疏引《春秋緯・元命苞》和《樂緯・稽曜嘉》曰：“夏以十三月為正，息卦受泰。”注云：“物之始，其色尚黑，以寅為朔。”

史大夫倪寬与博士共議，皆曰：'帝王[①]必改正朔、易服色，所以明受命於天。推傳序文，則合[②]夏時也。'"光武中興，無更改易，故崔寔《四民月令》云"十二月臘先祖五祀"，寔即後漢桓帝時人也。魏文帝詔引"行夏之時，今正朔當依虞夏，服色自隨土德"；至明帝詔魏當以建丑為正，青龍五年三月為景初元年；魏齊王位尚書，奏復夏正，為明帝以建丑之正月一日崩，不得以正日元會，博士樂詳議："正旦可受貢贄，後五日乃會作樂"，大尉朱誕議："可曰宜改之際，還用建寅月為正，夏數得天也。"晉大始二年奏曰："行夏之時，通百代之言也，宜用前代正朔。"詔可。晉司空裴秀《大蜡詩》云："日躔星紀，大吕司辰。"此並依聖典行夏之時，非為俗誤。

或問："蔡邕《章句》云：'夏嘉平、殷清祀、周大蜡，惣謂之臈'，何耶?"張亮議云[③]："《傳》曰'臈者接也，言上祭宗廟，旁祭五祀，且新故之交接矣。'盖[④]同一日，臈祭宗廟，八蜡羣祀，有司行事。俗謂臈之明日為初歲，古之遺言也。"[⑤]日同名異，祭俱服殊。崔氏《月令》亦云"臈明日是謂新小歲，進酒降神，及脩刺賀君、師、耆老，如正日"，此以逼延歲暮，便立歲名，指元正為大，故云小耳。舊解蜡得兼臈，臈不兼蜡，今謂枝而析之，蜡報

---

① 帝王，尊本、内閣本二字互乙，古逸本、考證本作"帝王"。今按，班固《漢書·律曆志》正作"帝王"，故乙正。

② 楊劄曰："'合'今《漢書》作'今'。"

③ 楊劄："《御覽》三十三引《玉燭寶典》云：'蠟者祭先祖，蜡者報百神，同日異祭也。'當是隱括此段之文。"

④ 盖，尊本、古逸本、考證本作"盂"，據古逸本改。

⑤ 《藝文類聚》卷五《歲時部下·臘》引晉博士張亮議曰："臘，接也，祭宜在新，故交接也。俗謂之臘之明日為初歲，秦漢以來有賀，此皆古之遺語也。"《太平御覽》卷三三《時序部十八·臘》引與此大同。

八神，臘主先祖，捻而言之，蜡即是蜡，臘亦是蜡。《周官》有蜡而無臘，《月令》有臘而無蜡，先聖當以同在一月之中，名義兼通，隨機而顯。伯喈釋云“捻号”，康成解為“互文”，張亮又言“新故交接”，足相扶成，頗謂惬允。其同一日者，案《禮》“蜡賓”及“一日之澤”，似是同日，若并勞農、飲酒，恐事廣難。《周禮》又唯云“是月也，大飲蒸，臘先祖五祀”，乃無甲丁等定尅。孔子云“一日之澤”者，自據飲酒為一日。張亮云同日者，别叙蜡、臘為同，前後縱逕信宿，計亦非爽。

《國語》云：“日月會于龍狵，天明昌作，羣神頻行，國（於是乎）烝嘗，（家於是乎嘗）祀[①]者，春秋有閅蟄而烝。”《月令》祭行先腎[②]，迎冬北郊，大夫士首時；仲月祭鳫羔豚，庶人又有稻、鴈之饋，所及便廣，足稱羣神，或可據龍狵以後，非專一月；其季冬“嘗魚，先鳫寑廥，及大合樂而罷”，注“《王居明堂》：‘令國為酒，以合三族’”，亦是蜡、臘之流。若烋勞已畢，不應復酒。此禮兼施季、孟，弥會捻名。蔡《章句》及《風俗通》論夏殷嘉平、清祀二祭巓到，與《廣雅》不同者，更無經典正誼，故兩傳焉。

附説[③]曰：

十二月八日沭浴，已具内典《温室經》。俗謂為臘月者，《史

---

① 尊本、内閣本原作“國烝嘗祀”，古逸本校補作“國烝嘗，家嘗祀”。今按，《玉燭寶典》卷一〇引《國語·楚語》作“國於是乎蒸嘗，家於是乎嘗祀”。今本《國語·楚語》同，據補。

② 腎，尊本、内閣本、考證本作“賢”，古逸本作“腎”。今按，《禮記·月令》言孟冬、仲冬、季冬之月“其祀行，祭先腎”，據正。

③ 附説，尊本、内閣本、古逸本均作“附正説”，考證本校作“附説”。今按，據《玉燭寶典》文例，作“附説”是。

記·陳勝傳》有“臘月”之言，劉歆《（列[①]）女傳》云“魯之母師，臘日休家”，注云“臘，一歲之大祀”。魏世華歆常以臘日宴子弟，王朗慕之，盖其家法[②]。諺云：“臘皷鳴，春草生。”[③] 案《周官》，“方相氏蒙熊皮，黄金四目，玄衣朱裳，執戈揚楯，帥[④]伯隸而時儺”，“籥章掌[⑤]土皷豳籥”，杜子春注云：“皷以瓦為（匡[⑥]），以革為兩面，可擊也[⑦]。”又曰“國祭蜡，吹豳頌，擊土皷，以息老物[⑧]”，此即臘皷也。《論語·鄉黨》云：“鄉人儺，孔子朝服而立於阼階。”注云：“儺者，謂駈疫鬼。朝服立於阼階者，為鬼神或驚怖，當依人。”今世[⑨]村民打細腰皷，戴胡公頭，及作金剛力士逐除，即其遺風。《吕氏春秋·（季[⑩]）冬紀》云：“今人臘歲前一日擊鼓駈疫，謂之逐除。”《玄中記》云：“顓頊氏有三子俱亡，處人宮室，善驚小兒。漢世以五營千騎自端門送至洛水。”《續漢書·

① 列，尊本、内閣本、古逸本脱，今從考證本補。今按，《御覽》卷三三《時序部十八·蠟》引《列女傳》曰：“魯之母師者，魯九子之寡母也，臘日休家作。”

② 法，尊本、内閣本作“注”，古逸本、考證本校改作“法”，是。今按，《太平御覽》卷三三《時序部八·蜡》引作：“華歆常以臘日宴子弟，王朗慕之。蓋其家法，由來漸矣。”

③ 楊劄曰：“諺云二語，見《御覽》引謝承《後漢書·東夷列傳》。”

④ 帥，尊本、内閣本作“師”，據古逸本改。

⑤ 籥章掌，尊本、内閣本作“蒿章常”，據古逸本、考證本改。後文“籥”字同。

⑥ 以瓦為匡，尊本、内閣本作“以風為”，古逸本、考證本校補作“以瓦為匡”。今按，《周禮·春官·籥章》作“以瓦為匡”，據校補。

⑦ 也，尊本、内閣本作“老”，今從古逸本、考證本據《周禮·春官·籥章》杜子春注校改。

⑧ 老物，尊本、内閣本作“者勿”，今從古逸本、考證本據《周禮·春官·籥章》正文改。

⑨ 楊劄曰：“以下數語，見《御覽》引《歲時記》。”

⑩ 季，尊本、内閣本、古逸本脱，今從考證本據文意補。

禮儀志》云："季冬之月，先臘一日，逐疫，侲[①]子持炬火送疫[②]出端門，門外騶騎傳炬出宫，司馬闕門外五營騎士傳火，棄洛水中。"張衡《東京賦》云："卒歲大儺，敺除羣厲，侲[③]子万童，丹首玄製[④]。"注云："丹首，赤幘；玄製，皂衣。盖逐除者所服也。"

金剛力士，世謂仏家之神。《大涅槃經》云："有一童子在屏隱處盜（聽）説戒[⑤]，密迹力士以金剛杵碎之如塵，是金剛神極成暴悪。"《河圖玉板》云："天立四極，各有金剛力士，兵長三千丈"[⑥]，抑亦其義。儒書唯荀卿《剌楚歌賦》云"嫫母、力父，是之憘也"，漢郎廉品《大儺賦》云："弦桃剌棘，弓矢斯張，赭鞭朱朴，□擊不祥[⑦]，彤戈丹斧，芟夷凶殃。投妖匿于浴裔，遼絶限于飛梁。"《異苑拾遺》云："孫興公常著戲頭，与逐除人共至桓武處。宣武覺對不凡，推問乃驗。"並[⑧]其事也。

其夜為蔵鉤之戲。《辛氏三秦記》云："昭帝母鉤弋[⑨]夫人手拳而國色，今世人學蔵鉤法此。"《藝經》云："鉤弋夫人手捲，世人

① 侲，尊本、内閣本作"鋠"，古逸本作"侲"，是。今按，《續漢書·禮儀志中》作"侲子"。

② 疫，尊本、内閣本作"疲"，據古逸本改。

③ 侲，尊本、内閣本作"娠"，據古逸本改。

④ 楊劄曰："《御覽》作'玄裳'，失韻，據《後漢書·禮儀志》有'赤幘皁製'，則作'製'為是"。

⑤ 盜聽説戒，尊本、内閣本、古逸本、考證本均作"盜説或"，文意不通。今按，《大涅槃經》卷三云："有一童子，不善修習身口意業，在陰屏處盜聽説戒。密迹力士承佛神力，以金剛杵碎之如塵。世尊！是金剛神，極成暴惡，乃能斷是童子命根。"據之校補。

⑥ 楊劄曰："《歲時記》注引"。考證本校云："《荊楚歲時記》'千'作'十'。"

⑦ 此句當脱一字。

⑧ 乃驗並，尊本、内閣本作"乃並驗"，據古逸本、考證本改。今按，《荊楚歲時記》杜公瞻注引《小説》與此文字大同，其中相關文字作"推問乃驗"。

⑨ 鉤弋，尊本、内閣本作"鉤七"，形近而誤。據古逸本、考證本改。下同。

藏鈎法。”成公綏[①]、周處並作張彄字，《藝經》則作鉤，庾闡《藏鈎賦》云：“歎近夜之藏鈎，賞一時之戲望。以道生為元帥，以子仁為佐相。蓋當時人名之。鈎運掌而潛流，手乗虛以密放。示微迹扵可嫌，露疑似之情狀。輒爭材[②]以先叩，各鋭志扵所向。”《荊楚記》：“俗云此戲令[③]人生離，有物忌之家，癈不脩也。”

其日並以豚酒祭竈神。《禮噐》云：“竈者，老婦之祭，罇扵缾，盛扵盆[④]”，言缾為罇，以盆盛饌也。許慎《五經異義》云：“顓頊有子曰黎，為祝融，火神也，祀以為竈。”《荘子》“皇子見桓公曰有竈有髻”[⑤]，司馬彪注云：“髻，竈神也，狀如美女，衣赤衣。”《竈書》云“竈神姓蘇，名吉利，婦名博頰”，《雜五行書》又云“竈神名禪，字子郭，衣黄衣，從竈中被髫而去，以名呼之則除凶。”[⑥]《五行書》又云“三月甲寅、四月丁巳，以賭[⑦]頭為祭，其利万倍。”《抱朴子》云：“月晦日竈鬼亦上天白人衆狀。大者奪紀，

---

① 綏，尊本、内閣本作“經”，據古逸本、考證本改。

② 材，尊本、内閣本、古逸本作“杖”，今從考證本據《藝文類聚》引改。

③ 令，尊本、内閣本作“今”，今從古逸本、考證本據《荊楚歲時記》改。

④ 盆，尊本、内閣本、古逸本作“盃”，考證本校改作“盆”。今按，據下文“以盆盛饌”，作“盆”是。

⑤ 今按，《莊子・達生》作：“桓公曰：‘然則有鬼乎？’（皇子告敖）曰：‘有。沈有履，竈有髻。’”

⑥ 《藝文類聚》卷八〇《火部・竈》引《雜五行書》曰：“竈君名禪，字子郭，衣黄衣，被髮從竈中出，知其名呼之，可得除凶惡賈市，不知其名，見之死。”《後漢書・陰識傳》：“宣帝時，有陰子方者，至孝有仁恩，臘日晨炊而竈神形見。”李賢注引《雜五行書》文字大體相同。

⑦ 賭，内閣本作“睹”，古逸本作“豬”，考證本作“猪”。今按，《大廣益會玉篇・肉部》：“賭，陟於切。豕也，亦作豬。”《説文・日部》：“睹，旦明也。”内閣本誤。《藝文類聚》卷八〇《火部・竈》引《雜五行書》亦曰：“常以五月辰日，豬頭祭竈，令人治生萬倍。”

（紀）者三百日也；小者奪筭，筭者一日也。”[①]《世説》云：“王朗以識度推華歆。歆蜡日嘗集子姪𬯎飲，王亦學之。”朗竈藏，云有家嚴君，井竈之謂。《搜神記》云：“漢陰（子[②]）方當臘日，晨炊而竈形見，子方再拜受慶，家有黄羊，因以祠之至誠，三世而遂繁昌。故後常以臘日祀竈而薦黄羊焉。”《荊楚記》云：“以黄犬[③]祭之，謂之黄羊，陰氏世蒙其福。”《古今注》：“狗，一名黄羊。”《莊子》云：“臘者之有膍胲[④]。”注云：“膍，牛百葉也；胲，足大指也。臘大祭物備，而肴有膍胲。”《養生要》[⑤]云：“臘夜，令人持椒卧井旁[⑥]，毋与人語，内椒井中，除温病。”

歲陰已及，俗多婚嫁。張華《感婚賦》云：“逼來年之且至，

---

① 紀紀者，尊本、内閣本作“記者”，古逸本作“紀々者”。今按，《藝文類聚》卷八〇《火部·竈》引《抱朴子内篇》作：“竈之神，每月晦日輒上天言人罪狀。大者奪紀，紀者三百日也；小者奪筭，筭者一日也。”今本《抱朴子内篇》卷六《微旨》：“月晦之夜，竈神亦上天白人罪狀。大者奪紀，紀者三百日也，小者奪算，算者一日也。”《酉陽雜俎·諾臯記》亦有竈神的相關記載，曰：“竈神……常以晦日上天，白人罪狀，大者奪紀，紀三百日；小者奪筭，筭一百日。”據上引文校補“紀”字。又，尊本、内閣本作“筭者一日”，古逸本作“筭者一百日”。古書中兩種提法俱有，此處不從古逸本。

② 子，尊本、内閣本脱，古逸本、考證本補入。今按，《藝文類聚》卷五《歲時部·蠟》、《初學記》卷四《歲時部下·臘》引《搜神記》作“陰子方”，據補。

③ 犬，尊本、内閣本作“大”，據古逸本、考證本改。

④ 膍胲，尊本、内閣本、古逸本作“膍豚”，今從考證本據《莊子》校改。下文同。今按，此語見《莊子·庚桑楚》。

⑤ 養生要，尊本、内閣本作“養而要”；古逸本校改作“養生要術”，考證本校改作“養生要”，并校云：“舊‘生’作‘而’，今改。《齊民要術》引此作‘養生要論’，《藝文類聚》《白六帖》引又作‘養生要’，《初學記》《文選注》有‘養生要集’，蓋同一書也。”楊劄曰：“據《御覽》引改。”今按，《藝文類聚》卷五《歲時部下·臘》引作《養生要》曰：“十二月臘夜，令人持椒卧井傍，無與人言，内椒井中，除瘟病。”

⑥ 尊本、内閣本“持”前有“時”字，“卧”下有“師”字，考證本删，是。考證本校云：“舊‘人’下有‘時’字，‘卧’下有‘師’字，蓋因‘持’字、‘卧’字形近而誤重，《藝文類聚》《白六帖》無，今删。《齊民要術》作‘臘夜令持椒臥房牀旁’。”

迨星紀之未移，竟奔鶩於未冬，咸起趣於吉儀。”《師曠書》云：“人家忌臈日煞生形於堂上，有血光不祥。過臈一日，謂之小歲。”《史記·天官書》：“凡候歲前[①]，臈明日人衆一會飲食，發陽氣，故曰初歲，在官者並朝賀。”今世多不行。《荊楚記》云：“歲暮，家家具肴蔌，《詩·大雅》云：“其蔌惟何？”毛傳云：“蔌，菜肴。”謂宿歲儲，以入新年也。相聚酣歌，《古文尚書》云：“酣歌于室，時謂巫[②]風。”請為送歲。今世多解除擲去破幣器物，名為送窮。留宿歲飯，至新年十二日，則棄於街衢，以為去故納新、除貧取富[③]。又留此飯，須發蟄雷鳴，擲之屋扉，令雷聲遠也。”今世逕宿炊飲，入季一日内食盡，亦不棄擲。《雜五行書》云“掘[④]宅四角各埋一石，名為鎮宅”，《淮南萬畢術》則云“埋員石於四隅，雜桃弧七枚[⑤]，則無鬼殃之害”，非獨今也。

終篇説曰：

案《尚書》：“朞，三百又六旬又六日，以閏月定四時成歲。”

① 前，尊本、内閣本、古逸本同，考證本據《史記》校改爲“美惡”。今按，此句有誤脱，《史記·天官書》作：“凡候歲美惡，謹候歲始。歲始或冬至日，産氣始萌。臘明日，人眾卒歲，一會飲食，發陽氣，故曰歲初。”頗疑抄本此處脱一行字，而“前”爲“萌”字之訛，乃尊本中習見至訛字。

② 巫，尊本、内閣本作“[illegible]”，據古逸本、考證本正。今按，《尚書·伊訓》曰：“敢有恒舞于宫，酣歌于室，時謂巫風。”

③ 富，尊本、内閣本誤作“當”，據古逸本、考證本改。

④ 掘，尊本、内閣本、古逸本、考證本並作“握”，文意不通。今按，宋陳元靚《歲時廣記》卷四〇《歲除》“埋大石”條引宗懔《荊楚歲時記》曰：“十二月暮日，掘宅四角，各埋一大石為鎮宅。”據正。

⑤ 枚，尊本作“[illegible]”，今從古逸本、考證本據《御覽》引校改。楊劄曰：“據《御覽》三十三引改。”

孔安國注云："逌四時曰朞[①]。一歲十二月，月卅[②]日，正三百六十日也。除小月六為六日，是為歲有餘十二日，未盈三歲足得一月，則置閏焉。以定四時之氣莭，成一歲之曆象[③]。"此言三百六旬外有六日，与小月之六日并為十二日也，三年合卅六日，故置閏或後。王肅注則云："朞稱時，謂日一周天三[④]百日又六旬六十日，又六日，其實五日四分日之一，入六日之四分一，舉全數以言之。"《易通卦驗》云"廿四氣始於冬至，終於大雪，周天三百六十五日四分日之一"，与王氏注同。

《（周）官》大史[⑤]職"閏月，則詔王居門，終月"，鄭玄注："門謂路寢門也。鄭司農云：《月令》十二月，分在青陽、明堂、惣章、玄堂左右之位，唯閏月無所居，居于門，故扵文，王在門謂之閏。"古者稱字為文，此言閏字之體，以王居門為義。《禮・玉[⑥]藻》："玄端而朝日扵東門之外，聽朔扵南門之外，閏月[⑦]則闔左扉，立于其中。"鄭注云："東門、南門，皆謂國門也。天子廟及路寢，皆如明堂，在國之陽。每月就其時之堂而聽朔焉，卒事，反路寢亦如之。閏月非常，聽其朔扵明堂門中，還處路寢門，終月。"是乃闔扉扵明堂，終月扵路寢，以無正位，故内外在門。

---

① 朞，尊本作"𠦪"，内閣本、古逸本作"暮"，據考證本改。今按，《尚書・堯典》孔國安傳正作"朞"。

② 卅，尊本、内閣本、古逸本均誤作"世"，考證本作"三十"，此據文意改。

③ 象，尊本、内閣本作"蒙"，誤，據古逸本、考證本改。

④ 尊本、内閣本、古逸本重"三"字，今從考證本删。

⑤ 周，尊本脱，内閣本、古逸本、考證本有"周"而無上文"注同"之"同"。又，尊本、内閣本重"大"字，古逸本、考證本删其一，是。今據文意補"周"字。

⑥ 玉，尊本作"王"，誤，據内閣本、古逸本、考證本改。

⑦ 月，尊本、内閣本作"門"，據古逸本、考證本改。

《周書・周月（解[①]）》云："日月俱起于牽牛之初，右月行。月一周天起一次而与日合宿，日行月一次，十有二次而周天，曆舍于十有二辰，終則復始，是謂日月權輿。閏無中氣，（斗）指（兩）辰之間[②]。"《春秋・文元年傳》"於是閏三月，非禮"，服注云："周三月，夏正月也。是歲距僖公五年辛亥歲卅年，閏餘十三，正月小雪，閏當在十一月後。"不數此文元年計，唯廿九年，一月有七小餘，一年合八十四，十二小餘成一閏餘，是為年有閏餘七，廿九年合二百三餘，十九餘為一閏，百九十餘成十閏，猶有十三餘在文元年，正月以後，猶少六閏餘，正月、二月、三月止有廿一餘，計十二月小餘為一閏餘，并往年十三，始滿十四，長九小餘，豈得置閏？若計三月後猶小五閏餘，從正月盡十一月小餘七十七，始得六閏餘，方可置閏，長五小餘，故服注云"十一月後"。《傳》又云"歸餘扵終"，注云："餘，餘分也；終，閏月也，謂餘分成閏。中氣在月晦[③]，則後月無中，斗柄邪指二辰之間，餘分之所終以為閏月，閏月不失則斗建，古得其正。"

舊説云周天凡三百六十五度十二辰，一辰有卅度，十二辰合三百六十度，餘有五度，分之十二辰，辰有七小餘，辰一百卅度七小餘。日行遲，一日行一度，猶不盡計，一月唯行廿九度，其一度八十分度之卅一焉，其長者積而成閏。《易巛霊圖》云："五勝迭[④]用

---

① 解，尊本、内閣本、古逸本脱，考證本補入。今按，"周月解"爲《逸周書》第五十一篇篇名，《玉燭寶典》卷一〇引此段謂出自《周書・月解》，當補"解"字。

② 斗、兩，尊本、内閣本脱，古逸本、考證本據《逸周書》校補。今按，《逸周書・周月解》作"閏無中氣，斗指兩辰之間"，據補。

③ 晦，尊本、内閣本、古逸本、考證本作"每"，據文意校改。《左傳・僖公五年》："亥辛朔，日南至。"唐孔穎達疏："冬至者，十二月之中氣。中氣者，月半之氣也。月朔而已得中氣，是必前月閏。閏前之月，則中氣在晦。閏後之月，則中氣在朔。"

④ 迭，尊本、内閣本作"佚"，據古逸本、考證本改。

事，各七十二日，合三百六十日為歲。”注云：“五勝，五行也。”此不計月小及五度耳。《文六季》“冬閏月不告朔，猶朝於廟”，《傳》曰“非禮”，下云“閏以正時”，注云“閏，殘分之氣，三年得一，五年得二，此言十九中有三年得一閏者，有五年得二閏者，其三年、六年、九年唯有乘長閏餘，猶是三年之內主弟十一年，向上數，為五年得二，猶長一閏餘，還從三年數，又主弟十九年，復必年得二，其閏餘悉盡，還更發初。”故《周易·繫辞》云：“五歲再閏、再扐[①]而後掛。”王輔嗣注云：“凡閏，六歲再閏，又五歲再閏，又三歲一閏。凡十九歲七閏為一章，五歲再閏者二，舉其凡。”𡕒如三百六十日，領驪注：“《書》云：‘閏月定四時成歲’，云定然後成歲，是為日數不充，則朞不成歲。然則周日為歲，周月朞[②]無多，而其赢[③]縮，赢縮無常，故舉其中數，三百六十是赢縮之中也。”《漢書·律曆志》云“十一歲四閏，十九歲七閏”是也。《尚書考靈曜》曰：“閏者，陽之餘。”注云：“陽，日也，日以一歲周天為十二次，月一歲十二及日而不盡，周天十九分次之七，故言‘閏者，日之餘’。”《春秋元命苞》云：“人兩乳者，象閏月，陰之紀。”注云：“兩乳，巽生也，巽生則象閏餘也，以陰之二數。”《白虎通》云：“月有閏何？周天三百六十五度四分，十二月不十二度，故三季一閏[④]、五歲再閏也。明陰不足，陽有餘。閏者，陽之餘也。”《易乹鑿度》云“乘皇英者戲”，注云“謂天數也”。《通卦

---

① 扐，尊本、内閣本、古逸本均作“初”，據考證本改。

② 尊本作“朞”，内閣本、古逸本、考證本作“其”。

③ 赢，尊本、内閣本作“𧊒”，據古逸本、考證本正。

④ 閏，尊本、内閣本作“周”，誤，據古逸本改。

驗》云："宓戲①作易，仲命德，維紀衡。"注云："謂四仲之卦，震、兑、坎、離也。命德者，震則命曰木德，兑則金德，坎則水德，離則火德。維者，四角之卦，艮、巽、巛、乾也。紀猶數也，衡猶當也，維者起數所當，謂若艮當立春。"《孝經援神挈》云："（宓）戲傷易，立卦以應樞。"注云："應斗樞菝莭移度，故作八卦化方。"《尚②書考霊曜》云："天埊開闢，曜滿舒（光③），元歷紀名，月首甲子，冬至日月五星俱起牽牛初，日月若懸壁，五星若編珠④。"《禮含文嘉》云："推之以上元為始，起十一月甲子朔旦夜半，冬至日月五星俱起牽牛之初⑤，斗左回，日月五星右行。"《樂動聲儀》云："天埊一變，五星⑥日月俱合起牽牛，日月更易氣，星辰更易光。"注云："牽牛前五度。"《世本》"容成作曆"，注云"黄帝臣"，當是上古質略，至容成始復委典，戴之文字，非為創造。《春秋傳》："郯子云：少昊，鳥師而鳥名。鳳鳥氏，曆正。"服注云"猶堯⑦之羲和"，杜注云"鳳鳥知天時，故以名曆正之官"。《史記·曆⑧書》云："少昊氏之衰也，九梨乱德⑨。顓頊受之，乃命南正重司天以属神，火正梨司埊以属民。其後閏餘乖次，孟陬

---

① 宓戲，尊本、内閣本、古逸本作"密[illegible]"，今據考證本改。下文《孝經援神契》中的"戲"字，尊本作"[illegible]"。

② 尚，尊本、内閣本、古逸本作"面"，涉上而誤，據考證本改。

③ 光，尊本、内閣本、古逸本脱，考證本補"光"字，考證本校云："舊無'光'字，上篇有《文選注》引同，今據增入。"

④ 編珠，尊本、内閣本作"偏株"，據古逸本、考證本改。

⑤ 初，尊本、内閣本作"物"，據古逸本、考證本校改。

⑥ 星，内閣本、古逸本此處均空一字。

⑦ 堯，尊本、内閣本作"曉"，據古逸本改。

⑧ 内閣本、考證本抄至"史記曆"結束，脱後面一段文字。

⑨ 德，尊本、古逸本作"[illegible]"，據《史記·曆書》校正。

殄（滅[1]），攝提無紀，堯復重黎之後，主羲和之官，明時正度，則陰陽調、風雨節，茂[2]氣至。”《春秋元命苞》《易乾鑿度》皆為以開闢至獲麟二百七十六万歲，《漢書·律曆志》云“僖公五年正月辛亥朔旦冬至，是歲距上元十四万二千五百七十六歲”，明開闢以後即有年月可推，故《律曆志》又云“歷數之起尚矣”。衆諸擄驗閏曆之事，与造化俱興，其時候早晚皆依所閏之月，縱有盈縮，非過懸殊，以季冬歲終，故惣附扵此。《春秋》以閏月非正例，不見經六秊“閏月不告朔，猶朝于廟”，書者為失禮，故哀五秊閏月“叔還如齊，葬齊景公”，書者見諸侯五月而葬，以閏數也。

① 滅，尊本、古逸本脱，據《史記·曆書》補。

② 茂，尊本、古逸本作“茷”，據《史記·曆書》校改。

佚 文

正月為端月[1]，《春秋傳》曰："履端於始也。"其一日為元日，元者善之長也，先王體元以居正。又元者，元也，始也，一也，首也。亦云上日，亦云正朝，亦云三元，歲之元，時之元，日之元。亦云三朔。《尚書大傳》曰："夏以平明為朔，殷以雞鳴為朔，周以半夜為朔。"（《初學記》卷四《歲時部下·元日》、《太平御覽》卷二九《時序部一四·元日》、《錦繡萬花谷别集》卷四《元旦》引）

元日，造桃板著户，謂之仙木，象鬱壘山桃樹，百鬼畏之。（《初學記》卷四《歲時部下·元日》、《太平御覽》卷二九《時序部一四·元日》、《歲時廣記》卷五《元旦上》引）

今按，《玉燭寶典》卷一載引《典術》曰"故作桃板著户，謂之仙木"，無後面兩句。《四時纂要》卷一引作"仙木，象鬱壘山桃樹，百鬼所畏"。《事物紀原》卷八《歲時風俗部》引作"元日施桃板著户上，謂之仙木，以鬱壘山桃百鬼畏之故也"。

---

① 月，據《初學記》引補。

此節城市尤多鬬雞卵之戲。《左傳》有“季郈鬬雞”，其來遠矣。古之豪家，食稱畫卵。今代猶染藍茜雜色，仍加雕鏤，遞相餉遺，或置盤俎。《管子》曰：“雕卵熟斫之，所以發積藏，散萬物。”張衡《南都賦》曰：“春卵夏筍，秋韭冬菁。”便是補益滋味。其鬬卵則莫知所出，董仲舒書云：“心如宿卵，為體内藏，以據其剛”，髣髴鬬理也。（《初學記》卷四《歲時部下·寒食》、《太平御覽》卷三〇《時序部一五·寒食》引）

今按，《玉燭寶典》卷二附説部分記載鬬鷄卵之事，文句與此多有不同，尤其無“其來遠矣”“張衡南都賦曰春卵夏筍秋韭冬菁”兩句。

此節備擬甚多，其來尚矣。又有日月星辰鳥獸之狀，文繡金縷帖畫，貢獻所尊，古詩云“繞臂雙條達”是也。（《初學記》卷四《歲時部下·五月五日》、《太平御覽》）卷三一《時序部一六·五月五日》引）

今按，《玉燭寶典》卷五附説部分文句詳略與此多有不同，尤其無“星辰鳥獸之狀”“古詩云繞臂雙條達”兩句。

五月五日，採艾懸於户上，以禳毒氣。按《荊楚歲時記》云：“宗則，字文度，常以五月五日未鷄鳴[1]時採艾，見似人處攬而取之，用灸有驗。是日競渡[2]，採雜藥。”（《太平御覽》）卷三一《時序部一六·五月五日》）

---

① 鳴，據《初學記》引補。

② 渡，《初學記》無。

今按，《玉燭寶典》卷五無此段，“是日競渡，採雜藥”應是對卷五附説部分“競渡”“採藥”兩段的概括。

蓐收，金行也。（《一切經音義》卷九二“炎蓐”條引）

食餌者，其時黍秫並收，以因粘米嘉味，觸類嘗新，遂成積習。《周官》籩人職曰：“羞籩之實，糗餌粉餈。”干寶注曰：“糗餌者，豆末屑米而蒸之以棗豆之味，今餌餻也。”《方言》：“餌謂之糕，或謂之餈。”（《初學記》卷四《歲時部下·九月九日》、《歲時廣記》卷三四《重九》引）

十一月建子，周之正月，冬至日極南，影極長。陰陽日月，萬物之始，律當黄鍾，其管最長，故有履長之賀。（《初學記》卷四《歲時部下·冬至》、《太平御覽》卷二八《時序部一三·冬至》引）

今按，此段比今本《玉燭寶典》卷十一附説部分多出“冬至日極南，影極長。陰陽日月，萬物之始”四句。

臘者祭先祖，蜡者報百神，同日異祭也。（《初學記》卷四《歲時部下·臘》、《太平御覽》卷三三《時序部一三·冬至》引）

今按，此三句當是《玉燭寶典》卷十二正説部分臘、蜡區别段落的隱括。

附　録

一　杜臺卿傳記

《隋書》卷五八《杜臺卿傳》

杜臺卿字少山，博陵曲陽人也。父弼，齊衛尉卿。臺卿少好學，博覽書記，解屬文。仕齊奉朝請，歷司空西閤祭酒、司徒戶曹、著作郎、中書黄門侍郎。性儒素，每以雅道自居。及周武帝平齊，歸于鄉里，以《禮記》《春秋》講授子弟。開皇初，被徵入朝。臺卿嘗采《月令》，觸類而廣之，爲書名《玉燭寶典》十二卷。至是奏之，賜絹二百匹。臺卿患聾，不堪吏職，請修國史。上許之，拜著作郎。十四年，上表請致仕，敕以本官還第。數載，終於家。有集十五卷，撰《齊記》二十卷，並行於世。無子。

《北齊書》卷二四《杜弼傳附杜臺卿傳》

臺卿字少山，歷中書、黄門侍郎，兼大著作、修國史。武平末，國子祭酒，領尚書左丞。周武帝平齊，命尚書左僕射陽休之以下知名朝士十八人隨駕入關，蕤兄弟並不預此名。臺卿後雖被徵，爲其聾疾放歸。隋開皇中，徵爲著作郎，歲餘以年老致事，詔許之。特優其禮，終身給祿，未幾而終。

《北史》卷五五《杜弼傳附杜臺卿傳》

臺卿字少山，好學博覽，解屬文。仕齊，位中書、黄門侍郎，修國史。既居清顯，忌害人物。趙彦深、和士開、高阿那肱等親信之。後兼尚書左丞，省中以其耳聾，多戲弄之。下辭不得理者，乃至大罵。臺卿見其口動，謂為自陳。令史又故不曉喻，訓對往往乖越，聽者以爲嗤笑。及周武平齊，歸鄉里。以《禮記》《春秋》講授子弟。隋開皇初，被徵入朝。臺卿採《月令》，觸類廣之，爲書名《玉燭寶典》十二卷，至是奏之，賜帛二百疋。患耳，不堪吏職，請修國史，拜著作郎。後致仕，終於家。有集十五卷，撰《齊記》二十卷，並行於世。無子。

二　歷代書目著録及提要

隋書經籍志

《玉燭寶典》十二卷，著作郎杜臺卿撰。（子部雜家類）

舊唐書經籍志

《玉燭寶典》十二卷。杜臺卿撰。（子部雜家類）

新唐書藝文志

杜臺卿《玉燭寶典》十二卷。（子部農家類）

宋史藝文志

杜臺卿《玉燭寶典》十二卷。（子部農家類）

遂初堂書目　宋尤袤撰

《玉燭寶典》。（農家類）

直齋書録解題　宋陳振孫撰

《玉燭寶典》十二卷。

隋著作郎博陵杜臺卿少山撰。以《月令》爲主，觸類而廣之，博采諸書，旁及時俗，月爲一卷，頗號詳洽。開皇中所上。（時令類）

文獻通考經籍考　元馬端臨撰

《玉燭寶典》十二卷。

陳氏曰："隋著作郎博陵杜臺卿少山撰。以《月令》爲主，觸類而廣之，博采諸書，旁及時俗，月爲一卷，頗號詳洽。開皇中所上。"（時令類）

世善堂藏書目録　明陳第撰

《玉燭寶典》十二卷。（諸子百家類・各家傳世名書）

越縵堂讀書記　清李慈銘撰

《玉燭寶典》

閲日本《古逸叢書》中《玉燭寶典》，本十二卷，卷爲一月，今缺九月一卷。其書先引《月令》，附以蔡邕章句，其後引《逸周書》《夏小正》《易緯通卦驗》等及諸經典，而崔實《四民月令》蓋全書具在，其所引諸緯書可資補輯者亦多。於四月八日佛生日，羅列佛經，並證恒星不見之事；於七月織女渡河，亦多所考辨，謂六朝以前並無其說。其每月下往往有正説曰云云，附説曰云云，末又有終篇説，考朞閏之事。其書皆極醇正、可寶貴。惜闕一月，又舛誤多不可讀。當更取它書爲悉心校之，精刻以傳，有裨民用不少也。

光緒丙戌七月初四日。（史部政書類）

拙尊園叢稿　清黎庶昌撰

覆舊抄卷子本《玉燭寶典》十一卷

隋著作郎杜臺卿少山譔。原十二卷，今缺第九卷。其用《小戴禮記・月令》為主，博引經典集證之，較《周書・月令解》《吕覽・四時紀》《淮南・時則訓》加詳，此為專書故也。開皇中疏上，號為詳洽。陳直齋《書録解題》猶載之，其亡當在宋以後耳。

八千卷樓書目　清丁立中撰

《玉燭寶典》十二卷，隋杜臺卿撰，古逸叢書本。（史部時令類）

四庫未收書書目提要　胡玉縉撰

《玉燭寶典》十一卷。

隋杜臺卿撰。臺卿字少山，博陵陽曲人，官著作郎，事蹟具《隋書》本傳。是編以《禮記·月令》爲主，附以蔡邕《章句》，其後博采諸書，旁及時俗，卷爲一目，每月下往往分正説、附説，末又有終篇説，考期閏之事，體例極爲精善。開皇中奏上，原十二卷，《隋書·經籍志》、陳振孫《書録解題》均爲著録。今缺第九卷，爲《古逸叢書》覆舊鈔卷子本。中引崔寔《四民月令》，幾及全書。又引經、子古注，足資補輯者甚夥。如卷三引《論語》鄭注云："'暮春'者，季春。所製征（當是"儛"之剥文）衣服已成，謂祭之服。'雩'者，祀上公，祈穀實，四月龍星見而爲之，故季春成其服。'五六七'者，雩祭儛者之數。'風晞儛雩'者，浴沂於水上自潔清，身晞而衣此服以傯雩，且詠而餽之，禮（當爲"記"）此禮者，憂人之本。"此與《論衡》説不同，足正《論語》家以王申鄭之非。又如卷十二引文元年及六年《左傳》服注云云，一曰故服注云十一月後，一曰故《周易繫詞》王輔嗣注云云。此必沈文何[阿]、蘇寬、劉炫之舊説，尤足爲劉文淇《舊疏考正》開一涂徑。史稱隋禁七緯，發使四出，凡讖緯相涉者皆焚之，爲史所糾者至死，故此爲經進之書，其卷一仍取《春秋潛潭巴》之文，與其兄子公贍所著《編珠》每採《括地象》《通卦驗》諸緯同例，則知史爲駁文。朱彝尊爲高士奇撰《編珠補序》云，或當日所焚不過王明鏡《閉房》《金雄》等記，非蓋畀之炎火。理或然也。其他於四月八日佛生日羅列佛經，並證恆星不見之事，足備異聞。於七月七日織女渡河，亦多所考辨，謂六朝以前並無其説，更爲純正。惜訛字甚多，又闕一月。黎氏敘目，以其見於陳氏《解題》，謂其亡當在宋後。今考陳氏《世善堂書目》，尚載十二卷，是明代尚有完書。朱彝尊嘗入閩訪陳氏後人，不復可得，然則殆亡於明末國初歟！

日本國見在書目 ［日］藤原佐世編

《玉燭寶典》十二卷，隋著作郎松（杜）臺卿撰。

經籍訪古志 ［日］澁江全善、森立之等撰

《玉燭寶典》十二卷 （貞和四年鈔本，楓山官庫藏。）

隋著作郎杜臺卿撰。缺第九一卷。每册末有貞和四年某月某日校合畢面山叟記。五卷末有嘉保三年六月七日書寫并校畢舊跋。按：此書元明諸家書目不載之，則彼土蚤已亡佚耳。此本爲佐伯毛利氏獻本之一。聞加賀侯家藏卷子本，未見。（子部類書類）

古文舊書考 ［日］島田翰撰

《玉燭寶典》十二卷（卷子本）

《隋志·雜家》："《玉燭寶典》十二卷，著作郎杜臺卿撰。"《唐志》同。《新書》《宋史》列之農家，《直齋書録解題》收之時令。其餘，《遂初堂書目》載之，《崇文總目》《郡齋讀書志》、鄭樵《通志》皆不著録，獨明陳第《世善堂書目》載足本。蓋自宋初，若存若亡，不甚顯於世，故《太平御覽》《事類賦》《海録碎事》等諸類書，所引用亦少矣。而後來諸家書目希載，則其寥寥亦可知也。是書所引用諸書，如《月令章句》，蔡雲所輯，馬國翰所集，捃摭詳贍無遺，而猶且不及見也。其他《皇覽》《孝子傳》《漢雜事》、緯書、《倉頡》《字林》之屬，皆佚亡不存。又有漢魏人遺説，僅藉此以存。所謂吉光片羽，所宜寶重也。蓋本邦古昔文物之盛，收書之多，隋、唐《志》所載者無不悉備焉，觀之藤原佐世《見在書目》

可徵也。其後寓内板蕩，數百年之中干戈接踵，典籍隨而散佚，雖其僅存者亦不能無殘缺。而是書不爲兵火所燬，不爲風雨澌滅，幸存于今矣。而歷年之久，傳寫繆誤，浸失舊文，缺脱紛錯，殆不可句，不亦可歎乎！卷子之制，每張烏絲欄，高八寸一分，一款八厘，十九行，行二十三字，注雙行二十三四五字。“世”字“民”字，避唐諱缺畫，蓋從唐鈔所傳録也。首有《玉燭寶典序》，卷端題“玉燭寶典卷第一。杜氏撰。”一行直書。次行記“正月孟春第一”。是書黎氏《古逸叢書》本，以影録祕府貞和鈔本爲藍本，（貞和鈔本，德川氏時佐伯侯毛利高翰所獻，鈔手極精。）而卷第九則屬闕逸。

今是書裝成卷子，相其字様紙質，當在八九百年外矣，而卷第九尚儼存，缺佚卷第七後半。貞和本末卷，往往用武后制字“𠀑”“埊”“𠂤”“囝”“□”“𡆠”之類，餘卷不悉然。今是書比之於貞和本，語辭更多，且通篇用新字，其數多至十三字，知其來比御本更在遠也。聞侯爵前田氏又藏足本，惜未見。

蔡伯喈雖缺其守操，獨其文學創作則可謂東京鴻匠矣。其所著《月令章句》，天文、禮、樂、車服《志》，《女訓》《勸學》《聖皇篇》之屬，皆逸亡不傳，而其存于今者僅《獨斷》而已，而亦不完，深以爲恨。《月令》先秦古書，而《章句》實與鄭君並焉，其失傳尤爲可嘆。唯是書所載，其文多於他書，而蔡、馬之徒皆不得見，故其爲説往往憑虚臆裁，錯亂失次，可議者不鮮矣。學者以是爲底基，蒐羅旁搜，雖不能復舊觀，庶幾乎次叙可考。嗚呼，王者謹時令，急民事，故《小正》紀之夏時，《月令》係之周公，然則是豈獨止好奇搜異云乎哉？（卷第九文長不録，收在《群書點勘》中。）

三　引用參考文獻

古籍文獻

《玉燭寶典》，［隋］杜臺卿撰，日本尊經閣文庫本，日本内閣文庫本，古逸叢書本。

《玉燭寶典攷證》，［日］依田利用攷證，日本國會圖書館藏1840年抄本。

《十三經注疏》，中華書局影印清阮元校刻本，1980年。

《宋本周易》，［魏］王弼、［晉］韓康伯注，國家圖書館出版社影宋本，2017年。

《宋本毛詩故訓傳》，［漢］毛亨傳、［漢］鄭玄箋，國家圖書館出版社影宋本，2017年。

《宋本禮記》，［漢］鄭玄注，國家圖書館出版社影宋本，2017年。

《宋本國語》，［吴］韋昭注，國家圖書館出版社影宋本，2017年。

《宋本山海經》，［晉］郭璞注，國家圖書館影宋本，2017年。

《大戴禮記》，四部叢刊初編影印明袁氏嘉趣堂刊本。

《列女傳》，［漢］劉向撰，四部叢刊初編影明刊本。

《古今注》，［晉］崔豹撰，四部叢刊三編影宋刊本。

《楚辭》，［漢］劉向集，［漢］王逸章句，四部叢刊初編影明繙宋本。

《毛詩草木鳥獸蟲魚疏》，［吴］陸璣撰，［清］丁晏校正，中華書局叢書集成初編本。

《説文解字》，［漢］許慎撰，［宋］徐鉉校定，中華書局影印清陳昌治刊本，2013年。

《爾雅》，［晉］郭璞注，中華書局影印鐵琴銅劍樓藏宋刊本，2016年。

《方言》，［漢］揚雄撰，［晉］郭璞注，中華書局影印宋李孟傳潯陽郡齋刻本，2016年。

《釋名》，［漢］劉熙撰，中華書局影印本，2016年。

《龍龕手鑑》，［遼］釋行均編，中華書局影印高麗本，1985年。

《四民月令校注》，［漢］崔寔撰，石聲漢校注，中華書局，2013年。

《荆楚歲時記》，［梁］宗懔撰，［隋］杜公瞻注，姜彦稚輯校，中華書局，2018年。

《齊民要術校釋》（第二版），［後魏］賈思勰著，繆啟愉校釋，中國農業出版社，1998年。

《歲時廣記》，［宋］陳元靚撰，許逸民點校，中華書局，2020年。

《史記》，［漢］司馬遷著，［宋］裴駰集解，［唐］司馬貞索引，［唐］張守節正義，中華書局，2014年。

《漢書》，［漢］班固撰，［唐］顔師古注，中華書局，1962年。

《後漢書》，［宋］范曄撰，［唐］李賢等注，中華書局，1965年。

《北齊書》，［唐］李百藥撰，中華書局，1972年。

《隋書》，［唐］魏徵等撰，中華書局，2019年。

《逸周書彙校集注》，黄懷信、張懋鎔、田旭東撰，上海古籍出版社，1995年。

《國語集解》，徐元誥撰，王樹民、沈長雲點校，中華書局，2002年。

《抱朴子内篇校釋》，王明著，中華書局，1980年。

《吕氏春秋集釋》，許維遹撰，中華書局，2009年。

《淮南鴻烈集解》，劉文典撰，中華書局，2013年。

《風俗通義校注》，［漢］應劭撰，王利器校注，中華書局，2010年。

《本草經集注》（輯校本），［梁］陶弘景編，尚志鈞、尚元勝輯校，人民衛生出版社，1994年。

《白虎通疏證》，［清］陳立撰，吴澤虞點校，中華書局，1994年。

《七緯（附論語讖）》，［清］趙在翰輯，鍾肇鵬、蕭文郁點校，中華書局，2012年。

《新輯搜神記·新輯搜神後記》，［晉］干寶撰、［宋］陶潛撰，李劍國輯校，中華書局，2007年。

《博物志校證》，［晉］張華撰，范寧校證，中華書局，2014年。

《古小説鉤沉》，魯迅輯，《魯迅全集》第八卷，人民文學出版，1973年。

《初學記》，［唐］徐堅等撰，司義祖點校，中華書局，2004年。

《藝文類聚》，［唐］歐陽詢等撰，汪紹楹點校，上海古籍出版社，1982年。

《太平御覽》，［宋］李昉等撰，中華書局影印本，1960年。

《事類賦注》，［宋］吴淑撰注，冀勤、王秀梅、馬蓉校點，中華書局，1989年。

《弘明集》，［梁］釋僧祐撰，《中華大藏經》影印宋磧砂藏本。

《直齋書録解題》，［宋］陳振孫撰，徐小蠻、顧美華點校，上海古籍出版社，2015年。

《越縵堂讀書記》，［清］李慈銘撰，中華書局，2006年。

《續四庫提要三種》，胡玉縉撰，吴格整理，上海書店出版社，2002年。

《日本訪書志》，楊守敬撰，張雷校點，遼寧教育出版社，2003年。

《日本國見在書目詳考》，孫猛著，上海古籍出版社，2015年。

《隋書經籍志詳攷》，［日］興膳宏、川合康三著，東京汲古書院，1995年。

《古文舊書考》，［日］島田翰撰，杜澤遜、王曉娟點校，上海古籍出版社，2017年。

《經籍訪古志》，［日］澀江全善、森立之等撰，杜澤遜、班龍門點校，上海古籍出版社，2017年。

今人論著

［日］石川三佐男撰，鄭愛華譯：《日中“書籍之路”與〈玉燭寶典〉》，見載於王勇等著《中日“書籍之路”研究》，北京圖書館出版社，2003年。

［日］石川三佐男：《古逸叢書の白眉『玉燭寶典』について—近年の學術情報・卷九の行方など—》，《秋田中國學會50週年記念論集》，2005年3月。

崔富章、朱新林：《〈古逸叢書〉本〈玉燭寶典〉底本辨析》，《文獻》，2009年第3期。

任勝勇：《〈古逸叢書〉本〈玉燭寶典〉底本辨析獻疑》，《清華大學學報》，2010 年增 2 期。

郝蕊：《〈玉燭寶典〉的再度整理》，《國際中國文學研究叢刊》第 4 輯，2016 年。

張曉蕾、寇志强：《日本依田利用〈玉燭寶典考證〉價值研究》，《閩江學刊》，2017 年第 2 期。

寇志强：《〈玉燭寶典〉所引〈隋書·經籍志〉未著録書考》，《古籍整理研究學刊》，2017 年第 4 期。

郝蕊：《依田利用稿本的價值考述》，《日語學習與研究》，2018 年第 1 期。

郝蕊；《依田利用〈玉燭寶典考證〉與清代考據學關係考述》，《國際中國文學研究叢刊》第六輯，2018 年。

姜復寧、張樹錚：《〈玉燭寶典〉引散佚小學類書籍匯考》，《古籍研究》，2019 年第 2 期。

張東舒：《〈玉燭寶典〉的文獻學研究》，雲南大學碩士論文，2014 年。

石傑：《〈玉燭寶典〉與北朝歲時節日研究》，青島大學碩士論文，2016 年。

後　記

在攻讀中國古典文獻學研究生時期，我致力於六朝隋唐時期文獻的閱讀與研究，對六朝時期的常見重要典籍基本瀏覽一過。參加工作後又擔任古代漢語課程的教學工作，開設過《古代漢語名著選讀》課程，重點介紹《爾雅》《方言》《釋名》《玉篇》等重要辭書字典的情況，這對我來説又是一個很好的學習提高和完善知識結構的機會。現在想來，所有這些前期經歷，都爲我日後開展日藏抄本《玉燭寶典》整理研究奠定了基礎。

在地方院校工作，學校鼓勵科研人員將自己的研究興趣與地方文化結合起來設計選題，於是我曾梳理過河北歷史上出現過的文化名人及其著作，看看有什麼題目可作。這一查尋，“杜臺卿玉燭寶典”幾個字跳入我的眼簾。我搜集了國内學界對《玉燭寶典》的研究情況，發現相關成果不是很多，截止目前也没有單行的整理本問世；且順着學者論文中的線索，找到了保存在日本各文化機構於近些年公佈的《玉燭寶典》的不同抄本的數字化資源。國内學者如崔富章、郝蕊諸先生已關注到這些日藏抄本，也提出了重新校理《玉燭寶典》的倡議。於是我心中萌發出一個大膽的想法——我何不來嘗試整理日藏《玉燭寶典》抄本。後來我曾以“日藏《玉燭寶典》抄本整理與研究”爲題申報河北省社會科學基金項目，並獲批准。

然而真正進入到整理階段後，纔發覺自己嚴重低估了文本校理的難度。《玉燭寶典》諸寫本中俗字、異體字盛行，也存在不少訛字，另外還有一些字不載於常見字書，都對整理時準確釋讀文字增加了不小的難度。加之寫本中還有不少脱文、衍文、錯簡現象，如何理順文句意思也是一個難點。此外，《玉燭寶典》中大量徵引了隋前的經史子集文獻，我們在整理時盡可能地逐一核對，這也大大增加了工作量，但是能夠保證文本的準確性。經過核查我們發現，《玉燭寶典》的引文與通行本時有不同，但與唐宋類書中的引文多同，所以整理時我們一般也不據通行本校改寫本文字。還有，《玉燭寶典》引用了不少天文、曆法方面的著作，而我對此所知甚少，因此遇到這種段落時，點讀甚是吃力。但經過對文本不少於三輪的校訂，往往能改正存在的錯誤或解決之前雖發現而難以處理的難點。總之，《玉燭寶典》寫本的特殊性，加上自己因工作、家庭、生活瑣事影響而不能集中一段時期全力從事整理研究，故而使得本書的編寫斷斷續續、進度一再延宕。

本書最終能順利出版，要感謝的人很多。首先，感謝我在四川大學讀研期間遇到的諸位老師，是他們教給了我從事科學研究的方法和安身立命的本領。其次，感謝工作單位河北民族師範學院科研處的各位領導，使本書獲得了“2020 年度河北民族師範學院學術著作出版基金資助項目”的資助；感謝文學與傳媒學院歷任領導對本課題的關心，并予以學科建設經費支持，化解了我不小的經濟壓力。再次，感謝巴蜀書社編輯康麗華女士。本書寫作期間，康編輯多次催促寫作進度，定稿後她又精心編校，改正了稿件中存在的不少問題。本書因俗字、異體字大量存在，也給她增加了不少額外的工作量。最後，感謝我的家人給予我工作莫大的支持，尤其是内子王樹平在我埋頭於自己的“一畝三分地”之時，主動承擔起了照顧孩子和操持家務的繁重事務。

需要説明的是，本書爲作者2019年承担的河北省社會科學基金項目“日藏《玉燭寶典》抄本整理與研究”（項目編號：HB19ZW010）的最終成果。

古人常云：校書如同掃落葉，旋掃旋生。在本書的整理過程中，我真切而深刻地感受到了這句話的分量。本書雖然經過了多次校訂，但限於學力和見聞，尤其是本人對於天文曆法方面知之甚少，書中肯定存在着不少的問題，熱切期望諸位同好批評指正！

包得義

二〇二一年九月於灤河畔